浙江省浙派园林文化研究中心重点项目
教育部人文社会科学研究项目（16YJC760043）
杭州市哲学社会科学规划课题（2016JD10）

 浙派传统园林研究丛书 丛书主编 方利强 陈 波

方利强 麻欣瑶 陈 波
陈 颖 朱国荣 编 著

中国电力出版社
CHINA ELECTRIC POWER PRESS

内 容 提 要

本书首次正式且较为系统地提出"浙派园林"这一园林体系和地域概念，从浙派园林的研究背景和成长环境入手，通过文献分析和实地调研，梳理浙派园林的发展脉络和不同类型传统园林的造园手法，以此总结浙派园林的造园特色，从而确立其地域园林体系，为浙派园林的保护、传承与创新提供策略与方法。

本书适用于园林历史与理论研究者、园林设计师、景观设计师、风景园林专业师生及相关专业人员参考使用。

图书在版编目（CIP）数据

浙派园林论 / 方利强等编著 . —北京：中国电力出版社，2018.3
（浙派传统园林研究丛书）
ISBN 978-7-5198-1723-7

Ⅰ . ①浙…　Ⅱ . ①方…　Ⅲ . ①园林艺术－研究－浙江　Ⅳ . ① TU986.625.5

中国版本图书馆 CIP 数据核字（2018）第 021506 号

出版发行：中国电力出版社
地　　　址：北京市东城区北京站西街 19 号（邮政编码 100005）
网　　　址：http://www.cepp.sgcc.com.cn
责任编辑：曹　巍
责任校对：郝军燕
责任印制：杨晓东

印　　刷：北京盛通印刷股份有限公司
版　　次：2018 年 3 月第 1 版
印　　次：2018 年 3 月北京第 1 次印刷
开　　本：787mm×1092mm　16 开本
印　　张：19.75
字　　数：410 千字
定　　价：88.00 元

丛书编辑委员会

丛书总序

浙江，位于中国长江三角洲南端，面临浩瀚的东海。这里气候温和，雨量充沛，土地肥沃，物产丰富。从新石器时代萧山"跨湖桥遗址"的丰富遗迹、遗物，到20世纪末的漫漫七千年间，浙江先民在与自然和社会的变革撞击中，创造了一个个令人震撼的历史辉煌。浙江又是吴越文化的重要发祥地，有着十分丰富和特色鲜明的传统文化。悠久的历史和灿烂的文化，使浙江赢得了"丝绸之府""鱼米之乡"和"文化之邦"的美誉。

浙江历史悠久，人杰地灵，是中国三大传统园林流派之一——江南传统园林的主要发祥地。浙派传统园林是中国传统园林的重要组成部分，在中国传统园林发展历史上占有举足轻重的地位。在某些特定时期，浙派传统园林营建曾盛极全国，并有相当一批浙派名园对中国各地园林的营建产生过重大影响。

新中国成立后，特别是改革开放以来，经过几代人的不懈努力与探索实践，浙派新园林传承浙派传统园林造园精髓，不断开拓创新，逐渐发扬光大，并在全国异军突起，遥遥领先；同时，凭借"浙商"勤奋务实的创业精神、敢为人先的思变精神、抱团奋斗的团队精神、恪守承诺的诚信精神和永不满足的创新精神，浙江园林企业积极实践、大胆探索，规划设计与工程建设早已走出浙江、遍及全国，以精湛的工艺赢得了良好的口碑，缔造了浙派园林的卓越品牌地位。

作为一家伴随着浙江园林行业崛起壮大的老牌浙企，浙江诚邦园林股份有限公司（诚邦股份，603316）成立于1996年，主要致力于园林绿化、市政公用、古典建筑、生态环保等基础设施建设，并延伸至特色小镇、美丽乡村、文化旅游、家庭园艺等相关领域，是一家集规划设计、科技研发、苗木种植、工程建设、养护管理、开发运营为一体的全产业链生态环境综合服务运营商。经过二十余年的发展与积累，在园林相关领域取得了良好的成绩和品牌影响力。

2017年6月19日，诚邦股份在上海证券交易所主板上市，成功登陆国内资本市场，这是公司转型升级的一个新起点，也是公司提升发展的一个新征程。为了紧紧抓住这一宝贵机遇，借助资本市场，全力做大、做强、做优公司主业，同时更是为了进一步凝练浙派传统园林造园意匠精髓，为浙派新园林的发展夯实基础，为浙江园林行业的腾飞注入活力，公司与浙江理工大学风景园林系合作组建了"浙派园林研究院"，研究院主要致力于浙派传统园林、浙派新园林等相关理论与技艺的全面、深入研究，担负起"传承浙派园林文化、推动浙派园林研究、开拓浙派园林事业、引领浙派园林发展"的历史重任。

这套丛书就是在校企合作的基础上，由浙派园林研究院组织专家倾力编著而成的，是对历年研究成果的系统总结和凝练。当前，学界对浙派园林的系统性研究尚未起步，在历史沿革、造园技艺等方面的研究几近空白，地方政府对浙派园林的保护尚缺乏足够认识和政策指导。本丛书希望通过"自下而上"的深入考查和研究，用文献查阅、实地踏勘、测绘、访谈、对比分析等研究方法，探寻浙派园林的兴衰成败、沧桑岁月，发掘其规划布局、造园要素、造园手法，试图回答：浙派园林的内涵与造园意匠、传统技艺的当代价值、传统的保护与传承以及传统的创新和古为今用等根本性问题。

在建设"美丽中国"的大背景下，如何让"浙派园林"顺势而起，在中国园林史上留下浓墨重彩的一笔，这是我们所有浙江园林从业者和浙江园林企业为之共同努力的目标。祝愿浙派园林的风格和艺术不断完善进步，更加发扬光大，开创"浙派园林"新局面，铸就"浙派园林"新辉煌！

浙江诚邦园林股份有限公司董事长

序 一

正确对待中国历史和传统文化，处理好历史和现实的辩证关系，是实现现代化过程中必须要解决好的问题。当今世界，人类文明无论在物质还是精神方面都取得了巨大的进步，但也面临着许多突出的矛盾和问题，如环境问题、生态问题等。解决这些难题，不仅需要运用今天发现和发展的智慧，也需要运用历史文化的积累和储备。习近平总书记最近几年，对如何正确对待优秀传统文化，发表了一系列重要指示和讲话，他说："中华优秀传统文化，是我们最深厚的文化软实力，也是中国特色社会主义植根的文化沃土。"党的"十九大"报告中指出，"坚守中华文化立场，立足当代中国现实。"这些都是我们应该遵循的重要精神原则。

中国传统园林，是中国传统优秀文化的重要部分。在中共中央办公厅、国务院办公厅印发的《关于实施中华优秀传统文化传承发展工程的意见》中，明确提山要支持"中国园林"等中华传统文化代表性项目走出去，肯定了中国园林作为中华传统文化的"代表性"。

中国园林在世界园林发展史上具有独特而重要的地位。1954 年，在维也纳召开的第四次世界风景园林师联盟（IFLA）会议上，英国著名造园家杰利克在致辞中说：在世界造园史上的三大流派是中国、西亚和希腊（欧洲）。而唯有中国园林，在 3000 多年的历史发展中始终遵循"天人合一"的宇宙观，沿着尊重自然、顺应自然、美化自然的自然山水园演变、发展。而欧洲园林从文艺复兴以后，意大利、法国都只维持了 100 多年。直到 18 世纪，英国园林受到中国园林影响后，才从布局规整的法国古典主义园林发生革命性变革，转变为自然风景式园林，从而走向现代。因此，在提倡民族文化自信、自立的今天，中国园林在社会主义新时代的生态文明建设和建设美丽中国的进程中，应该勇于担当，砥砺前行。

浙江物华天宝，人杰地灵。河姆渡文化、跨湖桥文化、良渚文化表明，浙江是中华文明的发祥地之一。历史悠久的浙江文化，孕育了吴越文化，凝重而洒脱，自然而清雅，在中国文化史上画上了浓墨重彩的一笔。浙江也是中国山水文化的起源地，谢灵运的山居、王羲之的兰亭，是中国山水园林的创始之作。从东晋西湖灵隐寺以后，由隋唐至五代，浙江寺庙园林独步江南。五代吴越至南宋，以杭州西湖为代表的皇家御苑、私家宅园（包括吴兴）和风景名胜成为中国风景园林发展史的重要一页。明、清以降至近代，依托于浙江经济文化的发展，私家园林如天女散花一般星星点点地洒落于杭嘉湖地区。可以说，以杭州为代表的浙江园林，和苏州、扬州、无锡等地的园林，共同构成了中国园林中最重要的流派——江南园林，以至于形成"江南园林甲天下"之说。

改革开放以来，风景园林和城市绿化事业蓬勃发展。浙江园林设计、施工企业，凭藉浙江园林的深厚文化底蕴和技艺基础，已经发展为国内园林行业中一支技艺水平和人才资源最为雄厚的力量，转战于大江南北，为中国风景园林和城市绿化事业的发展建功立业。我很高兴地看到，作为浙江园林企业的排头兵，诚邦股份在方利强董事长的带领下，不仅事业有成，而且不忘初心，反哺社会，与浙江理工大学风景园林系合作，组建了"浙派园林研究院"，拟编辑出版"浙派传统园林研究丛书"，本书即为丛书的第一册。作为浙江风景园林界的一位老兵，我深深为之钦佩、欣慰。

浙江园林尽管历史久远，文化底蕴深厚，园林的技艺水平很高，但长期以来对此未作深入系统的整理，属于碎片化的研究。本书的作者们，敢于挑战这样的难题，经过两年多的艰辛努力，终于完成了书稿。在付梓之前，有幸拜读了作品，我认为本书有以下特点：

1. 作者以求实的学风，在掌握丰富的文献资料基础上，梳理、分析浙江园林的发展历程，所以可读性、可信性强。

2. 把浙江园林放在浙江人文历史的大背景下研究，不是就园林论园林，因此视野比较开阔，使读者能清晰地了解和掌握浙江园林的发展脉络。

3. 这是学术界第一次比较系统地论述浙江传统园林的造园意匠和特点，尽管有的分析还待深入，但已是十分可贵的探索精神。

4. 本书是企、学结合的成果，研究历史传统，着眼于今天的现实。因此，本书提出浙江园林的传承和创新策略，为浙江风景园林工作者及设计、施工企业提供了可资借鉴的新思想。

我衷心祝贺本书的出版，我相信本书乃至本套丛书的出版，将会给浙江园林事业新的发展注入强劲的活力，也给风景园林学术界吹来一股新风，故不揣老愚，乐而为序。

施奠东

杭州市园林文物局原局长
浙江省风景园林学会名誉理事长
中国风景园林学会终身成就奖获得者
2018 年 1 月

序 二

"绿水青山就是金山银山。"党的十八大以来，以习近平同志为核心的党中央，从中国特色社会主义事业"五位一体"总体布局的战略高度，从实现中华民族伟大复兴中国梦的历史维度，强力推进生态文明建设，引领中华民族永续发展。十九大报告中更是确立了"建成富强民主文明和谐美丽的社会主义现代化强国"的奋斗目标，把"坚持人与自然和谐共生"纳入新时代坚持和发展中国特色社会主义的基本方略，指出"建设生态文明是中华民族永续发展的千年大计"。

在生态文明建设新时代，园林行业作为生态环保产业的重要支柱，其独特的绿色环保和生态理念已经得到越来越多的认可和重视，而且在提高人类生活质量、保障人类身心健康、享受自然美感、充实人类精神品位方面具有其他行业无法替代的作用和不可取代的地位，由此展现出越来越广阔的市场前景。

中国是世界园林起源最早的国家之一，中国传统园林在中国传统文化中独具特色，其"虽由人作、宛自天开"的自然式山水园林的理论和创作实践，不仅对日本、朝鲜等亚洲国家，而且对欧洲古典园林创作也都产生过极大影响。中国园林善于因地制宜，即根据南北方自然条件的不同，而有南方园林与北方园林之不同，并逐步形成了具有明显地域特色的三大传统园林流派——北方园林、江南园林和岭南园林。其中，浙江作为江南传统园林的主要发祥地之一，历史文化悠久、社会经济发达、植物种类丰富、生态环境多样，逐步发展形成了有别于江南其他地区、独树一帜的"浙派园林"，充分展现了浙江地域园林独具魅力的特色和风格。

作为浙江园林企业的领头羊，浙江诚邦园林股份有限公司在方利强董事长的带领下，一路披荆斩棘，蓬勃发展，设计和建设的项目遍及全国、荣誉卓著，并成功登陆上海证券交易所主板。"雄关漫道真如铁，而今迈步从头越"，诚邦股份在二次创业路上，勇立潮头，敢于担当，主动担负起研究浙江传统园林、推动浙江园林发展、振兴浙江园林事业的责任与使命，产学研结合组建了"浙派园林研究院"，并积极编辑出版"浙派传统园林研究丛书"。作为丛书的第一部，本书成为"浙派园林"的开山之作，首次正式且较为系统地提出了"浙派园林"概念，并对浙派传统园林的发展脉络、不同类型传统园林的造园手法和浙派园林造园特色进行了详尽的论述。

细读全书后，我觉得这部书有如下特点：

一是选题新颖。选题的新颖性是该书的一大特点。目前，虽然论述中国传统园林、江南传统园林等方面的著作可谓卷帙浩繁，但对浙江传统园林系统而深入的研究几近空白，本书的出版正弥补了这一遗憾。

二是视角创新。《浙派园林论》是一部完全创新性的著作，它的可贵之处，是基于对浙江独特的自然与人文环境的深入分析，得出了浙派园林既具有江南园林的风骨，又区别于苏州、扬州等地园林的结论，从而开创了"浙派园林"这一特色化的地方园林流派。

三是内容全面。这部书语言精炼，表达流畅，可信度高，有很强的说服力。作者通过对浙派园林的发展历史、主要类型、造园意匠和传承创新等方面的深入论述，力求构建一个立体、鲜活的浙派园林体系，让读者能够全面把握浙派园林的内涵与精髓。

"不忘初心，方得始终"，我深深地为诚邦股份和方董事长的责任心和使命感所钦佩，并为他们精心打造的著作得以付梓而倍感欣慰。我相信，本书乃至本套丛书的出版，一定会为浙江园林事业的再次腾飞注入强劲的动力，对浙江乃至全国的生态文明建设、优秀传统文化传承创新都将起到重要的贡献，故乐为之序。

李树华

清华大学建筑学院景观学系教授、博导

2018 年 2 月

前　言

中国传统园林是人类文明的重要遗产。它被举世公认为"世界园林之母"，其造园手法被西方国家广泛推崇和摹仿。中国传统园林以追求自然精神境界为最终和最高目的，从而达到"虽由人作，宛自天开"的审美旨趣。它深浸着中国文化的内蕴，是中国五千年文化史造就的艺术珍品，是中华民族内在精神品格的生动写照，是我们今天需要继承与发展的瑰丽事业。经过中国文化千百年的孕育，最终形成了北方园林、江南园林和岭南园林三大地域流派。

从地域性的角度对各地造园技艺进行分析，是传统园林研究的一种深化。一方面，这是中国园林研究自身发展的内在逻辑。肇始于 1930 年代、重兴于 1980 年代的中国园林研究，经过多年的发展，已有多部对中国园林总体造园理论研究的著作问世，基本确立了中国传统园林的大体历史发展脉络和造园技艺；在此基础上，对各地域园林作进一步深入研究，就成为中国园林造园技艺研究继续深化的必然要求。另一方面，更重要的是，这来自于当代学术发展大背景下范式转型的外在推动。在 20 世纪后期以来后现代学术浪潮的影响下，传统园林研究发生着深刻的变革，以"中国"作为整体论述对象逐渐受到质疑。事实证明，这种由于地域不同带来的特殊性和例证性的确存在。可以看到，受到外在学术转型的推动，中国园林造园技艺的研究有着从整体理解到特定地域出发的转向趋势。

在这样的学术背景和逻辑思维下，本书选择"浙派园林"——以浙江地区为特定地域来进行研究，努力推进浙派传统园林保护与价值传承，促进浙派新园林设计理论和设计方法的发展。

从历年文献查阅的结果来看，目前对于"浙派园林"的相关研究，存在以下几个问题：第一，"浙派园林"这一称谓只存在于零星文章的只言片语中，尚未有人正式定义，有关浙派园林造园技艺的综合性论述几乎空白，一些少量的研究极不系统且不深入。第二，众多研究主要集中于现有园林遗存，这些园林多建于明清时期，使得对浙派园林的研究多着眼于晚近园林的关系和意义，缺乏早、中期园林造园意匠的研究，这就需要进一步查阅各地方史料和文献进行深入而细致的发掘。第三，前人对浙江园林的研究比较注重某城市、某类型园林发展史，单个园林景观特色总结方面，少有人从启发当代园林设计的应用视角出发，对浙派园林的造园意匠进行深入探讨。

浙派园林具有鲜明的地方特色，在中国园林史上具有独特价值。随着经济的发展，城乡建设正以比以往更快的速度发展，许多老园子正面临被拆除或改造的命运，因此，迫切需要对现存浙派园林进行深入、全面的调研；另外，了解浙派园林历史的老人数量逐年减少，对他们的记忆以及技艺的抢救性发掘与记录也迫在眉睫。在此背景下，本书首次正式且较为系统地提出"浙派园林"这一园林体系和地域概念，从浙派园林的研究背景和成长环境入手，通过文献分析和实地调研，梳理浙派园林的发展脉络和不同类型传统园林的造园手法，以此总结出浙派园林"包容大气、生态自然、雅致清丽、意境深邃"的造园特色，从而确立其地域园林体系，传承地方文化，启发当代园林营建。

本书是各位作者通力合作的成果，全书由麻欣瑶与陈波统稿。浙江诚邦园林股份有限公司、浙江理工大学风景园林系部分同仁与学生为本书的编著提供了相关素材与帮助。中国电力出版社曹巍编辑为本书的编著与出版提供了大力支持。书中部分资料引自公开出版的文献，除在参考文献中注明外，其余不再一一列注。在此，对上述人员一并表示衷心的感谢！

特别感谢风景园林界老前辈、德高望重的施奠东先生和著名风景园林专家李树华教授拨冗作序，二位先生的肯定和鼓励给予我们莫大的信心和前进动力，精彩独到的点评为我们后续研究指明了方向！特别感谢浙江省文化厅原厅长、著名剧作家、书法家钱法成先生为拙作题写书名并赠送墨宝！

本书既可作为大专院校园林、风景园林、景观设计、环境艺术设计等专业的教材，也可作为园林景观相关专业学生与教师的培训材料，还可作为关注传统园林的科研人员、设计人员、施工人员及其他爱好者的推荐读物。

由于学识和时间的限制，书中一定会有不足甚至错误之处，衷心希望得到专家、读者的批评指正。

编者

2018 年 2 月

目　录

第 一 章

浙派园林的研究背景

浙江历史悠久，人杰地灵，是中国三大传统园林流派之一——江南传统园林的主要发祥地。浙江传统园林是江南传统园林的重要组成部分，在中国传统园林发展历史上占有举足轻重的地位。浙江造园历史悠久，以少胜多的园林风格对中国园林艺术的发展有着重要影响；浙江山水优美，浙派山水画名誉海内外；浙江人历来重视教育，浙派名人层出不穷；浙江人具有经济头脑，兴盛的浙商成为推动浙江社会、经济、文化发展的主要动力，这些都对浙江的园林营造起到了重要影响，并逐步形成了具有本地文化内涵、地域特征和独特魅力的"浙派园林"。

第一节　江南传统园林概述

中国传统园林历史悠久，江南传统园林作为重要的一个分支，无论从现存园林数量还是从设计手法和审美价值方面来说，都是传统园林文化的瑰宝，素有"江南园林甲天下"的美称，具有中国传统园林典型的代表性。它是在封建社会较为稳定而封闭的环境中逐步积累成熟起来的，极富宜人栖居的诗意和深厚的文化内涵与审美意境。

一、江南传统园林的历史地位

江南自古以来就是鱼米之乡，物产丰富，手工业发达，文化艺术繁荣。自然条件适宜植物生长，可以入园的植物品种众多。就近又出产太湖石及山石，提供了理想的叠山材料。该地区水源丰富，建筑技艺素有修养，家具装修具有深厚的工艺传统，诸多方面提供了园林艺术发展的有利物质条件。另一方面，江南自古是达官显贵、富商大贾以及骚人墨客集居的地方。他们是社会财富和文化的占有者，对园林有着特殊的需求，这就为园林发展提出了社会的必要性，从而出现了一些造园艺术家，私家园林也遍及江南各个城市。有的城市，如苏州（图1-1）、扬州（图1-2）、杭州，最盛时私家园林更是数以百计。

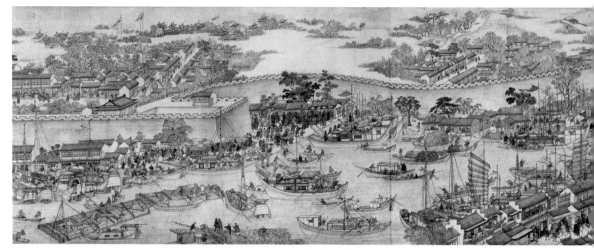

图 1-1　徐阳《姑苏繁华图》

图 1-2　隋唐扬州风貌图

有史记载的江南最早的私家园林出现在魏晋南北朝时期。《世说新语·简傲》记载，王徽之、王献之曾慕名游赏辟疆园，当时还有"怪石纷相向，林泉池馆之胜，当时吴中第一"的说法。该园林至唐代还在，据宋朱长文《吴郡图经续记》称：顾况曾住过这里，郡守曾有赠诗："辟疆东晋日，竹树有名园。年代更多主，池塘复裔孙。"诗人李白、陆羽也都有描述园中美景的诗句。魏晋六朝长期处于动乱年代，但在思想、文化艺术上的重大变化以及在科学技术上的重要成就和思想领域里玄学的发展，都对这一时期的私家园林建设产生了重要的影响。私家园林作为一种独立的类型异军突起，它从一开始即出现两种明显的倾向：一种是以贵族、官僚为代表的追求崇尚华丽、争奇斗富为倾向；另一种是以文人名士为代表的追求隐逸、山林泉石情怀为倾向，开启了后世文人山水写意园林的先河。这一时期的江南私家园林建设主要以宅旁附园和郊野山水优美处的庄园别墅为主。

隋唐时期，大运河的开通带动了江南政治和经济文化的发展，出现了前所未有的和平安定和繁荣昌盛景象，这些物质和精神条件直接影响着江南传统园林的质量，其重要特点就是文化底蕴丰富。随着盛世经济的繁荣，城市府邸园林的建设也日益兴盛起来。而在文学领域出现了所谓的山水田园诗人，在绘画方面诞生了青山绿水和泼墨山水画风，文人们有闲情逸致，钟情于艺术创作，并热衷于叠山理水，组织景观，成为自己寄托避世之遐思的居所。在江南许多地方，一些世族豪门、巨贾富商、文人志士纷纷置建园，并将宅与园结合形成住宅园林。

宋元时期，江南传统园林艺术日趋鼎盛。宋代的绘画成就斐然，以写实和写意相结合的方法表现出"可望、可行、可游、可居"的士大夫心目中的理想境界，表明了"对景造意，造意而后自然写意，写意自然不取琢饰"的理念，使与其息息相关的山水园林也呈现出此特点。当时的江南私家园林主要集中在吴兴、临安、平江等几处，其中最著名的当属沧浪亭（图1-3），至今仍是传统名园之一。南宋人周密写了一篇《吴兴园林记》，记述他亲身游历过的吴兴园林36处，其中最具代表性的是南、北沈尚书园等，书中这样记载南尚书园："堂前凿大池，几十亩，中有小山，谓之'蓬莱'。池南竖立太湖三大石，各高数丈，秀润奇峭，有名于时"。以"假山王国"著称的狮子林作为苏州四大名园之一建立于元代，说明该时期江南叠山置石技艺已经达到炉火纯青的地步（图1-4）。另外，园林的创作不仅着眼于园林的整体布局，甚至某些细部，如叠山、置石、建筑、小品、植物配置等，都刻画得细致入微。园林在意境上追求一种雅致感，意在突出园主的高尚情操，如"花中四君子"梅、兰、竹、菊的运用即是这种追求的常用手法。

图1-3　沧浪亭

图1-4 狮子林

　　明清时期，特定的政治、经济和文化背景，促成了士流园林的全面"文人化"，使得私家园林在明清之际达到了艺术成就的高峰。江南园林便是这个高峰的代表。在江南地区，大批造园家的涌现，造园匠师社会地位的提高，也有助于园林创作的个人风格的逐渐成长。一些文人或文人出身的造园家将园林创作经验总结为理论著作，计成所著的《园冶》是中国历史上最重要的一部园林典籍。当时江南私家园林兴造数量之多，为国内其他地区无法企及，绝大部分城镇都有私家园林的建置，其中著名的有苏州园林、扬州园林、杭嘉园林、金陵园林及上海园林等。这些私家园林的整体布局、厅堂建筑、叠山理水、花木配置等多方面都表现出极高的水平，并且呈现出内涵丰富而深厚的特征，园中也充满了文人题名、书文等文化标记。

　　总的说来，江南传统园林是我国传统园林中的奇葩，具有极高的历史地位和价值。其园林艺术综合了哲学思想、诗词的意境、绘画的神韵、雕刻的精致等多种艺术文化形式，成为江南文化的典型代表之一。这种文化意蕴对今天的园林景观营建有着举足轻重的价值。

二、江南传统园林的艺术特色

1. 文人气息浓厚

江南传统园林的所有者，主要为在任或者退休的达官显贵，即所谓的士大夫，还有豪绅、大贾之流，即使小园主最起码也是文人墨客之类。所以这就形成了以文人精神为核心的文人园林，其艺术根源脱胎于中国古代的诗词歌赋、山水绘画、民间艺术和以士大夫为代表的文人价值取向。

在各类星罗棋布的园林中，江南传统园林的人文特征尤为明显。园林中文化含量高，以表现士大夫雅文化为主，融文学、戏剧、绘画、书法、雕刻、建筑等艺术为一体，积淀着我国古代文人的艺术素养。并且许多园林景点及题名都是出自文学典故，表达出主人的人文情怀。以沧浪亭的楹联为例，就有几十副，比较有名的有：沧浪古亭的"清风明月本无价，近水远山皆有情"（图1-5）；面水轩联："短艇得鱼撑月去，小轩临水为花开"；沧浪亭明道堂联："律吕调阳，四野桑麻歌乐利；明良熙绩，中天日月焕文章"（图1-6）等。

图1-5　沧浪古亭

图 1-6　沧浪亭明道堂

这些文人园林正是古人追求隐逸自然、闲情雅致生活的真实写照，反映了当时江南社会的独特审美价值观。其中"诗情画意"的艺术境界就是古代文人对园林审美价值观的体现，在有限的范围内，凿池堆山、莳花栽木，再结合各种建筑的布局经营，因地制宜、匠心独运，创造出重含蓄、贵神韵的咫尺山林，凸显"妙在小，精在景，贵在变，长在情"的造园特点，展现出我国传统园林艺术精华所在的"小中见大"的景观效果。

2. 时空变换无穷

江南传统园林多数连接在住宅旁，实际上是居住空间的延续，是人为环境与自然环境融为一体的观赏和居住空间。对它的欣赏是身临其境似在画中游，富有情趣。江南园林艺术描写不仅在于空间，还在于时空艺术，既通常所谓的"步移景异"。"步移景异"是中国传统园林的一大艺术特色，其中包含两层意思：首先，人身处在流动的空间之中，在行进中可以感受到空间的连续变换；其次，人的视线所至皆是不同的景致。这两方面内容是统一的，是由空间的属性决定的。此外，江南传统园林对季相变化所塑造的景观进行了细致入微处理，某些园林景象只有在特定的时间中，才能显示出更为动人的意境。

3. 建筑玲珑多姿

江南园林建筑与园林的自然景观绝不是对立的，而是"你中有我、我中有你"的关系。其建筑有亭、台、楼、阁、厅、堂、榭、廊、桥等多种形式，且个体形象玲珑轻盈，并与山水、植物紧密联系，融为一体，别具柔媚气质。建筑空间更是曲折多变，相邻空间既有分隔又有联系，即所谓的"隔而不断"，各式洞门（图

1-7）、花窗和漏窗（图1-8）的创造，将这种隔而不断的艺术空间发挥到极致。这些洞门、花窗和漏窗不同于北方园林和岭南园林，它别具优雅秀丽，并且创造出明暗对比、框景如画、光影变化等非凡艺术效果。

图1-7　拙政园别有洞天洞门

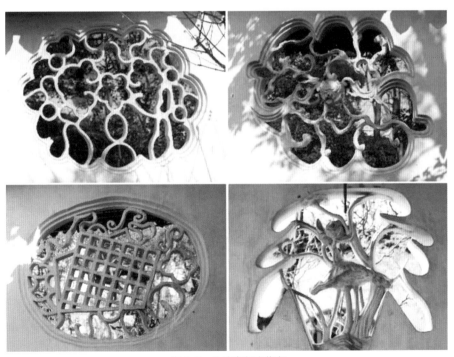

图1-8　沧浪亭各式花窗

江南园林淡雅朴素，几乎所有建筑色彩都以白粉墙、青灰瓦、深棕色的木构装修组成，与北方园林形成鲜明对比。这与地方气候密切相关，灰瓦白墙配以周围的山水绿树，给人以清新幽雅、凉爽宁静的感觉，在心理上减弱了盛夏酷热导致的不适。江南园林的用色为白墙、黑瓦、灰假山、红柱、绿树、碧水、翠竹、蓝天，构成了一幅高雅、鲜明、幽静的画面，使人在其环境中感到心情愉悦、舒畅，色彩的运用与其功能达到了完美的统一。

此外，园林建筑的创作中对自然采光的处理显示出古人充分利用自然条件的智慧，常用粉墙的光影效果，其色彩不仅可以提供留白艺术，而且很好地表达出光影的变幻；或者加强对观赏对象的日照处理，使其从早到晚都有长时间的侧光照射，从而加强了主体景观的立体感和空间感。

图 1-9　个园黄石假山

4. 山水自然生动

叠山的石料很多，以黄石（图1-9）和太湖石（图1-10）为主，大型假山石多于土，小型假山几乎全部叠石而成，更有以假山作为园林的主景，手法多样、技艺高超。这些叠山一般以峰、峦、坡、岗、崖、谷、涧、隧、洞等形式出现，深得自然山脉传神意匠，呈现出峰峦丘壑、洞府峭壁、曲岸石矶等拟化自然的艺术形态（图1-11）。在"水乡泽国"的江南地区，理水艺术更是占据着极其重要的地位。理水是江南传统园林营造空间的重要手段，它把水景观和中国人的传统自然观、社会文化观有机结合起来，形成了独特的理念和理法。常以少量的水模拟自然界中的江、河、湖、海、溪、涧、潭、瀑、池塘之类。作为艺术创作，理水除了刻画各类型水体的特征，还更讲究对水源、岸线及背景的处理。

图 1-10　个园湖石假山

图 1-11　扬州片石山房

5. 花鸟相得益彰

　　由于江南气候温和湿润，花木种类繁多，园林植物以落叶树配合若干常绿树，再辅以翠竹、藤蔓、地被、花草等，构成四季分明的植物景观基调。园林植物的选择讲究造型、姿态、色彩、季相等特征，以师法自然为宗旨，布局灵活、极得章法。植物的布置主要融汇于山水景象之中，讲究画意营造及其色、香、形的象征寓意，而且花木也往往是某些景点的主题构思（图 1-12、图 1-13），一些园内的建筑也常以花木命名，意在表达自然情趣（图 1-14）。在一花、一草、一木、一根、一干、一花、一果之中，皆可反映大自然的神韵和以少胜多的艺术创作内涵，使人玩味无穷。同植物一样，动物也是江南传统园林中不可缺少的生态要素，园中的鱼、鸟、鸭等不仅可以丰富园林景象，而且使人联想当年惬意的园居生活（图 1-15）。

图 1-12　拙政园远香堂

图 1-13　留园古木交柯

图 1-14　拙政园十八曼陀罗花馆

图 1-15　拙政园三十六鸳鸯馆

6. 游赏体验丰富

　　江南园林里的景象之所以具有很大的观赏价值，与园路的创作有着紧密的联系，其穿行于景象之间，没有脱离观赏对象。这一点既是江南园林的园路布置特征又是设计方法，用园路将游人引入所创造的景象中，展现其丰富的观赏画面。可见园路的设计在传统园林创作中至关重要，可以表现出所谓的"曲径通幽""峰回路转""豁然开朗""开门见山"等不同的园林艺术效果（图 1-16）。而铺地艺术也是江南园林的一大特色，其路面铺地形式、材质、花纹丰富多样，并且与景观环境相适应，如山林环境的铺地一般采用碎石、块石、条石或者砾石；而相对独立的院落，配合轩、堂雅致的意匠，一般作装饰性的花街铺地（图 1-17）。

图 1-16　留园曲廊

图 1-17　园林中的花街铺地

三、江南传统园林的美学特色

1. "本于自然，高于自然"之美

中国传统园林的起源，源于原始人类对自然的崇拜，天地山川是其崇拜的主要对象，因此，园林的主题和内容总是和山水有关，而历代文人对自然界的山水更是情有独钟。由于文人士大夫的特殊历史地位以及对自身的崇高理想与现实的冲突，引起了他们对归隐自然的思考，提出了自然山川之美可以怡情畅游的观点。明计成在《园冶》中论及园林创作时提出："虽由人作，宛自天开"，反映了中国传统文人把自然作为园林山水设计的原则和艺术标准。

江南传统园林造园的主旨意在有限的地域空间和物质条件下表现一个高度概括、典型化的自然之美，这种模拟的原则并不完全照搬，而是重在神韵和气质。园林中的山水，绝对不是自然山水的复制品，同绘画一样，基于自然，再现自然，又高于自然。无论从园林的整体布局，还是从叠山理水以及花木配置上，其创作都要遵循这一思想，目的是整体达到一种自然恬静的意蕴。园林中所谓的山水之间的关系，如"山贵有脉，水贵有源""水随山转、山因水活""溪水因山成曲折，山蹊随地作低平"也是从真山真水中得到的启示。江南传统园林中的筑山理水，无论模拟真山的全貌或截取真山的一角，都以其高超的技艺和精湛的审美体现出本于自然、高于自然的魅力。苏州环秀山庄便是其中的典型杰作，匠师们利用太湖石的造型、纹理和色泽创作出峰、峦、洞、谷、悬岩、峭壁等形象，开凿曲折有致的水体，并用山石点缀岸、矶，构成山嵌水抱的成景态势（图1-18、图1-19）。从堆叠章法和构图经营上概括、提炼出天然山水的构成规律，从小空间尺度上展现抽象化的咫尺山林景象。园林中的花木栽植不讲究成行成列，但也非随意参差，往往以三株五株形成葱郁之感，运用少量树木的艺术概括而表现自然植被的气象万千，并且根据植物的形、色、香而加以"拟人化"处理，赋予不同的性格和品德，在园林造景中尽显其象征寓意。

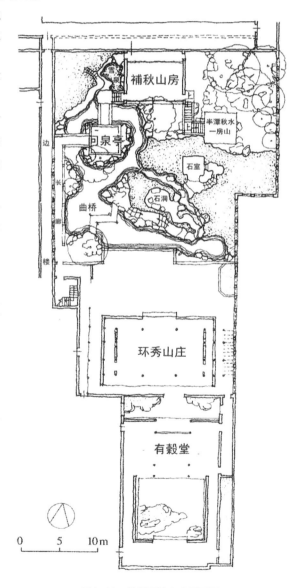

图1-18 苏州环秀山庄平面图

图 1-19　苏州环秀山庄山水景观

2. 建筑与自然相互融合之美

中国传统园林建筑无论多寡，也无论其性质、功能如何，都力求与山、水、花木这三个造园要素和谐有机地组织在风景画之中，达到一种建筑美与自然美相互融合的状态——天人合一的境界。

江南传统园林的建筑具有千姿百态、生动活泼的外观形象和灵活、随意的特性，使其可以获得与自然山水花木密切嵌合的多样性。建筑的布局完全自由随宜、因山就水、高低错落，强化了建筑与自然环境的关系。同时，还利用建筑内部空间与外部空间通透、流动的特性，把建筑物的小空间与自然界的大空间沟通起来，正如《园冶》中所说"轩楹高爽，窗户虚邻；纳千顷之汪洋，收四时之烂漫。"园林中的建筑并非随意散置，没有主次，而是常由若干个体建筑组合为建筑群体，利用其可变性创造出园中园的独特园林景观效果，从而避免了大量建筑物与自然环境相对立的势态。

匠师们为了进一步把建筑融合于自然环境之中，还对建筑地点的选择和尺寸大小进行细致入微的设计。譬如，拙政园的荷风四面亭（图 1-20），其体型精巧、活泼，攒尖翘角的优美弧线和周围的自然精致和谐一致，不仅具有观景和点景的作用，还与待霜亭和雪香云蔚亭形成一池三山的典型布局，其位置与尺寸大小的设计使得无论从哪个角度观赏都有层次和画意感。廊在园林中不仅起划分空间的作用，其灰空间的特性还对自然环境与主体建筑之间起过渡作用，那些飘然水面的"水廊"（图1-21）、蜿蜒曲折的"游廊"、随势起伏的"爬山廊"（图1-22）等，好像纽带一般把人为的建筑与天成的自然贯穿结合起来。随墙的长廊在一定距离上故意拐个弯而留出小天井，点缀少许山石花木，形成绝妙小景。在粉墙上所开的种种漏窗后面衬以山石数峰、花木几许，阳光透过，宛如小品风景，楚楚动人。建筑与景色的搭配才能将园林的秀美动人表现出来，建筑的别致美观，不仅能起到很好的功能性作用，同时它本身也是一道亮丽的风景，点缀在万般灵秀的景色中，刚与柔、直与曲、规整与自由的完美结合，渲染出一个独特的意蕴美。

图1-20 拙政园荷风四面亭

图1-21 拙政园水廊

图 1-22　拙政园爬山廊

3. 文人雅士的诗情画意之美

　　江南私家园林的园主一般说来都是文化修养很高，并且审美意识很强的文人士大夫，他们不仅希望园林能拥有自然之美，同时还希望这些自然美景能融入一定的文化氛围中，所以留下了大量的诗文和书画作品。

　　诗情，不仅是把诗文的某些境界、场景在园林中以具体的形象复现出来，或者运用景名、匾额、楹联等文学手段直接点景，而且还在于借鉴文学艺术的章回手法，使得园林游览颇多类似文学艺术的结构。如甘肃籍学者、一代楹联大家黄文中为杭州孤山西湖天下景亭撰写的对联："水水山山处处明明秀秀，晴晴雨雨时时好好奇奇"（图 1-23）。园林的整个序列一般都会有前奏、起始、主题、高潮、转折、结尾，形成丰富多彩、和谐统一的连续流动空间，表现出如诗一般的精炼章法和文学意蕴。人们游览江南传统园林所得到的感受，往往有朗读文章一样的酣畅淋漓，这就是园林艺术所包含着的诗情意蕴。

　　中国的山水画与园林之间有着密切关系，历经长久的发展而形成"一画入园、因画成景"的传统。历代的文人、画家参与造园蔚然成风，专业造园匠师也努力提高自己的文化素养，其中很多都擅长于绘画之事。江南传统园林的营造借鉴山水画"外师造化、中得心源"的写意方法，在三维空间中发挥到极致。在叠山理水中可以看到诸如"布山形、取峦向、分石脉"等山水画的表现，亦或如映在树林山池间的粉墙黛瓦，其通透轻盈体态和淡雅的意蕴就有如水墨画。建筑物的轮廓起伏、坡屋面的柔和舒卷、山石的有若皴擦、水池的曲岸流筋、花木的枝干多姿等，构成了整个园林的画卷，使得游人犹如在画中游览，享受如画般的意蕴美。

图 1-23　杭州孤山西湖天下景亭

4. 传统哲学的含蓄婉约之美

江南传统园林作为传统文化的代表，蕴含了丰富的含蓄委婉的人文意蕴，表现出中国传统哲学的自然观和审美观，即"言有尽而意无穷"。设计者们不仅追求形态之美，更追求所谓"象外之景，象外之意"的含蓄之美。

在空间布局上，许多私家园林，大多采用向内的布局形式，或依附于住宅，从外表看极其平淡，但是一墙之内却是另一番天地。有的园林（如留园）其入口处理朴素淡雅，整个空间序列逐渐引人入胜，视线从隔到透，光线由暗到明，使人不能一览无余地看到全园的景色，却渐入佳境。

江南传统园林还善于利用曲与直、露与藏、隔与透等营造手法，使得一山一石、一花一木、一亭一楼都能耐人寻味。园林在"无一笔不曲，无一笔不藏"中增加了含蓄。在园林中，曲折手法随处可见，曲折不仅意味着流线的曲折，延长了路线，而且也意味着空间的曲折变化，丰富了观赏画面。曲折手法借用廊、桥、山石、驳岸的形式是显而易见的，但是还有一些隐含的形式，有的是借助于建筑的直接连接和空间相互交错穿插，亦或设计曲折变化、盘桓的路径，给人曲折徊环、曲径通幽、峰回路转之感。另外无论是高大的楼阁或小巧的亭榭，还是参天的树木，全部坦露不如半露显得含蓄、意远。具体表现为：建亭须略低山巅，山露脚而不露顶，露顶而不露脚，大树见梢不见根，见根不见梢等。

漏窗、门洞是江南传统园林的一大特色，其似隔似透的艺术形式起着"泄景""引景"的作用，并将含蓄婉约之美发挥到极致。这一隔一透仿佛半遮面的琵琶，使人在感受到含蓄之美的同时也激起了探寻的趣意，想探究接下来的景色，形成人与园林的互动情结。如留园的"华步小筑"一角，用砖砌地穴门洞，分隔成狭长小径，得"庭院深深深几许"之趣（图1-24）。

图1-24 留园华步小筑

第二节　浙派园林的内涵

一、浙派园林产生的必然

中国地大物博，地域的不同造就了各地园林的差异化和特殊性，在提倡地方特色的今天，有关传统园林的研究也发生了极大的变化，以"中国"作为整体论述对象逐渐受到质疑，关注地方园林研究成为当今学界的共识。"浙派园林"是江南园林的重要组成部分，从地理区位上划分属于江南园林的南部，自东晋以来就深受外来文化的影响，园林繁盛且源流驳杂，其独特的价值对中国传统园林产生了深远的影响。虽然这一称谓在当今学界尚未正式提出，但在当地历史、地理、经济、文化等因素的作用下，"浙派园林"客观存在。

浙江东临浩瀚的东海，气候温和，雨量充沛，土地肥沃，物产丰富，山水优美，佛教兴盛，是吴越文化、江南文化的发源地，被称为"丝绸之府""鱼米之乡"。浙江范围内的杭州是历史上五代十国时吴越国与南宋王朝的都城，绍兴是春秋战国时越国的都城，这些都给浙江留下了丰厚的历史积淀。

浙江自古经济发达，繁荣富庶，兴盛的浙商成为推动浙江社会、经济、文化发展的主要动力；浙江历史上三次受到中原文化的大冲击（永嘉南渡、安史之乱、靖康南渡），文化多元共生；浙江人历代重视教育，境内文人辈出，历史上曾出现多个学派，如"永嘉学派""浙东学派"等，它们的学术观点有较强的共性，都较强调"经世致用"；浙江的绘画、书法、篆刻、盆景都自成一派，在历史上具有较大影响力，地位较高，名誉海内外，这些都对浙江的传统园林营造起到了重要影响，并逐步形成了具有本地文化内涵、地域特征和独特魅力的"浙派园林"。

二、浙派园林的含义与类型

本书首创的"浙派园林"（Zhejiang-School Garden）这一园林体系和地域概念，可以从地域和时间两个维度上进行定义。

地域维度上，浙派园林是指地处浙江地域范围内园林的总称。浙派园林属于江南园林的一个分支，部分地区处于江南园林的核心区域，如杭州、嘉兴、湖州、绍兴等地，其余地区则属于边缘地带（图 1-25）。

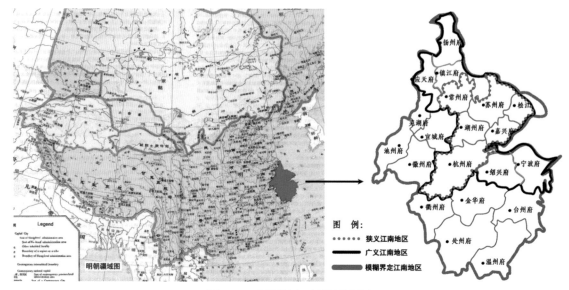

图 1-25　（明朝）江南地区范围图

[谭其骧. 简明中国历史地图集（第二版）. 河北：中国地图出版社，1996 ：63-64]

时间维度上，浙派园林包括"浙派传统园林"与"浙派新园林"两大范畴。

1.　浙派传统园林

浙派传统园林是指浙江地域范围内有史以来直至清末时期的所有园林的统称，包括皇家园林、私家园林、寺观园林、公共园林、书院园林等几个类型。

浙江自古以来就是中国经济和文化较为发达的地区之一。作为吴越文化的主要构成部分，在长期的历史发展过程中，形成了以"永嘉文化""浙东文化"为主体的区别于其他地区的文化特色。浙江文化的主要特征表现在：第一，具有鲜明的"善进取，急图利"的功利主义色彩。第二，具有"富于冒险、开拓进取"的海派文化传统。这主要是因为傍海而居、出海而航的生活生产环境，培育出了浙江人顽强的生命力和开拓冒险的精神。第三，具有浓厚的工商文化传统。浙江文化自春秋战国范蠡大夫弃政从商以来，就形成了蓬勃的尚利文化，"工商皆本"的思想几乎是自始至终一以贯之的。第四，具有"尊师重教"的优良传统，浙派名人人才辈出。第五，具有"崇尚柔慧，厚于滋味"的人文情怀。浙江文化尊重人欲，重视家庭和家族的血缘亲情关系，这与"存天理，灭人欲"的儒家文化导向很不一样。由此可见，浙江文化与我国占统治地位的儒家文化在很多方面都是有区别的。在自然、文化和经济的多重滋养下，浙派传统园林在江南传统园林中独树一帜，发展出独具特色的面貌。

经资料查阅、实地调研后初步统计，浙江地区现存主要传统园林191处（表1-1，图1-26～图1-38）。目前尚存的浙派传统园林主要为明清营建或重修，其各类型的基本状况如下：①私家园林众多，且主要集中在经济、文化发达的浙北、浙东的平原水乡地带（杭州、嘉兴、湖州、绍兴、宁波等）；但由于自然毁损、人为破坏等原因，保存完好者较少，且多为晚清以来所重修和新建。②书楼、书屋园林和书院、会社园林以及纪念性园林（如彰扬某历史名人遗迹为主的园林，纪念古代先贤高士的园林，以及墓园、祠堂园地）等以文化内涵著称的园林独树一帜，并成为国内同类园林的楷模。如天一阁园林、兰亭和孤山园林（文澜阁、西泠印社和放鹤亭等）等。③寺观园林数量多、分布广、历史久、影响大，主要位于山水自然之中，并遍布全省。④以杭州西湖为代表的大规模、公共性的自然山水风景园林在全国占有突出地位，并对国内各类园林，尤其是大型园林有深刻影响。

表1-1　浙江地区现存主要传统园林统计表
（含修复、重建，单位：处）

地区类型	私家园林	寺观园林	公共园林	书院园林	皇家园林	合计
杭州	9	33	2	2	—	46
嘉兴	3	13	2	3	—	21
湖州	9	14	2	—	—	25
绍兴	3	13	6	1	1	24
宁波	3	11	3	3	—	20
舟山	—	6	—	—	—	6
台州	1	7	1	2	—	11
金华	2	6	—	1	—	9
温州	1	6	2	3	—	12
衢州	—	6	1	1	—	8
丽水	—	5	1	3	—	9
合计	31	120	20	19	1	191

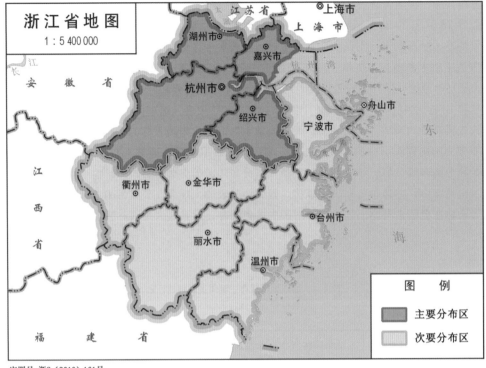

图 1-26　浙派传统园林分布区划图

审图号：浙S（2016）161号

图 例

主要分布区

次要分布区

杭州

①私家园林：刘庄、郭庄、汪庄、蒋庄、芝园（胡雪岩故居）、高家花园、丁家花园、俞楼、魏庐
②公共园林：西泠印社、竹素园
③书院园林：万松书院、文澜阁

图 1-27　杭州现存主要园林名录（除寺观园林）

杭州

④ 寺观园林：灵隐寺、净慈寺、抱朴道院、黄龙洞、虎跑寺、岳庙、钱王祠、法云寺、玛瑙寺、法华寺、韬光寺、永福寺、下天竺（法镜寺）、中天竺（法净寺）、上天竺（法喜寺）、龙井寺、高丽寺、理安寺、福星观、天龙寺、东岳庙、宝成寺、药王殿、伍公庙、城隍殿、云栖寺、开化寺（仅存六和塔）、建德大慈岩悬空寺、临安昭明寺、临安禅源寺、临安卧龙寺、富阳天钟禅寺、余杭径山寺

图 1-28 杭州现存主要寺观园林名录

嘉兴

① 私家园林：莫氏庄园、曝书亭、绮园
② 寺观园林：觉海寺、金明教寺、血印禅寺、能仁寺、文生修道院、天主教堂、精严寺、楞严寺、城隍庙、石佛寺、圆通寺、白莲寺、天宁寺
③ 公共园林：烟雨楼、落帆亭
④ 书院园林：昭明书院、国棋圣院、立志书院

图 1-29 嘉兴现存主要园林名录

①私家园林：嘉业堂藏书楼、小莲庄、张石铭旧居、刘氏梯号、颍园、潜园、述园、莲花庄、张静江故居
②寺观园林：法华寺、府庙、安吉灵峰寺、万寿寺、蒙公祠、城山教寺、圣寿寺、云岫寺、安吉隆庆庵、觉海寺、栖贤寺、慈云寺、永欣寺、水镜寺
③公共园林：钱业会馆、丝业会馆

湖州

图 1-30　湖州现存主要园林名录

①私家园林：沈园、青藤书屋、东湖
②寺观园林：新昌大佛寺、石佛寺、炉峰禅寺、平阳寺、五泄禅寺、龙华寺、云门禅寺、普照禅寺、香林禅寺、翠峰禅寺、钟堰禅寺、笔架峰寺、戒珠寺
③公共园林：兰亭、府山、蕺山、塔山园、镜湖、柯岩
④书院园林：蕺山书院
⑤皇家园林：西园

绍兴

图 1-31　绍兴现存主要园林名录

宁波

①私家园林：林宅、盛氏花厅（近性楼）、银台第
②寺观园林：保国寺、天童寺、佛教居士林、七塔寺、阿育王寺、观宗讲寺、五磊寺、郡庙、雪窦寺、清真寺、七塔寺
③公共园林：钱业会馆、中山公园、月湖
④书院园林：天一阁、白云庄、月湖芳草洲

图 1-32　宁波现存主要园林名录

舟山

①寺观园林：普陀山、广济禅寺、祖印寺、慈云极乐寺、灵音寺、圣岩寺

图 1-33　舟山现存主要园林名录

①私家园林：钱园
②寺观园林：国清寺、嵩岩寺、巾子山、高明寺、桐柏宫、华顶寺、普泽寺
③公共园林：东湖
④书院园林：九峰书院、桐江书院

图 1-34　台州现存主要园林名录

①私家园林：太平天国侍王府、芥子园
②寺观园林：大智禅寺、龙盘寺、大佛寺、天宁寺、延福寺、双林寺
③书院园林：五峰书院

图 1-35　金华现存主要园林名录

温州

① 私家园林：如园
② 寺观园林：真如寺、江心寺、圣寿禅寺、刘基庙、无量寺、妙果寺
③ 公共园林：苍坡村、岩头村水口园林
④ 书院园林：玉海楼、会文书院、永嘉书院

图 1-36 温州现存主要园林名录

衢州

① 寺观园林：乌石寺、天宁寺、灵山寺、南宗孔庙、宝岩寺、竹林禅寺
② 公共园林：府山
③ 书院园林：克斋讲舍

图 1-37 衢州现存主要园林名录

内文字：
丽水
① 寺观园林：南明山、白云寺、阜山清真禅寺、时思寺、西洋殿
② 公共园林：万象山
③ 书院园林：鞍山书院、独峰书院、文奎高阁

图1-38　丽水现存主要园林名录

　　浙派传统园林在中国园林史上具有独特价值。它有鲜明的地方特色，比其他江南园林更多表现出功利文化影响下的秩序感，更多体现出因地制宜的造园手法，更多形式的私家园林和寺观园林，并且浙派传统园林是与生活紧密相连的"活遗产"，尤其是后者，随着经济的发展，城乡建设正以比以往更快的速度发展，许多老园子正面临被拆除或改造的命运，因此，迫切需要对浙派传统园林进行系统、深入、全面的调查研究。

2. 浙派新园林

　　浙派新园林是指浙江地域范围内自鸦片战争开始直至目前的近现代园林的统称，特指新中国成立之后，尤其是改革开放以来的现代园林，主要包括公园绿地、城市广场、附属绿地、风景名胜区等多种类型。

　　浙派新园林的特点表现在：理念超前，主题突出，意境深远，构图精美；以植物造景为主，地形塑造蜿蜒起伏，过渡自然和谐，空间变化丰富多样；空间布局因地制宜，有开有合，退距合宜；植物配置疏密有致，层次结构立体复合，乔灌花草有机结合，色彩搭配丰富多样，季相景观四季优美，树木种植适地适树，注重群团状分布，严格按照景观、生态、功能的要求布局；景观建筑和小品造型优美，内涵丰富，体量适宜，风格式样与主题协调；园路布局以人为本，式样丰富，线体流畅，拼花精美，勾缝匀称，做工精细；水景、假山、景石、置石、灯具、

观景平台、活动场所等各得其所，位置大小合宜，功能完备，雅俗共赏，性价比高，整体效果好。这些特点，从本书编写单位的工程案例中就可见一斑（图1-39 ～图1-48）。

图1-39　杭州萧山国际机场迎宾专用道路

图1-40　杭州阿里巴巴淘宝城

图 1-41　浙江财经大学校友路

图 1-42　杭州玉皇山南基金小镇

图1-43　杭州西湖文化广场

图1-44　杭州武林广场

图 1-45　杭州半山国家森林公园望宸阁

图 1-46　丽水景宁畲乡绿道

图 1-47 舟山绿城育华学校

图 1-48 杭州昆仑公馆

近年来，随着中国综合实力的增强和一系列宏观政策的出台，预示着浙派新园林正迎来发展的春天。党的十八大把生态文明建设纳入中国特色社会主义事业总体布局，提出努力建设美丽中国，走向社会主义生态文明新时代，实现中华民族永续发展。党的十八届三中全会把加快生态文明制度建设作为全面深化改革的重要内容，提出必须建立系统完整的生态文明制度体系，用制度保护生态环境。习近平总书记强调，走向生态文明新时代，建设美丽中国，是实现中华民族伟大复兴的中国梦的重要内容。他还提出，"山水林田湖是一个生命共同体""绿水青山就是金山银山""人民对美好生活的向往，就是我们的奋斗目标"等一系列新思想新观点新要求。这标志着我们党对中国特色社会主义规律的认识进一步深化，表明了我们党坚持"五位一体"总体布局、加强生态文明建设的坚定意志和坚强决心。

为深入贯彻党的十八大、十八届三中全会和习近平总书记系列重要讲话精神，积极推进建设美丽中国在浙江的实践，加快生态文明制度建设，努力走向社会主义生态文明新时代，2014年5月，中共浙江省委发布了《关于建设美丽浙江、创造美好生活的决定》。建设美丽浙江、创造美好生活，是建设美丽中国在浙江的具体实践，也是对历届省委提出的建设绿色浙江、生态省、全国生态文明示范区等战略目标的继承和提升。这些年来，我省在生态文明建设实践中，始终以"八八战略"为统领，进一步发挥浙江的生态优势，坚定"绿水青山就是金山银山"的发展思路，坚持一任接着一任干、一张蓝图绘到底，把生态文明建设放在突出位置；坚持在保护中发展、在发展中保护，把发展生态经济和改善生态环境作为核心任务；坚持全面统筹、突出重点，把解决影响可持续发展和危害人民群众身体健康的突出环境问题作为着力点；坚持严格监管、优化服务，把保障生态环境安全和维护社会和谐稳定作为基本要求；坚持党政主导、社会参与，把创新体制机制和倡导共建共享作为重要保障，推进我省生态文明建设取得重大进展和积极成效，为建设美丽浙江、创造美好生活奠定了坚实基础。

为了深入践行"绿水青山就是金山银山"的重要思想，大力开展"811"美丽浙江建设行动，2017年6月，浙江省第十四次党代会报告提出，要大力建设具有诗画江南韵味的美丽城乡。按照把省域建成大景区的理念和目标，高标准建设美丽城市，深入开展小城镇环境综合整治，深化美丽乡村建设，推行城乡生活垃圾分类化减量化资源化无害化处理，落实农村生活污水治理设施长效运维管护机制，使全省城乡面貌实现大变样。谋划实施"大花园"建设行动纲要，使山水与城乡融为一体、自然与文化相得益彰，支持衢州、丽水等生态功能区加快实现绿色崛起，把生态经济培育成为发展的新引擎。大力发展全域旅游，积极培育旅游风情小镇，推进万村景区化建设，提升发展乡村旅游、民宿经济，全面建成"诗画浙江"中国最佳旅游目的地。加快交通与旅游融合发展，实施"万里绿道网"工程，持续推进"四边三化"和平原绿化，建成覆盖全省、环境优美的绿道网、景观带、致富线。随着这些行动的开展（表1-2），浙派新园林的内涵、类型与范畴不断丰富、扩展，逐渐形成了城乡一体化、内容全覆盖的人居环境建设新格局。

表 1-2　浙江省近年来园林绿化与环境整治专项行动一览表

序号	行动名称	出台时间	出台部门	具体内容
1	四边三化	2012.8	省委、省政府	在公路边、铁路边、河边、山边等区域开展洁化、绿化、美化行动
2	三改一拆	2013.2	省政府	旧住宅区、旧厂区、城中村改造和拆除违法建筑
3	五水共治	2013.11	省委	治污水、防洪水、排涝水、保供水、抓节水
4	两路两侧	2015.7	省委、省政府	在公路、铁路两侧开展环境整治专项行动
5	特色小镇规划建设	2015.4	省政府	力争通过 3 年的培育创建，规划建设一批产业特色鲜明、体制机制灵活、人文气息浓厚、生态环境优美、多种功能叠加的特色小镇
6	万里绿道网建设	2015.4	省住建厅	到 2020 年，建成省域"万里绿道网"，形成 10 条省级绿道，全长 5555 公里，串联 11 个设区市和 56 个县（市），真正把浙江的绿水青山、悠久历史和灿烂人文等江南美景串珠成链
7	小城镇环境综合整治	2016.9	省委、省政府	力争用 3 年左右时间，使全省所有乡镇环境质量全面改善、服务功能持续健全、管理水平显著提高、乡容镇貌大为改观、民风更加文明、社会公认度不断提升，使小城镇成为人们向往的幸福家园
8	旅游风情小镇创建	2016.11	省政府	利用 5 年左右时间在全省验收命名 100 个左右民俗民风淳厚、生态环境优美、旅游业态丰富的省级旅游风情小镇，所有省级旅游风情小镇建成 3A 级以上旅游景区
9	深化美丽乡村建设	2016.11	省委、省政府	力争到 2020 年，全省三分之一以上的县（市、区）培育成为美丽乡村示范县，并创建一批美丽乡村示范乡镇、特色精品村
10	田园综合体创建	2017.5	省财政厅	逐步建成一批让农民充分参与和受益，集循环农业、创意农业、农事体验于一体的美丽乡村田园综合体
11	大花园建设	2017.6	省委、省政府	是浙江省在国家"一带一路"建设框架下，谋划建设的大平台。目标是以"国家公园＋美丽城市＋美丽乡村＋美丽田园"的空间形态勾勒一个世界一流的生态旅游目的地

第三节　浙派传统园林的价值

　　浙派传统园林是中国传统园林的重要组成部分，在中国传统园林的发展历史上占有重要地位。在某些特定时期其园林营建曾盛极全国，并有相当一批名园对中国各地园林的营建具有重大影响。就整个历史时期来看，浙江省各种类型的园林都相当齐备，并具有较高的建造和艺术水平。作为珍贵的历史文化遗产，浙派传统园林在当代仍有其重要意义。

一、浙派传统园林对各地造园活动的影响

　　东晋以来，浙派园林营建就开始在全国占有重要地位，并具有很大的影响力。这种影响力既表现在南宋时期的造园活动领全国之先，以及一些明清时期的名园对各地造园的重大影响等方面，更表现在无形的诸如中国传统园林审美趣味的形成和文人园的建造方式等深层次的、理论方面的影响。

浙江历史上造园活动最为繁盛的时期是南宋和明清时期，其对中国各地造园活动的影响也最大。南宋以当时的首都临安（今杭州）和近畿吴兴（今湖州）为盛（图1-49、图1-50）。临安园林，数量之多甲于天下。正如宋代陆游《南园记》所说："自绍兴以来，王侯将相之园林相望。"帝王之宫，叠石如飞来峰，凿池似小西湖；贵戚豪吏之园囿，有的占地半亩，有的纵横数里。当时临安不仅财宝敛聚，而且集中了最著名的诗人、画师和造园巨匠，他们凭借西湖的奇峰秀峦、烟柳画桥，博取了全国造园之长。因此，在园林设计上"因其自然，辅以雅趣"，形成山水风光与建筑空间交融的风格，在我国园林史上留下了重要的一页。

图1-49　南宋都城临安平面图

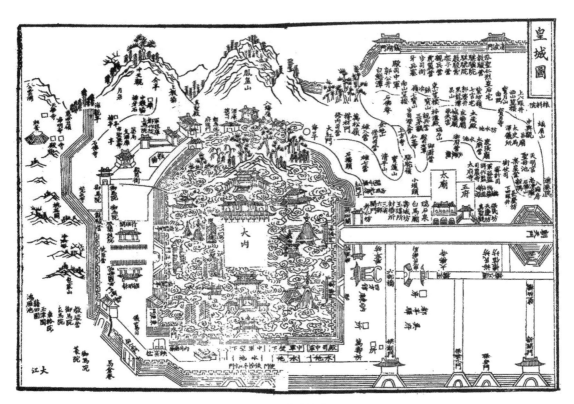

图 1-50 南宋皇城图

同期的吴兴，由于紧邻京畿重地，再加之自然条件的优越和机缘巧合，也成就了其在园林发展史上最为鼎盛和辉煌的时期。诚如周密在其《癸辛杂识》前集中"吴兴园圃"条的起首所写："吴兴山水清远，升平日，士大夫多居之。其后，秀安僖王府第在焉，尤为盛观。城中二溪水横贯，此天下之所无，故好事者多园池之胜。"并具体描述了"常所经游"的吴兴园林 36 所。周密所记虽简略，却可见当时湖州园林之盛，且从中也可见其时湖州园林构筑、布局各具特色。

明清时期，杭州、嘉兴、宁波等地也有相当一批名园对中国各地园林的营建具有重大影响。如杭州西湖成为中国自然式山水园林营建的典范（颐和园、圆明园等皆仿西湖布局、构景），宁波天一阁成为书楼式园林建造的楷模（避暑山庄内的文津阁仿此建造）（图 1-51、图 1-52），绍兴兰亭"曲水流觞"（图 1-53）的意境则为众多官、私园林仿效。另如嘉兴烟雨楼（图 1-54、图 1-55），以及已毁尚未恢复的、曾为清代江南四大名园之一的海宁安澜园等，亦被仿建于清代的避暑山庄和圆明园之中。正如朱启钤在《重刊〈园冶〉序》中所说："南省之名园胜景，康、乾两朝，移而之北，故北都诸苑，乃至热河之避暑山庄，悉有江南之余韵。"

图 1-51 宁波天一阁

图 1-52 避暑山庄文津阁

图 1-53　绍兴兰亭的曲水流觞

图 1-54　嘉兴烟雨楼

图 1-55 避暑山庄烟雨楼

总之，就整个历史时期来看，浙江各种类型园林都相当齐备，并具有较高的建筑和艺术水平，在全国也较有代表性。

二、浙派传统园林在营建理论上的突出建树

除上述影响外，更重要的是，在这一过程中，浙派传统园林的造园实践和思想对中国传统园林的营造手法、基本特征和审美风格等的形成具有重要的先导作用，在园林理论上具有突出建树。如魏晋时代的山水诗人在今省域内（如绍兴）的造园实践及其理论直接导致自然山水园的兴盛，而南宋时期各地（如杭州、湖州）的文人造园方式及其理论总结又开明清江浙私家写意山水园的先河。

魏晋南北朝时期是中国历史上的一个特殊时期，对此，宗白华先生在《论〈世说新语〉和晋人的美》一文中有精当的论述："汉末魏晋六朝是中国政治上最混乱、社会上最苦痛的时代，然而却是精神史上极自由、极解放，最富于智慧、最浓于热情的一个时代。因此也就是最富有艺术精神的一个时代。"

此际绍兴园林的大发展，实与魏晋南北朝时期山水诗的崛起有着密切的关联；而绍兴的经济和自然环境又为这一时期自然审美风尚和山水诗的发展提供了条件。汉代鉴湖水利工程的兴建，使大片农田得以灌溉，使绍兴以物产丰饶、城乡繁华、

富实殷足而闻名天下。同时南渡的士人们在会稽看到了前所未有的旖旎风光，顾恺之赞曰："千岩竞秀，万壑争流，草木葱笼其上，若云兴霞蔚。"王献之咏叹："从山阴道上行，山川自相映发，使人应接不暇。若秋冬之季，尤难为怀。"他们被会稽山水所吸引，纷纷来此求田问舍，营造别业。正如谢灵运所言："会境既丰山水，是以江左嘉遁，并多居之。"田庄别业渐成名士隐逸之所，也成了士人们审谛自然之美，亲近山水的便利入口。于是田庄别业的营造也开始精思巧构，以符合寄情赏玩和审美的需要。开池建亭一时成风，甚至相互攀比，"贵势之流，货室之族……亭池宅第，竞趋高华。"在这样的环境中，形成了宴集游赏于山林，诗文唱和以往还的风气，酝酿和催化了山水诗。王羲之、谢安等名士兰亭雅集，摹写山水情景，抒发散淡恬旷的情怀，借以表现名士所领悟的玄理，后成为中国传统园林永恒的美学追求。另一位文学史上第一个大量写作山水诗的谢灵运，所描写的大多是会稽一带的山水和庄园风光。谢灵运把具有艺术性的庄园作为审美对象入诗，山姿水态、云霭林烟在他的笔下都逼真鲜活；博学、才情和个性又使他的山水诗内涵丰富、构思精巧、语言典雅，可谓卓然超群。谢氏庄园始宁园，"傍山带江，尽幽居之美。"从其《山居赋》及其自注来看，可以说是一座典型的园林化庄园。它在规划布局上涉及卜宅相地、基址选择、道路布设、景观组织等方面，这在汉赋中是从未见过的，是风景式园林升华到一个新阶段的标志。

　　而南宋的临安、吴兴一带，更是当时的文人私园萃集之地。以周密所记"吴兴园林"来看，已经具有了典型的文人园色彩。这些园林以水、竹、柳、荷等景色见长，富有江南特色，尤其很多园林就近取太湖石点缀，逐渐形成园林赏石、叠假山之风，造景手法越来越多样，对以后的造园艺术影响较大。其中，有耸立着三大太湖名石的"南沈尚书园"："沈德和尚书园，依南城，近百余亩，果树甚多，林檎尤盛。内有'聚芝堂'、'藏书室'。堂前凿大池，几十亩，中有小山，谓之'蓬莱'。池南竖太湖三大石，各高数丈，秀润奇峭，有名于时。"有四面皆水而以荷花著称的"莲花庄"："在月河之西，四面皆水，荷花盛开时，锦云百顷，亦城中所无也。"有分赵氏"莲庄"其半而为之的"赵氏菊坡园"："……前面大溪，为修堤画桥，蓉柳夹岸数百株，照影水中，如铺锦绣。其中亭宇甚多，中岛植菊至百种，为'菊坡'，中甫二卿自命也。相望一水，则其宅在焉，旧为曾氏'极目亭'，最得观览之胜，人称'八面曾家'，今名'天开图画'。"还有规模虽小，然曲折可喜的"王氏园"，有登高尽见太湖诸山的赵氏"苏湾园"，有地处弁山之阳、"万石环之"的叶氏"石林"，有藏书数万卷的"程氏园"等。

　　实际上，周密在《癸辛杂识》中，还涉及造园理论和名园的品评，如"水竹居"条："薛野鹤曰：'人家住屋，须是三分水、二分竹、一分屋，方好。'此说甚奇。"而在"假山"条中，更细致地描绘了当时园林中高超的掇山艺术，并列举了湖州名园为例："前世叠石为山，未见显著者。至宣和，艮岳始兴大役，连舻辇至，不遗余力。其大峰特秀者，不特侯封，或赐金带，且各图为谱。然工人特出于吴兴，谓之山匠，或亦朱勔之遗风。盖吴兴北连洞庭，多产花石，而弁山所出，类亦奇秀，故四方之为山者，皆于此中取之……然余平生所见秀拔有趣者，皆莫如俞子清侍郎家为奇绝。盖子清胸中自有丘壑，又善画，故能出心匠之巧。峰之大小凡百余，高者至二三丈，皆不事饾饤，而犀珠玉树，森列旁午，俨如群玉之圃，奇奇怪怪，不可名状……乃于众峰之间，萦以曲涧，礬以五色小石，旁引清流，激石高下，使之有声，淙淙然下注大石潭。上荫巨竹、寿藤，苍寒茂密，不见天日。旁植名药、奇草，薜荔、女萝、菟丝，花红叶碧。潭旁横石作杠，下为石渠，潭水溢，自此出焉。潭中多文龟、斑鱼，夜月下照，光景零乱，如穷山绝谷间也。今皆为有力者负去，荒田野草，凄然动陵谷之感焉。"

因此，尽管周密所记吴兴园林宋后多已毁废，但其造园手法、审美意趣等，对明清江南文人园的大发展，的确遥开其绪，实启其端。

第四节　浙派传统园林的研究

一、浙派传统园林研究现状

浙派园林造园历史虽然源远流长，但研究者多将其归入江南园林范畴进行宏观审视，在本书之前尚未有人正式提出其定义与内涵，更未对其开展系统而深入的研究。通过对文献数据库的查询与检索，我们发现，由于项目的地域性，国外几乎没有专门研究浙派园林的文献；国内已有的与浙派园林相关的研究，根据与这一主题的关联情况与密切程度，大致可分为以下 4 类：①古籍中关于浙江传统园林的著作；②浙江各地方园林史、园林特色研究；③浙江各地方某特定年代、特定类型园林研究；④具体某个传统园林研究。

1. 古籍中关于浙江传统园林的著作

古籍中关于浙江传统园林的内容较多，但大多以介绍方式呈现，相对比较简单，且多有重复。东汉赵晔的《吴越春秋》和袁康的《绝越书》对吴越时期的园林略有记载；周密的《癸辛杂识》大致勾画了南宋时期吴兴（今湖州）私家园林的风貌；吴自牧的《梦粱录》、周密的《武林旧事》、耐得翁的《都城纪胜·园囿》、朱彭的《南宋古迹考·园囿》，特别是田汝成《西湖游览志》二十四卷、《西湖游览志余》二十六卷 2 部著作，较为详细地叙了从南宋到明中叶杭州建造园林的情况；祁彪佳的《越中园亭记》介绍了明代绍兴私家园林的风貌；刘应钶的《嘉兴府志》内也有对明代嘉兴各类园林的描述；翟灏的《湖山便览》、沈德潜的《西湖志纂》等详细描绘了清代西湖园林的胜景；高晋的《南巡盛典名胜图录》内有清代浙江境内多个景点、名园的宝贵界画；朱彝尊的《鸳鸯湖棹歌》、朱稻孙的《烟雨楼志》是对清代嘉兴园林的记录。古籍中关于浙江传统园林的具体描述，可参见本书附录。

2. 浙江各地方园林史、园林特色研究

现有浙江各地方园林的总体研究多集中在浙北几个城市，以搜集文献典籍、叙述造园历史和探索地方特色为主，但这方面的研究仅寥寥数篇。安怀起《杭州园林》一书以西湖风景区中的园林为核心，阐述与探讨了杭州园林的历史、园林

类型与艺术特点；沈俊《湖州园林史》一书梳理了湖州园林的发展历史；张斌《绍兴传统园林调查与研究》简要介绍了绍兴园林的发展历史和地方特色；邱志荣《绍兴风景园林与水》一书较为系统地记述了绍兴园林的历史脉络和风格特色，并提出"无水不成园"的观点；孙云娟《嘉兴传统园林调查与研究》对嘉兴园林发展历史进行了梳理总结。

3. 浙江各地方某特定年代、特定类型园林研究

现有研究主要集中在浙江各地方历史上几个有重大影响力的特定时期，或是各地方某特定类型的园林上，这方面的研究也不多，如曹俊卓《浙江古典私家园林植物造景研究》得出现存浙江私家园林植物造景的特点；李功成《杭州西湖园林变迁研究》对西湖园林的发展历程进行了总体介绍和分析；魏彩霞《杭州市寺观园林研究》整理了杭州市寺观园林的发展简史和营造特点；徐燕《南宋临安私家园林考》勾勒出南宋临安私家园林的大致轮廓；朱矗《南宋临安园林研究》总结了南宋临安园林的基本格局；鲍沁星《杭州自南宋以来的园林传统理法研究》提出，自南宋以来，方池理水和灵隐飞来峰的欣赏文化是杭州传统园林的重要组成部分；李娜《〈湖山胜概〉与晚明文人艺术趣味研究》通过对《湖山胜概》这部古籍的系统考证，深入研究了晚明时期文人士大夫的西湖生活；朱钧珍《南浔近代园林》一书中论证了南浔近代园林独具的特色；周向频《矛盾与中和：宁波近代园林的变迁与特征》一文梳理和总结了近代宁波园林的历史，揭示了其园林要素组成和特征等。

4. 具体某个传统园林研究

这方面的研究占目前文献总数的 80% 以上，主要针对浙江传统园林个案的现状、历史或造园艺术进行详细分析，这其中以杭嘉湖地区的个案数量最多。如童寯《江南园林志》一书中简要介绍分析了浙江地区在 20 世纪 30 年代遗存的传统园林，并绘制了嘉兴的烟雨楼、落帆亭、南浔宜园、杭州红栎山庄和金溪别业的珍贵平面图；王其钧《图解中国园林》对杭州三潭印月、绍兴兰亭、南浔小莲庄和楠溪江苍坡村公共园林进行了介绍；刘先觉《江南园林图录：庭院、景观建筑》简要介绍了杭州虎跑泉庭院和西泠印社，并绘制了平面、剖面图。此外，王欣《谢灵运山居考》、黄培量《东瓯名园——温州如园历史及布局浅析》、吴荣方《小莲庄》等，通过文献考证及现场调研等方式，针对某个传统园林进行了详细介绍和分析。

二、浙派传统园林研究建议

综上所述，浙江传统园林的研究较之同为江南园林典型代表的苏州园林明显偏少，有关历史源流、传统价值及造园艺术等方面的综合性论述更是少之又少，迫切需要进行更为深入的研究。对此，本书提出以下几点建议。

（1）对现存的浙派传统园林进行全面、深入的调研与记录。快速的城市化进程导致了许多老园子面临被拆除或改造的命运，因此，迫切需要对浙江现存传统

园林进行全面摸底；另一方面，了解浙江传统园林历史的老人数量逐年减少，对他们的记忆以及技艺的抢救性发掘与记录也迫在眉睫。

（2）注重浙东、浙西、浙南地区园林研究。浙北地区属于江南园林的核心区域，园林研究相对系统、深入；而浙东、浙西、浙南地区属于江南园林的边缘地带，园林研究较少，部分地区几乎存在研究空白，应加强这些地区的传统园林研究。

（3）进一步发掘文献史料，形成全面、深入的研究。众多现有的研究主要集中于现有的园林遗存，这些园林多建于明清时期，使得对浙江各地方园林的研究多着眼于明清园林的关系和意义，而早、中期园林历史、造园手法和造园艺术的研究较少，这需要进一步查阅各地方史料和文献进行深入而细致的挖掘。

（4）探索浙派传统园林保护与利用措施。在对浙派传统园林全面调研的基础上，对其所面临的问题进行总结，如园林遗存保护观念是否深入人心、园林的修复工作是否有史可循等，从而提出切实可行的保护与发展策略和措施。

（5）探求浙派传统园林的现实意义。通过对浙派传统园林造园意匠、造园要素、造景手法等方面的系统研究，传承浙派传统园林的造园价值，以此启发当前的风景园林规划与设计工作。

第 二 章

浙派园林的成长环境

　　郭庄、汪庄、刘庄、蒋庄、小莲庄、绮园、沈园、芥子园、天一阁、兰亭……古往今来，浙派园林涌现出一个个造园精品。目前，浙江园林事业兴旺发达，园林建设精益求精，积累了较好的口碑和声誉，造园理念、园林设计、园林施工、苗木培育、工艺技术、艺术水平以及园林企业综合实力、从业人员素质及园林教育等诸多方面的发展蒸蒸日上。追本溯源，浙派园林的形成和崛起，主要原因可概括为以下几个方面：壮丽的自然山水是浙派园林创作的灵感来源；丰厚的文化艺术是浙派园林创作的智慧源泉；多样的环境条件是浙派园林实践的大好场所；深邃的浙商精神是浙派园林发展的不竭动力；建设美丽人居环境是浙派园林从业者的奋斗目标。

第一节　浙江的自然环境

一、地理位置

　　浙江省地处亚热带中部、东南沿海、长江三角洲南翼，位于东经 118°01′～123°10′和北纬 27°06′～31°03′之间。北部杭嘉湖平原属我国最富庶的长江三角洲平原，西部和南部为我国东南丘陵山地的组成部分。东临东海，南接福建，西与江西、安徽相连，北与上海、江苏接壤。地理位置优越，地形地貌复杂，季风气候显著。境内最大的河流钱塘江，因江流曲折，称之江，又称浙江，省以江名，简称"浙"，省会杭州。全省辖 11 个地级市（图 2-1）。

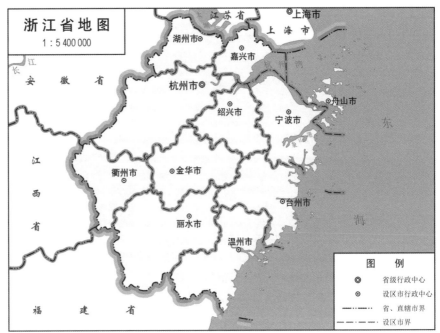

审图号:浙S(2016)161号

图2-1 浙江省行政区划图

二、地质地貌

浙江省地质属华夏隆起地带,为秦岭、南岭两构造带东部的交接地带,其构造特征总体以江山——绍兴断裂为界,分成浙西北及浙东南两个区,浙西北区地层发育齐全,构造形态以紧密线型褶皱构造为特征,纵横向断层发育,以泥质灰岩、页岩、砂岩等为主;浙东南区山露地层为元古界变质岩和中生代火山岩系,构造以断裂构造和火山构造为主,几乎整个地表为流纹岩、凝灰质砾岩和花岗岩等火山岩系所覆盖。

浙江地势由西南向东北倾斜,地形复杂。山脉自西南向东北成大致平行的三支。西北支从浙赣交界的怀玉山伸展成天目山、千里岗山等;中支从浙闽交界的仙霞岭延伸成四明山、会稽山、天台山,入海成舟山群岛;东南支从浙闽交界的洞宫山延伸成大洋山、括苍山、雁荡山。龙泉市境内海拔1929m的黄茅尖为浙江最高峰。地形大致可分为浙北平原、浙西中山丘陵、浙东丘陵、中部金衢盆地、浙南山地、东南沿海平原及海滨岛屿6个地形区。

浙江陆域面积10.55万km²,占全国陆域面积的1.1%,是中国面积较小的省份之一。东西和南北的直线距离均为450km左右。全省陆域面积中,山地占74.63%,水面占5.05%,平坦地占20.32%,故有"七山一水两分田"之说。浙江海域面积26万km²,面积大于500m²的海岛有2878个,大于10km²的海岛有26个,是全国岛屿最多的省份,其中面积502.65km²的舟山岛为中国第四大岛。

在"2015 中国海洋宝岛榜"中，浙江有 21 个海岛上榜，占总数的 1/5。

三、气候特征

浙江地处亚热带中部，属季风性湿润气候，气温适中，四季分明，光照充足，雨量充沛。年平均气温 15 ~ 18℃，极端最高气温 33 ~ 43℃，极端最低气温 –2.2 ~ –17.4℃；年日照时数 1100 ~ 2200 小时，年均降水量 1100 ~ 2000mm。1 月、7 月分别为全年气温最低和最高的月份，5 月、6 月为集中降雨期。因受海洋影响，温、湿条件比同纬度的内陆季风区优越，是我国自然条件较优越的地区之一。由于浙江位于中、低纬度的沿海过渡地带，加之地形起伏较大，同时受西风带和东风带天气系统的双重影响，各种气象灾害频繁发生，是我国受台风、暴雨、干旱、寒潮、大风、冰雹、冻害、龙卷风等灾害影响最严重地区之一。

1. 春季气候特征

春季，东亚季风处于冬季风向夏季风转换的交替季节，南北气流交会频繁，低气压和锋面活动加剧。浙江春季气候特点为阴冷多雨，沿海和近海时常出现大风，全省雨水增多，天气晴雨不定，正所谓"春天孩儿脸，一日变三变"。浙江春季平均气温 13 ~ 18℃，气温分布特点为由内陆地区向沿海及海岛地区递减；全省降水量 320 ~ 700mm，降水量分布为由西南地区向东北沿海地区逐步递减；全省雨日 41 ~ 62 天。春季主要气象灾害有暴雨、冰雹、大风、倒春寒等。

2. 夏季气候特征

夏季，随着夏季风环流系统建立，浙江境内盛行东南风，西北太平洋上的副热带高压活动对浙江天气有重要影响，而北方南下冷空气对浙江天气仍有一定影响。初夏，浙江各地逐步进入汛期，俗称"梅雨"季节，暴雨、大暴雨出现概率增加，易造成洪涝灾害；盛夏，受副热带高压影响，浙江易出现晴热干燥天气，造成干旱现象；夏季是热带风暴影响浙江概率最大的时期。浙江夏季气候特点为气温高、降水多、光照强、空气湿润，气象灾害频繁。全省夏季平均气温 24 ~ 28℃，气温分布特点为中部地区向周边地区递减；各地降水量 290 ~ 750mm，东部山区降水量较多，如括苍山、雁荡山、四明山等，海岛和中部地区降水相对较少；全省各地雨日为 32 ~ 55 天。夏季主要气象灾害有台风、暴雨、干旱、高温、雷暴、大风、龙卷风等。

3. 秋季气候特征

秋季，夏季风逐步减弱，并向冬季风过渡，气旋活动频繁，锋面降水较多，气温冷暖变化较大。浙江秋季气候特点：初秋，浙江易出现淅淅沥沥的阴雨天气，俗称"秋拉撒"；仲秋，受高压天气系统控制，浙江易出现天高云淡、风和日丽的秋高气爽天气，即所谓"十月小阳春"天气；深秋，北方冷空气影响开始增多，冷与暖、晴与雨的天气转换过程频繁，气温起伏较大。全省秋季平均气温 16 ~ 21℃，东南沿海和中部地区气温度偏高，西北山区气温偏低；降水量 210 ~ 430mm，中部和南部的沿海山区降水量较多，东北部地区虽降水量略偏少，但其年际变化较大；全省各地雨日 28 ~ 42 天。秋季主要气象灾害有台风、暴雨、低温、阴雨寡照、大雾等。

4. 冬季气候特征

冬季，东亚冬季风的强弱主要取决于蒙古冷高压的活动情况，浙江天气受制于北方冷气团（即冬季风）的影响，天气过程种类相对较少。浙江冬季气候特点是晴冷少雨、空气干燥。全省冬季平均气温 3 ~ 9℃，气温分布特点为由南向北递减，由东向西递减；各地降水量 140 ~ 250mm，除东北部海岛偏少明显外，其余各地差异不大；全省各地雨日为 28 ~ 41 天。冬季主要气象灾害有寒潮、冻害、大风、大雪、大雾等。

四、土壤条件

浙江省土壤类型十分丰富，主要有红壤、黄壤、水稻土、潮土和滨海盐土、紫色土、石灰土、粗骨土等。土壤的类型与分布受地形、气候、母质、水文等自然条件和人类活动的影响，有着明显的区域分布特征。其中面积较大，与农业生产、植物生长关系密切的土壤类型有红壤、水稻土、滨海盐土和潮土等 4 类。红壤在浙江省分布面积最大，主要分布在浙南、浙东、浙西丘陵山地，具有粘、酸、瘦等主要肥力特征，旱季保水性能差；水稻土分布面积其次，是经过长期平整土地、修筑排灌系统、耕耘、轮作形成的人为土壤，主要分布在浙北平原和浙东南滨海平原；滨海平原分布着滨海盐土，土壤性状的主要特征是土体中含盐量高，成为农业生产的限制因素；潮土类分布在江河两岸及杭嘉湖平原，土层深厚，水源丰富，土质肥沃，是粮食、棉麻、蚕桑、蔬菜、瓜类等作物及林果的重要生产基地。

五、河流水文

浙江省江河众多，多年平均水资源总量 937 亿 m³。流域面积在 100km² 公里以上的河流有 238 条，自北至南分布着苕溪、运河、钱塘江、甬江、椒江、瓯江、飞云江和鳌江等八大水系（图 2-2），除苕溪汇入太湖、运河连通长江水系外，其余均独流入海。钱塘江是全省第一大江，全长 668km，省境内流域面积占全省陆域面积的 47%。浙北的杭嘉湖平原和宁绍平原，以京杭运河和杭甬运河为主干，天然湖泊星罗棋布，河湖相连，水网密布，素有"水乡泽国"之称。湖泊主要有杭州西湖、绍兴东湖、嘉兴南湖、宁波东钱湖四大名湖，以及新安江水电站建成后形成的全省最大人工湖泊千岛湖等。

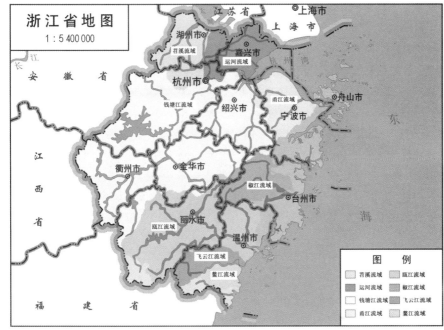

图 2-2 浙江八大水系示意图

审图号：浙S（2016）161号

浙江省河流年径流模数 20 ~ 50dm^3/（s·km^2），与全国河流相比，单位面积产水量高。年径流模数东南部和西部山区较高，中部丘陵盆地较低，北部平原最低。年径流系数在 0.35 ~ 0.75 之间，山区大于丘陵，丘陵大于平原，台风雨主控区大于梅雨主控区。降雨以 6 月前后的梅雨和 8、9 月的台风雨居多，径流也大多集中在这两个时期，4 月至 9 月径流量可占年径流总量的 65% ~ 80%。

河流水位的年变化与降水、流量变化相一致，最高水位的出现大致有以下三种类型：一是 5 月最高，6 月次之，多数发生在梅雨为主控地区的河流；二是 6 月最高，9 月次之，多数发生在台风雨为主控地区的河流；三是 6 月最高，5 月次之，一般发生在梅雨和台风雨兼有的地区。最低水位多数出现在 12 月，也有少数河流在 1 月。

六、生物多样性

浙江省大部分地区被划为中亚热带常绿阔叶林北部亚地带——浙皖山丘青冈苦槠林栽培植被区和浙闽山丘甜槠木荷林区，只有雁荡山以东、玉环岛以南的浙东南沿海一隅，属中亚热带常绿阔叶林南部亚热带——浙南闽中山栲类细柄蕈树林区。植被具有明显的亚热带性质，其组成种类繁多，类型复杂，次生性强，地域分异明显。现状植被可分为天然植被和人工植被两大系列，下属多个植被类型。主要植被类型有针叶林、针阔叶树混交林、阔叶林、灌丛和灌草丛、沼泽和沼泽化草甸、水生植被、人工植被等。其中针叶林是我省森林中面积最大、分布最广的植被类型，并且多为层次单一的常绿针叶纯林。森林资源主要分布在浙南和浙西北地区，约占全省森林资源的 80% 以上，沿海地区及浙北平原相对较少。

全省林地面积 659.77 万 hm²，其中森林面积 604.99 万 hm²，森林覆盖率 60.91%，林木蓄积 3.14 亿 m³，其中森林蓄积 2.81 亿 m³；湿地面积 111.01 万 hm²（不含水田），涵盖近海与海岸湿地、河流湿地、湖泊湿地、沼泽湿地、人工湿地等 5 大类 23 型；维管束植物共 4829 种，其中木本植物 1400 余种，国家一级重点保护野生植物 12 种、二级重点保护野生植物 44 种，省级重点保护野生植物 139 种；陆生野生动物共 689 种（两栖类、爬行类、鸟类、兽类），其中国家一级重点保护野生动物 18 种、二级重点保护野生动物 97 种；百年以上古树及名木 21.84 万株，其中 500 年以上国家一级保护古树 6149 株。全省建有国家级自然保护区 10 个、省级自然保护区 9 个、自然保护小区 353 个，国家森林公园 39 家、省级森林公园 80 家，国家级湿地公园 10 处、省级湿地公园 17 处。

第二节　浙江的历史文化

浙江文化有着悠久的历史，特别是上山遗址、嵊州小黄山遗址、跨湖桥遗址等一批考古发现，已经可以充分证明浙江也是中国古代文明的发源地之一。浙江文化作为中国文化的一个重要组成部分，它是在整个中国文化的孕育和沾溉中成长起来的，自然与中国文化具有某种共同性；同时，由于浙江文化所处的独特自然环境和社会环境，它又具有自己鲜明的区域个性，构成了开拓进取、务实创新的海派文化风格特色，成为中国文化中的一块瑰宝，反过来极大地丰富了中国文化。深入地研究浙江文化，揭示浙江文化的源流，论述浙江文化的特性，总结浙江文化的成就，对于更加清晰地认识浙派园林产生和成长的历史根源和文化沃土，具有十分重要的价值。

一、思想学术

历史上的浙江，文化昌盛，俊杰辈出，号为人文渊薮，在哲学、科学、文学、艺术、史学、宗教各领域，都对中国文化的整体发展做出了巨大贡献。但在春秋以前，浙江"僻陋在夷"，民情物态与"中原上国"大异其趣，与"上国"亦未有特别重大的政治联系，故《史记·越王勾践世家》司马贞《索隐》云："越在蛮夷，少康之后，地远国小，春秋之初未通上国，国史既微，略无世系，故《纪年》称为'於粤子'。"自越王勾践损兵折将而栖于会稽，卧薪尝胆，积"十年生聚，十年教训"之功，一举而灭吴，遂"与齐晋诸侯会于徐州，致贡于周。周元王使人赐勾践胙，命为伯。……诸侯毕贺，号称霸王"。春秋时勾践的政治业绩，既奠定了越国在当时的重要政治地位，亦为"僻陋在夷"的浙江文化与中原文化之间的相互融会与和谐发展奠定了现实基础。

然而世代辽远，史事渺茫。就思想之历史演变的现实轨迹而言，我们现在已很难寻绎出古越国至两汉时代之思想演进的清晰脉络。就可获得的可靠史料而言，浙江历史上有卓越的思想成就并且对后世产生重大影响的第一位思想家，乃是东汉时的王充。

王充（27～97？）字仲任，会稽上虞人，东汉唯物主义哲学家、战斗的无神论者（图2-3）。王充以道家的自然无为为立论宗旨，以"天"为天道观的最高范畴。以"气"为核心范畴，由元气、精气、和气等自然气化构成了庞大的宇宙生成模式，与天人感应论形成对立之势。其在主张生死自然、力倡薄葬，以及反叛神化儒学等方面彰显了道家的特质。他以事实验证言论，弥补了道家空说无着的缺陷，是汉代道家思想的重要传承者与发展者。王充思想虽属于道家却与先秦的老庄思想有严格的区别，虽是汉代道家思想的主张者但却与汉初王朝所标榜的"黄老之学"以及西汉末叶民间流行的道教均不同。《论衡》是王充的代表作品，也是中国历史上一部不朽的唯物主义哲学著作。因此，就浙江的思想学术史而言，王充实为浙江的学祖。

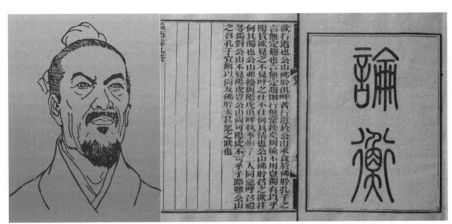

图2-3 王充和他的著作《论衡》

魏晋南北朝时期在中国思想学术史上具有特殊的重要意义。这既是一个政局动荡的时代，亦是一个标志着思想解放、人格觉醒以及人最为根本的存在意识被唤起的时代。"三玄"的形而上学在将人们的思维引向精深绵密的同时，深刻地启迪了人们对于存在意义的本原性追索；"魏晋风度"所蕴含的生命自由气质，既表现于诗歌中对生命主题的深沉咏叹，亦体现于对自然风物的嘉赏与赞美，并由此而导致山水诗、田园诗作为独立文艺形式的确立；绘画书法已独立为纯粹的艺术形式并追求着气韵生动，自然的意态与生命的潇洒圆融为一，并成为人物评品的基本尺度；随着对自然与人格审美的渐趋成熟，独立的自觉的艺术批评开始确立，自然生命、人道慧命与艺术心灵的涵浑圆具，此后则一直成为中国文化心灵的根基，亦一直成为中国人格的理想典范。在此同时，印度的佛教文化亦在魏晋南北朝时期广为传播。经过与中国本土的儒道文化之间的一系列相互碰撞、冲突、互动、共生，佛教最终实现了其本身的"中国化"形态，成为中国文化时时得以实现其新型整合的思想资源，而中国文化本身的整体格局由此而发生了重大改变。大乘般若学的介绍以及佛性问题、形神问题的广泛论辩，既拓展了人们的思维领域，亦促使人们对先秦诸子文化重新进行审视与反思，从而推动了文化的宏观发展；佛经翻译事业的普及与繁荣，则非但体现为宗教文化的发达而已，并且亦导致了汉字音韵的重大发现，沈约所创立的"四声八病"之说，乃成为诗词格律的重要基础。而在浙江，山川郁秀，物产丰阜，自然宇宙的郁勃生机与旷放而淡远、闲雅而趣真的玄学之思竟能两相凑泊，从而出现了浙江历史上的第一期思想繁盛。除经史之学引人注目的普遍成就以外，与宏观思想氛围相一致的则是浙江佛道文化的特别发达。

唐代政治昌明，文艺隆盛，而思想史上的主旋律则主要体现为佛教、道教普遍繁荣背景之下的三教关系；佛教各宗派相继建立，各有其自身的宗教哲学体系，并且与儒家文化系统及道教系统均有多方面的相互关涉。唐代"胡化"之风盛行，成为佛教这一原本为印度的文明形态在唐代获得其鼎盛发展的一种重要的文化原因。因老子被尊为皇室的"祖宗"，道教亦获得充分发展。故就唐代文化之整体而言，虽在制度上仍主儒学以为治，但因其文化观念的开放以及统治者对佛道二教的倡导，宗教文化反而呈现为唐代思想学术的最高成就。

佛学的繁荣再次在更深的理论层面上刺激了中国思想学术的一般发展。随着佛教之"中国化"过程的完成，其源于印度的异域色彩渐趋消解而被整合于中国思想文化的整体结构之中，佛学本身所具有的浓郁的形而上学思辨色彩及其关于本体论、佛性论诸问题的不同建构与思考，以及在社会伦理层面与先秦儒学之基本理念以及民众现实生活之基本情态的冲突，则促使思想家们重新审读、诠解、阐释、建构儒学这一中国传统文化的主流形态，由此有了宋代的理学思潮。作为一种哲学—文化运动，理学实际上乃是儒学因面临佛教（亦包括道教）在理论与实践上的全面挑战而做出的思想回应，而这一回应的实质则演绎为哲学层面上解构与建构的双重主题。自中唐以来即已出现的"道统说"，虽然它根本不是关于历史事实的陈述，但却代表了关于中国文化的某种根本价值理念以及对中国文化命脉的本质追寻。至宋代的濂洛关闽诸子，他们既接过"道统"的理念，要重新追回中国文化中所固有的圣人传统，因而一方面诉诸先秦原始儒家典籍的重新解读与诠释，另一方面又对佛教的宗教理论与实践体系进行直接的全面解构；作为这一解构与重建过程的理论成果，便即是理学作为儒学的一种新形态的出现。然而，理学家在对圣人传统进行重建的过程当中，却又充分兼容与整合了佛学所固有的基本思想要素、体系结构、概念形式、思辨路向甚至其实践方式。正因为这一缘故，我们一方面可以说，理学是在新的思想文化背景之下对先秦以孔孟为代表的原始儒学思想体系的重新建构，代表了传统的回归；另一方面，它同时亦是基于佛教哲学义理的普遍消解与涵摄的前提而对原始儒学所固有的思想空间的极大拓展，代表了时代新义。正是这种传统新义，使理学在坚持传统儒学之基本要义的同时而又开廓了其理论境域，在诠解、复兴传统儒学的同时而又焕发出其新的思想华彩。

理学至南宋前期达到高度繁荣，并完成了其体系化建设。而宋室南渡，浙江成为当时的政治文化中心，学者云集，思潮迭起，蔚为思想史上的壮观；南宋乾道、淳熙之间各学派的代表人物的思想与学术，不仅在当时的儒学运动中居于思想领域的前沿，而且对此后浙江地域文化传统的形成以及民众生活中的独特价值理念的形成影响至深。然南宋的"浙学"，其学术境域的开辟则颇有不同于当时已成为主流形态的朱熹、陆象山之学。由于强调道具有贯彻于生活世界之全部领域的必然性，并且强调社会历史的本身演进本质上即为道的自身运动所展开的现实形态，因而浙学诸家都表现出了对于历史研究的浓厚兴趣，虽然在相对的意义上，他们疏略于道德性命之纯粹哲学的一般追寻，但却特别重视从历史演进的实迹以及这种演进的现实结果当中去寻绎出道德性命的确切内涵，同时又特别重视通过个体的生活实践将内在的道德表达于个体的生活世界本身，以此作为实现善的价值之极大化的根本途径。正因如此，所谓南宋的"浙东学派"（图2-4），其实是在观念上与方法上实现了哲学与史学的真正融合，从而开辟出了一个历史哲学的研究维度。这一新的学术领域之开辟，对于中国思想学术史的意义颇为重要，而对于浙江思想文化的后续发展则影响尤其深远。以朱熹为代表的理学，以陆九渊为代表的心学，以及以吕祖谦为代表的历史哲学，在整体上均为理学哲学运动所达成的思想成果，亦是在不同的思想维度上对先秦儒学进行理论重建而实现出来的三种不同的理论形态。

图 2-4　浙东学派发端之地——绍兴蕺山书院

代表了理学运动之最高成就的朱熹学说此后逐渐成为学术界与思想界的主流形式。明代中叶，阳明之学崛起于浙东，在很大程度上突破了朱熹理学在守成的传承中所出现的僵化格局，良知本体的形上构想及其贯彻于经验领域的实践特征的阐明，实质上则以朱熹理学体系为其直接解构的对象，思想界由此而导入一股清新洒脱之气，其影响广被，士人信向，终致学术格局的全面改观。阳明致良知的学说以及在这一学说影响之下的学术思想的分流演化，则成为明中叶以后思想界的主要事件。然学术与时势相逶迤，主题随世运而移转；阳明之说，经其后学之绍述及某种程度上的片面发展，渐与时代要求不相应，故亦不能无弊；刘宗周之起，始批其虚谬，捣其弊窦，既基于其时代的现实而给予王学以全面的批判，又基于这种批判的前提而给予王学以全面的重建，既体现了与朱熹之学在理论上的某种整合，而又代表了南宋浙学之基本精神的重新回归。

明朝的没落与清朝的崛起，是所谓"天地之变"，无不给予当时身经其事者以最为巨大的心灵震撼，故清代前期，学术界对明亡之原因的历史反思成为基本的思想主题之一，切于世用的实学亦逐渐演变为令人瞩目的思想潮流，这种主题与潮流在思想界的体现，则是程朱陆王之辩的再度兴起，朱学呈现出再度繁荣的趋势，却毕竟已不复有旺盛的生机。当此之时，浙江思想学术郁勃繁盛，成为继南宋以后的又一个繁荣期。超出门户论战，重建价值体系，既以维系世道人心，复以经纶现实事务，则尤为浙江士人所深为关切。至黄宗羲，承继刘宗周之学绪而予以推衍开拓，参合同异而综罗百代，既对宋代以降的思想学术进行批评性的全面总结，而又集南宋以来浙东学术之大成，由是而使其学术充分转进于高明阔大之域。然其后继者或有其要约而未能有其博大，或得其思想之一面而未能得其整全，故所谓"清代浙东学派"，虽可于黄宗羲而寻其渊绪，却未必为黄宗羲而开其派别。而特别值得重视的，反而是对其是否有资格成为"清代浙东学派"之成员颇有争议的章学诚。章学诚对于南宋以降直至黄宗羲的学术所显现的精神有最为深切的理解，因此亦能在理论上对浙东学术的精神给予精要概括，而他本人的学术，则堪为中国古代最有见地的历史哲学。

清代中叶以降，学界风气丕变，思想之创新渐趋停滞，而传统之研究则成就斐然；风气所被，则浙江学人于传统研究亦成就卓著。然不耐政治之沉闷、国势之阘茸、思想之枯萎、学术之破碎，必欲重究大道而作狮子之吼者，则为龚自珍。自珍之学，譬之惊蛰之雷，而启近代之思，且亦为清末维新运动的思想前茅。在推翻清政权的革命运动中，章太炎既高扬革命的大纛，又重新诠释佛教唯识学而为革命的理论，然其学术的最终归宿，却代表了"古代"的终结。王国维虽无革命的思想，尤无革命的行动，但其学术视野宏阔，博通古今而融贯中西，基于新的学术理念与学术方法，而有多层面之学术新领域的开辟，却反而标志了学术上之"现代"的开端。

反观浙江思想学术的宏观发展历史，可见学术风气与思想主题随时代而转移的清晰脉络。而浙江地域文化传统之特色的形成，则既与民族本身的发展历史相联系，与时代思潮相呼应，又与人民生活的地域特征相联系。从历史上来看，浙江思想学术的发展有两个特别值得重视的高峰期，一是东晋南朝时期，形成了主要以浙西的嘉兴、湖州以及浙东的绍兴为核心的文化地带；二是南宋时期，形成了以浙东的永嘉、宁波、金华为典范的文化地带。这两次文化高峰期的形成具有某些共同的特点，首先，它们都与当时政治中心的转移相关，前者是晋室的南渡，后者是宋室的南渡；随着政权中心的转移，官僚阶级与士族均大量南迁，造成实际上的文化中心的南移。其次，就文化繁荣的核心主题而言，它们又都是对北方文化传统的继承与创新。东晋南朝时期在思想领域的核心成就，其实是基于玄学与般若学合流的宗教哲学，而玄学的前期繁荣则在北方。南宋浙东学术群体的形成，同样是对北方固有理学传统的创造性转换，其中尤以洛学的影响最为深刻。再次，各期发展最终都有集大成的人物出现并形成新的学术传统而直接影响其后续发展；就前者而言，智者大师融会南北学风而集南北朝以来佛学成就之大成，创立了作为第一个中国大乘佛教宗派的天台宗，标志了佛教中国化过程的基本完成，并对隋唐时期的佛学繁荣产生实质性影响；就后者而言，吕祖谦总汇浙东不同学术特色而集其大成，融传统经史之学与哲学为一体，而形成以历史哲学为根本特征的"浙学"风貌，同样对南宋后期及此后的浙江学术，尤其是浙东学术的发展有着最为深远的影响。

二、文学艺术

浙江濒临东海，山有普陀、天台、雁荡、东西天目之奇秀，水有钱塘潮之壮观，西子湖之明媚，富春、苕溪之幽胜，以及让人流连忘返的兰亭曲水、鉴湖、南湖、永嘉诸山水，在在莫非诗境、画境。然而，在东晋以前，文艺人才未兴。尽管东汉时上虞的王充、三国时吴兴的曹不兴，曾分别在文坛和画坛上享誉一时，但较之生活在中原的汉代辞赋家与围绕曹魏政权的邺下文学集团的创作盛况，浙地的文艺创作显得势单力薄，寂寞而无生机。那时，文学艺术创作作为一种风气，在浙地尚未形成。

公元317年，东晋衣冠南渡以后，打破了长期以中原为文化中心的历史格局，江、浙开始成了中国政治、经济和文化的主要地带之一，与北方分庭抗礼，以往浙江文人创作的寂寞空气，也随之被打破。浙地的文艺得到了新生。

东晋的王羲之南渡刚来到浙江，便产生了"终焉之志"，在越国古都绍兴的鹅池畔，磨墨不止，挥毫不息，终成一代"书圣"，开创了中国的新书体。从此以后，书法创作在浙地蔚成风气，渐渐形成了一种传统，至隋代绍兴的智永，书家辈出。

与此同时，随着两晋以把对自然山水的欣赏看作是实现人身自由和超脱为主要内容之一的玄学的倡行，浙江得天独厚的自然山水，为文人士大夫所向往和留恋，并对创作产生了极大的影响。王羲之在绍兴兰亭的茂林修竹、曲水流觞的激发下，创作而成的优美散文暨"天下第一行书"《兰亭集序》，便是其中的一个佐证。发展到了南朝宋，又促使了山水文学的勃兴。上虞的谢灵运、谢惠连就是其中的代表作家。特别是谢灵运的山水诗，主要以绍兴、永嘉一带的山水名胜为题材，以其富艳的才华、精致的描绘，使大量的山水景物进入了诗歌领域，因而成了所谓山水诗派的开山鼻祖。嗣后，曾历宋、齐、梁三代的吴兴沈约，悉心于文艺，如撰四声谱，创八病之说，对中国诗歌的形式美的发展，做出了不可磨灭的功绩。此外，绍兴的孔稚圭、吴兴的丘迟、安吉的吴均，在散文创作中，都享誉当世。尤其是吴均的散文，表现了沉溺于山水的生活情趣，文辞清拔，成了时人模仿的对象，被称为"吴均体"。

东晋至隋代的这些名家、大家的出现，以及他们的创作成就的取得，既标志了浙江文学艺术事业的新生，又推动了整个中国文坛艺坛的新的发展。降至唐五代，浙江文艺由新生步入了进一步发展的历史阶段。

在唐五代的4个多世纪中，浙产作家如群星璀璨，争芳斗艳。越州有虞世南、贺知章、崔国辅、徐浩、齐唐、贺德仁、吴融、秦系、严维、朱庆馀；湖州有钱起、沈迁运、周朴、沈亚之、孟郊；杭州有褚遂良、许敬宗、罗虬、罗邺、罗隐、宋孝标、章碣；婺州有骆宾王、张志向、贯休；睦州有施肩吾、章八元、徐凝、舒元舆、李频、方干；嘉兴有丘为、陆贽、顾况。这些作家，在当时都享有一定的声誉。其中虞世南、褚遂良书法、诗歌兼工，特别是书法，取法于王羲之而傍出样度，谱写了中国书法史的新的一页，被列入"初唐四大家"之中；在诗坛上，骆宾王又是"初唐四杰"之一；孟郊与韩愈并称，被视为"韩孟诗派"；而沈亚之对中唐新兴的文学体裁传奇小说的发展，具有推进之功；罗隐的散文小品，笔锋犀利，"几乎都是抗争和愤激之谈"，在唐末文坛上是不可多得的。

如果说，唐代以前，浙地从事文艺创作的仅局限在少数贵族达官的圈子里，那么，到了唐代，已经风靡到了广大的庶族知识分子之中。在上举的作家中，除了虞世南、褚遂良、陆贽等少数作家曾地位通显，绝大部分则是位卑职微，甚至不少还是终身布衣。这一变化和发展，与李唐王朝的取士制度息息相关。六朝在用人制度上，实行的是九品中正制，将广大的庶族知识分子排挤在仕途的门外，唐代却一反前制，采用科举取士，并以诗赋取进士，为下层知识分子的仕进带来了希望。在这种催人奋进的取士制度之下，浙江与全国一样，艺术创作开始盛行在广大的文人中间，从而使浙地的创作得到了长足的发展。

自东晋到南朝，包括浙江在内的东南地区的经济得到了前所未有的开发，但与后来相比，并不算发达，士的文化根基也不怎么深，像王羲之、谢灵运这样的艺术大师，就是从北方移籍浙江的。至唐代特别是中唐以后，由于北方的自然灾害和战争的破坏，东南一带开始成了全国经济的主要基地，而那时的政治、经济、文化中心和人文渊薮仍然在中原。至北宋，汴京虽为首都，但历届政府却视东南这一水乡泽国为全国的经济命脉，使之在生产力上得到了迅猛的发展，而浙东、浙西两路又是经济的中枢。正如苏轼在《进单谔吴中水利状书》中所说的："两浙之富，国用所恃；岁漕都下米百五十万石，其他财赋供馈，不可胜数。"生产力的发展和经济的繁荣，促使人民在谋生之余，去钻习书诗，提高文化素质。早在北宋前期的嘉祐年间，东南地区便出现了"冠带诗书，禽然大肆，人才之盛，遂甲于天下"的局面。因而该地区的文化地位日见显著；自西汉以来在长安、洛阳与邺下之间形成的坚固的文化核心圈，也逐渐地从根本上南移。在哲宗朝，因东南知识分子在进士考试中占有绝对的优势，采取了南、北分卷制，特许齐、鲁、河、朔等路的北人别考。这种提高对南人考试的要求而降低对北人应试的水准，抑止公平竞争，求得在北、南取士人数上的平衡的措施，正是中国文化的核心圈向南转移的一个具体表现。靖康之变后，赵宋王朝迁都杭州，中国的政治、经济和文化中心又全面地转移到了浙江。这一新的历史变迁，使"东南财赋地，江浙人文薮"的历史格局，愈加得到了巩固。因此，从北宋到元代的4个世纪中，浙地的文学艺术空前繁荣，进入了鼎盛称雄的时期。

词形成于中唐，滥觞于晚唐，盛行于两宋。宋词与楚辞、汉赋、唐诗、元曲、明清小说一样，被称为"一代之胜"。而在这"一代之胜"的发展过程中，浙江作家显得格外活跃。据唐圭章先生《宋词四考·两宋词人占籍考》统计，两宋的作词人数共867人，其分布是：江西153人、福建110人、江苏86人、安徽46人、四川60人、山东31人、广东6人、广西2人、陕西14人、山西7人、河北34人、河南68人、湖北17人、湖南17人，而浙江却有216人，占两宋词人的四分之一。其中有湖州的长寿词人张先，他初与大词人柳永齐名；熙宁间作为词坛耆宿，在杭州和湖州间，与初濡词笔、尚属新进的苏轼唱酬，并以其独有的风格，形成了"子野体"，代表了从柳永到苏轼间的词风嬗变的趋向，为"古今一大转移"。继张先之后的杭州周邦彦，以其独到的词艺和对词乐的娴熟精通，将宋词的发展推向了一个新的阶段，被人尊称为词中的"集大成者"。在南宋，宁波的吴文英、湖州的周密、绍兴的王沂孙和元初杭州的张炎，皆为词坛翘楚，他们精工细琢，将词体的艺术形式美发展到了极致。

词的产生和词人群的形成，有着明显的区域性。两宋词人的统计数字正表明了这一点。而词的区域性的形成，当与区域的文化环境有着千丝万缕的联系。苏轼在给周开祖的一封信中曾这样说道："某忝命皆出奖借，寻自杭至吴兴见公择，而元素、子野、孝叔、令举皆在湖、燕集甚盛，深以开祖不在坐为恨。别后，每到山水佳处，未尝不怀想谈笑。出京北去，风俗既椎鲁，而游从诗酒如开祖者，岂可复得。……久在吴中，别去，真作数日恶。然诗人不在，大家省得三五十首唱酬，亦非细事。"信中所说的，为熙宁五年至七年苏轼通判杭州的业余生活；所谓"三五十首唱酬"，指的是词的创作。熙宁五年以前，苏轼没有写过一首词。也就是说，苏轼作词是到杭州后才开始的。所以如此，当然有其主观上的因素。但杭州那种有别于"风俗椎鲁"的北方文化环境，则是苏轼在杭开始大量作词的重要条件。与唐代相同，宋代歌妓制度这一特殊的文化现象，非常突出。歌妓的主要任务，就是歌以侑酒，以佐清欢。这是词得以产生和发展的不可或缺的温床。同时，缪钺先生《论词》说："以地理论，幽壑清溪，平湖曲岸，词境也。"据王书奴《中国娼妓史》，宋代的南妓特别兴盛，远远超过了北妓，而杭州则是青楼鳞次、歌妓云集的地方。苏轼在诗文中，曾多次描述过他在杭州经历的宴必有妓、妓必歌以送酒的"甚盛"的宴集，甚至还携妓观景，携妓谒僧，可谓风流倜傥、销魂当此际矣。又杭州在北宋嘉祐年间，就有了"地有吴山美，东南第一州"的美称；"淡妆浓抹总相宜"的西湖的形胜，又甲于天下（图2-5）。这种自然环境是得天独厚的词境。在这样的环境即信中所指的"燕集甚盛"和"山水佳处"中，激发了苏轼作词欲望，开始了他作词的历史。苏轼如此，耳濡目染于其中的浙产文人更是"近

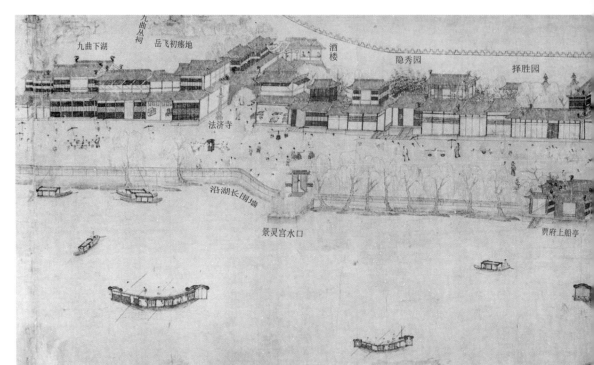

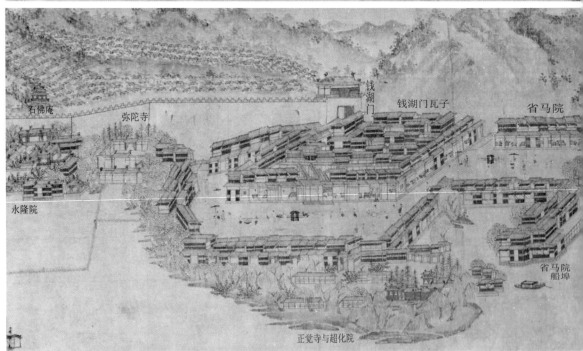

图2-5　南宋《西湖繁盛全景图》局部

水楼台先得月"，在词坛上驾轻就熟了。所以两宋词人，浙产最多，其中名家、大家也最多，就不足为奇了。

在北宋前期，作为"东南第一州"的杭州，已经"参差十万人家"，至南宋被选为首都后，人口剧增，到了南宋后期，户籍高达 39 万，人口有 124 万之多，其繁荣远远超过了北宋的汴京，甚至成了全世界最繁荣的政治、经济和文化中心。因而，各种文化娱乐活动也异常活跃。为了适应人们娱乐的需求，在杭州和温州，各种书会组织应运而生，直至元代。书会中的"书会先生"既编剧本，又写说话本，供演员和说话人演出。于是，由浙江民间艺人创造的新兴的文艺样式——戏剧和话本不断出现，并以其强大的艺术生命力，赢得了正统文人创作的艺术品所难以拥有的、大量而广泛的消费对象。其中源于温州的南戏，便是我国最早成熟的戏曲艺术形式，后与金元杂剧为元代的两大剧种；它的出现，在中国戏曲艺术史上，具有划时代的意义。而当时的说话艺术，则又成了明、清小说的滥觞。

宋元时期，人物画渐趋式微，山水画空前发达。在宋元山水画的发展史中，浙产作家又占据了举足轻重的地位。明王世贞《艺苑卮言》说："山水画至大、小李一变也；荆、关、董、巨又一变也；李成、范宽又一变也；刘、李、马、夏又一变也；大痴、黄鹤又一变也。"其中后二变，一在南宋，一在元代。促使南宋一变的刘松年、夏圭是杭州人，马远也是移籍杭州的；大痴即黄公望，为温州黄氏继子，黄鹤即王蒙，湖州人，加上嘉兴的吴镇和无锡的倪瓒，合称为"元四大家"。在这四大家前的湖州赵孟頫，又以其杰出的书画成就，左右着整个元代画坛。与词相仿佛，山水画的创作也具有明显的区域性。综观山水画五变中的代表画家，几乎都是江南人。究其因，地理环境起着不可忽视的作用。不同于北方的江南山水，给他们提供了天然的画境，也孕育了他们的创作灵性。在南宋，刘、李、马、夏及其他画院作家，无不以西湖山水作为自己的体验、写生的对象。因此，西湖山水更明显地成了他们赖以成长的摇篮。元代的赵孟頫和"四大家"，也无不是在对自己家乡的山水形胜的深刻体验和领悟的基础上脱颖而出，成为一代山水画艺术大师的。

与此同时，被称为书画的姐妹艺术的篆刻，又经赵孟頫和杭州的吾丘衍的创作实践与摇旗呐喊，使之步入了新的发展阶段。尤其是吾丘衍所著的中国第一部印学理论专著《学古编》的问世，为年轻的篆刻艺术的成熟，起到了筚路蓝缕之功。至元代后期，诸暨著名画家王冕首次发明并采用了花乳石刻印，又为印学艺术的发展，提供了有利的条件。

在诗歌创作方面，浙江诗人也不甘示弱。北宋初期的钱惟寅，主占一时诗坛，为"西昆体"的领袖人物。"西昆体"的思想价值并不高，然而在艺术方面，却成了从唐音过渡到宋调的桥梁。南宋绍兴的陆游，又是宋诗"四大家"之一。他不仅以空前的创作数量称雄于当世，更重要的是写出了时代的最强音，并以其晓畅平易而又气雄意厚的诗风，将从王安石、苏轼、黄庭坚三大家以来的宋诗，推向了一个新的高峰。

要之，在宋元时期，无论是新的还是传统的艺术门类的创作中，浙产作家充分显示了雄厚的实力，取得了光辉灿烂的成就和称雄当世的历史地位。所以能如此，并非出于偶然，而是全国的和浙江区域的经济、文化不断发展、互为作用的必然结果。

至明、清，杭州早已不是皇都，浙地也不再是皇畿了。然而，在宋代形成的历史格局，非但没有改变，反而日见巩固。据陈正祥《中国文化地理》统计，从明洪武四年到万历十四年（1371～1616）间，每科的状元、榜眼、探花和会元，凡244人，南方计215人，北方仅29人，其中南直隶66人、浙江48人、江西48人、福建31人，其余省份最多不过9人；又清乾隆元年（1736）诏举博学鸿词，先后选举者267人，其中江苏78人、浙江68人、江西36人、安徽19人，四省人数高占75%。从这些数字中，完全可以窥见明、清两代东南地区人才的兴旺，也透露了两代浙地文化事业，以及作为文化的重要组成部分的文学艺术兴旺发达的个中消息。换言之，宋元时期浙江的文艺创作传统，在明、清得到了发扬光大，并再次进入了兴盛称雄的时期。

较之宋、元，明、清的浙江文坛和艺坛上出现了令人注目的新气象，那就是以区域为分野的流派和作家群十分活跃，并出现了世代传承的家学。当然，这一现象在宋、元已初露端倪，南宋的"永嘉四灵"，元代赵孟頫家族的绘画传统，便是如此。但到了明、清，这种现象在浙地变得司空见惯，并成了一种传统。从明初的"越诗派"至一直影响到近代的清代"浙诗派"，其间浙地诗坛、词坛、戏坛、画坛和印坛等，往往以某一区域，甚至是以某一家庭为中心而形成的。他们的形成及其创作，固然与整个时代背景有关，同时，又打着明显的区域文化的烙印；而这些地方性的流派、作家群和家学的出现，本身就是区域文化的生动再现。

从南宋中叶开始，浙东地区形成了势力雄厚的学术流派——"浙东学派"。该学派重事功、重修养的思想传统，一直影响着后来浙东区域的文人士大夫。明初的"越诗派"便是在这一思想土壤上产生并形成的，因而，其现实主义的创作精神和渴求建功立业的创作内容，成了有别于同时的"吴诗派"等其他诗派的特征。

浙诗派是清代延续时间最长、阵容也最大的一个诗歌流派。该派肇始于清初的黄宗羲、朱彝尊，兴盛于清中叶的厉鹗、钱载，其残膏剩馥，又沾溉到了近代的沈曾植、金蓉镜，在清代诗歌史上占据了重要的地位，以致江苏著名的学者兼诗人毕沅发出了"国朝之诗，浙中最盛"的感叹。与宋代的江西诗派不同，浙派诗人全是浙产，其中以杭州和嘉兴为大本营。他们或以同乡师友为纽带，或以家学为根基，使得该派的诗歌创作长盛不衰。全由同地同乡人形成，又延续如此之久的诗歌流派，在中国文学史上是少见的。也正因为如此，浙派诗人没有也无法确定一个具体而统一的创作纲领，但他们不主常故、不取一法、不坏一法，更无历来流派标榜声华、党同伐异之习的诗学精神和创作倾向，却始终如一。所以，浙派诗人皆能本心独造，辞必己出，各具面貌，不相蹈袭，犹如汉代的建章宫，千门万户，令人目不暇接。浙派可以包纳他派，而他派却不能。这看似不成派别，但他们宗法之高、陈义之广，不为某一学说或某一诗法所困，而力求尚实变故的精神和创作，既是不同于他派的独到之处，也是维系浙派长久不衰的共同而坚实的支柱。而这，正体现了浙江诗人所特有的一种风气，也昭示了凝固在浙地的一种文化氛围。即便是首创"性灵"之说的杭人袁枚，虽力斥"格调""神韵""肌理"诸派的主张而涉意气，但其"性灵说"也是一个十分开放的体系，就不主常故，尚实求新，又不作脑满肠肥的伪唐诗这一点看，与浙派诗人如同一辙。

与浙诗派一样，浙西词派又是清词史上为时最长、影响也最大的一个词学流派，而浙诗派中的创始人或代表作家诸如朱彝尊、厉鹗，又是该词派的开山鼻祖或领袖人物。

在两宋时期，东南地区尤其是浙江，为词学的中心。但经过了近四个世纪以后的中国词学基地，仍然在这里。其实，这并不奇怪。犹如各地的民俗风情不完全以时代为转移而有其固定性和持久性一样，词学作为一门带有区域性的传统文艺样式，对后世当地的文人起着潜移默化的作用，使之积淀着词体创作的"心理定式"。"寂寞湖山尔许时，近来传唱《六家词》。"清初以朱彝尊为首的嘉兴和杭州的六大词家，便是在宋元浙产词人的影响和感化下，自觉地以振兴词坛、发展词体为己任的，从而揭开了清代词史的崭新的一页。至中叶的厉鹗，同样心仪北宋以来的前世乡贤的词学成就，并在家乡幽静恬美的自然山水的熏陶下，创造了当时不可多得的词中高境，主占东南词学词坛几十年。而在浙西词派未出现之前，明末清初的杭州和嘉善，又分别有西泠词派和柳州词派。其中西泠派中的沈谦，门生满庭，又大多善词，可谓师唱生和，盛极一时；柳州词派的主将曹尔堪，其兄、弟、子、侄不少也是词坛翘楚，可谓代相传承，家学鼎盛。在浙西词派完成其历史使命，于近代退出词坛后，浙江词学并没有趋于沉沦，后继者以其新的姿态，继承和发扬了前辈的传统。杭州的谭献便是大家之一，他的《箧中词》，学者奉为圭臬；其词学著作《词辨》，又度人金针。故叶恭绰《广箧中词》中称他"力尊词体，上溯风、骚，词之门庭，缘是益廓，遂开三十年之风尚，论清词者，当在不祧之列"。稍后于谭献的湖州词人朱祖谋，又跻身到了"清末四大家"的行列。他的《彊村语业》，有"融合东坡、梦窗之长，而运以精思果力"的特色，人称其词"集清季词学之大成"。同时，他精心校辑的唐五代宋金元人词总集、别集的《彊村丛书》，被学者奉为宝典，又辑有《湖州词徵》《国朝湖词录》，从而将词学研究推向了一个新的阶段。

诗词如此，明、清浙地的小说创作也同样令人注目。在宋、元，浙江是话本小说的渊薮。但那时的话本，并没有引起正统文人的重视。至明代嘉靖年间，杭州书商洪楩辑印了宋、元民间话本《清平山堂话本》，嗣后，江苏的冯梦龙又广泛搜集并经过加工，编成了"三言"，推动并激发了文人拟话本的创作风气。其中完全由文人自己创作且代表明代拟话本小说成就的，便是湖州凌濛初的"二拍"。就创作数量观之，据胡士莹先生《话本小说概论》所述，明、清47种话本小说专集，近半数出自浙人之手。由宋、元讲史话本演变过来的长篇章回小说，成就也斐然可观。在杭州生活过的施耐庵与罗贯中所著的《水浒传》《三国演义》，即为其中的代表作，与后来的《西游记》《红楼梦》，并称为中国四大传统小说名著。小说是明、清文学的代表文体。而事实表明，在小说创作中，浙产作家显示了特有的热情和雄厚的实力，为这一文体的成熟和发展，做出了突出的贡献。

在明、清，浙地的戏坛曲苑更生机勃勃，异彩纷呈。浙人的戏曲创作蔚然成大观。据统计，明、清浙江剧作家凡160人，各种剧种有552种，论著共23部。作家之多，作品之富，可以称雄一代。与此同时，民间的戏曲事业也格外兴旺发达。在明代中叶流行的四大腔调，有两种就是产生于浙地；而清代浙地民间的戏曲唱腔之多，也超过了以往。王国维在条理宋代以后戏曲发展的历史时发现，剧作家往往限于一地，元代以杭州和大都为两大中心，明代则以江苏的苏州和浙江的绍兴为最多；所以如此，盖由当地的风习所使然。综观明、清浙地的戏坛曲苑，从事其间的，不只是歌妓优伶，更有大量的良家子弟；既有达官豪富的家乐，更有串村走乡的民间戏班。不仅如此，连不少知识分子也加入其中。明代绍兴的徐渭和徐门弟子，皆能粉墨登场。清代兰溪的李渔终身与优伶为伍，带领家乐，演遍了大半个中国。明代陆容在任浙右参政时，看到大量良家子弟乐为"戏文子弟"而不以为耻的现象，深感惊讶。李渔的行为却遭到了不少正统文人的歧视和诅咒。而这些正体现了浙地不同于他方的风俗习惯。换言之，演戏唱戏，听戏看戏，成了浙地各个阶层的不可或缺的文化生活。因此，戏曲创作，对于生于斯、长于斯、耳濡目染这一戏曲风习的浙地文人来说，自然驾轻就熟了。因此，元末明初瑞安的高明既发展了南戏又开启了明传奇的体制，徐渭成了明传奇浪漫主义的先驱，清代杭州的洪昇将传奇的艺术美发展到了极致，明、清两代浙地文人和民间戏曲创作兴盛称雄，皆在势理之中矣。

明、清浙地的书画创作，远远比不上戏曲那样普及，那样家喻户晓，也没有戏曲那样具有浓厚的地方风俗和鲜明的区域文化特征。但在宋、元时期浙地形成的书画艺术传统，却得到了发扬光大而称盛于世。以杭州戴进为首的浙派画，就左右了明代前期一个多世纪之久的山水画坛；徐渭的花鸟画，又畅开了大写意画的风气，并一直影响到了近代的画坛。明代末期，杭州、嘉兴等地的地方画派也十分活跃。尤其是以蓝瑛（图2-6）为领袖的"武林派"，发展了前期浙派画风，取得了可观的成就。蓝瑛生在绘画世家，"武林派"是以蓝氏家族为中心的，他的后代也颇得家风。诸暨的陈洪绶深得"武林派"的山水画旨，而他更以人物画享誉当世，是明末清初人物画的巨擘，其版画人物在清代长达两个多世纪中，也无人敢超。陈氏的子女亲属也同样善画，故陈家也是著名的绘画世家。降至清代，浙地绘画艺术扬名海内外，日本人纷纷前来拜师学画，浙人也不断东渡扶桑，聚徒授艺，使浙江的绘画艺术开始走向了世界。清代前期，浙地画家如林，但与全国一样，在总体上开拓不足而保守有余。至中叶"扬州八怪"中的杭州金农、鄞县的陈撰，崇尚怪美奇美，以"四绝"交融的新画风，为绘画艺术的发展，注入了勃勃生机。同时，值得注意的是，稍前于金农形成的"西泠印派"，将方兴未艾的印学艺术推向了一个新的高峰。印学是书画的姐妹艺术，但它却与戏曲相似，其作家也往往限于一地，元代集中在杭州，明、清两代的印学流派和作家群，也基本不出浙江、江苏、安徽等地。因此，大致上可以说，印学就是东南人所拥有的艺术，也是东南地区所拥有的文化财富。而"西泠印派"在东南诸印派中，实力最为雄厚，成就也最大。到了近代，西泠印艺才得到了广泛的推广。

图 2-6 蓝瑛及其画作

　　近代是中国人民身处水深火热、灾难深重的时代，也是一个多变之秋，思想领域和文学艺术领域都在发生着翻天覆地的变化。浙地的文艺思潮的创作，也随之进入了一个崭新的历史时期——变革创新时期。而不少浙产作家又站在全国文艺变革的前列，成了新文艺思潮的弄潮儿和急先锋。

　　开启近代中国文艺革新之序幕的，当推杭州的龚自珍（图 2-7）。龚自珍是以一个杰出的思想家、一个具有极大叛逆性的思想家的身份走上文坛的。面对着腐朽不堪的封建政治、积重难返的社会现实，他深怀不满和忧虑，迸发了"九州生气恃风雷，万马齐喑究可哀。我劝天公重抖擞，不拘一格降人才"的惊世响雷。因此，作为一位诗人、一位古文家，龚自珍的诗文创作冲破传统的束缚而"故衍大藏成烟波"，奇肆瑰玮，如摩登迦女，足毁戒体；如天骥籋云，迥殊凡马，开古人未开之意境。为浙地也为全国整个诗文坛坫吹进了一股卷地的狂飙而又清新激人的风气。

　　继龚自珍后，以新的姿态出现的，是镇海的姚燮（图 2-8）。道光年间爆发的鸦片战争，英军入侵，使姚燮身临其阨，出入干戈，备尝艰难。因而空山拾橡，歌啸伤怀，转而为诗，苍凉抑塞，悲愤激昂。故有"鞭风叱霆之气，而用遏抑掩蔽之法，遂能刻画崖窾，虚空粉碎，迥绝流辈"，成了近代前期浙江诗坛上的又一位巨匠。

图 2-7　清代诗人龚自珍　　　　　　　图 2-8　清代诗人姚燮

　　降至近代的后期，杭州的袁昶、嘉兴的沈曾植，可谓众多如林的浙地诗坛上的佼佼者。袁、沈两人既是清代"浙诗派"的余响，又是"同光体"的主将。袁诗不求工纬，但取剽剥儒墨，率逞胸臆，寄寓世变之感。沈曾植却被奉为"同光派"之魁杰，汪国垣《诗坛点将录》以为沈氏是"今诗之最精悍、最横鸷者，无出其右"。然而，真正为诗体革新做出突出贡献的，是诸暨的蒋智由、杭州的夏曾佑。蒋、夏最早与谭嗣同、梁启超高举诗界革命之旗。梁启超《诗中八贤歌》云："诗界革命谁钦豪，因明巨子天所骄。"其中便包括了他们两人。梁启超还将他俩与黄遵宪合称为"新诗界三杰"。

　　当然，毋庸赘言，在近代，使文学艺术的变革取得决定性胜利的，是王国维（图 2-9）、吴昌硕、鲁迅以及稍后的茅盾、郁达夫等文坛、画坛巨擘。不过，王国维在政治思想上是位地道的保皇派，他对文学艺术的贡献，是在文艺理论上以开放的胸怀，成功地将外国的哲学、美学思想与中国传统文艺结合起来，建立了新型的文艺思想，创作出了空前而博大精深的不朽之作《人间词话》。而鲁迅却出乎他人的广度、深度和力度，从思想上、艺术上开辟了前所未有的新天地，在中国文艺史上竖起了举世瞩目的新的里程碑。稍前于鲁迅的吴昌硕又以其如椽的画笔，划破了清代后期以来沉闷僵化的画坛，在中国绘画史上也树起了一面崭新的大旗。

图 2-9　清代国学大师王国维

与宋元明清一样，近代浙江的文学艺术也取得了称雄于世的历史地位。同样体现了浙地"人文渊薮"的优势和区域文化的雄厚基础。当然，这并非是历史的巧合。法国学者丹纳在其《艺术哲学》中，针对文艺创作中出现的区域特征，打了这样一个比喻："假定你们从南方向北方出发，可以发觉进到某一地带就有某种特殊的种植，特殊的植物。先是芦荟和橘树，往后是橄榄树或葡萄藤，经后是橡树和燕麦，再过去是松树，最后是藓苔。每个地域有它特殊的作物和草木，两者跟着地域一同开始，一同告终；植物与地域相连。地域是某些作物与草木存在的条件，地域的存在与否，决定某些植物的出现与否。……自然界有它的气候，气候的变化决定这种那种植物的出现；精神方面也有它的气候，它的变化决定这种那种艺术的出现。"所以，他认为精神文明包括文学艺术和动植物界的产物一样，"只能用各自的环境来解释"。

事实表明：作家的生产和作品的创作，离不开这样两个要素：一是"时间性"或"时代性"；二是"空间性"或"地域性"。忽视前者而奢谈"空间性"，自然要陷入"地理环境决定论"的泥潭；而忽视后者而只顾"时间性"，同样会失之偏隅，无法解释文艺区域性的普遍现象。深谙中国传统文化的鲁迅，也曾不止一次地谈到过这个问题，如他在1935年3月致萧军、萧红的信中就这样说道："其实，中国的人们，不但南北，每省也有些不同的；你大约看不出江苏和浙江人的不同来，但江、浙人自己能看出，我还能看出浙西人和浙东人的不同……由我看来，大约北人爽直，而失之粗；南人文雅，而失之伪。"因此，作为"人学"的文艺，就不能不打上区域的色彩和风貌，而创作这种"人学"的作家本身的生产，更离不开生产他的土壤和环境。一般地说，某一地区的经济发达了，生活富裕了，该地区人民的精神文明和文化事业就会相应提高，相应地发达起来。所以，古人就把"东南财赋地，江浙人文薮"两者相提并论。因而，这一方面决定了浙地自两宋直至近代为生产作家的重要基地；另一方面浙地的地理文化包括风土人情、语言和自然环境孕育和滋润着作家的创作灵性和风格。从茅盾的《春蚕》《林家铺子》和郁达夫不少小说或散文中，我们丝毫感受不到粗犷的"西北"风味，也丝毫体味不出"黄土地"的气息，扑面而来的却是温馨的"江南风"和浓厚的江南气息。同样，出自鲁迅之笔的艺术形象如孔乙己、阿Q等，他们是穿戴着绍兴的长袍和毡帽、嚼着绍兴特产茴香豆、操着绍兴口音，跨过绍兴特有的石板桥，走向全国、走向世界的。倘若鲁迅生长在北京或长安，其孔乙己、阿Q等，还将是另一番形态风貌，甚至连鲁迅这一赫赫大名会不会传扬于世，也恐怕让人怀疑了。

总之，浙地深厚的文化土壤、浓厚的文化氛围，孕育了一代又一代的浙产文学艺术家；而一代又一代的浙产作家，以他们的聪慧和才智，发展和丰富了浙地的区域文化。

三、城市文化

浙江位于我国东南沿海，境内丘陵、山地、平原、谷地兼而有之；北部和东部为沿海平原，中、西部和南部则为丘陵、盆地与山地相互交错。自古以来，这里的自然条件，尤其是北部沿海平原地带，近山靠海，地势坦荡，土壤肥沃，气候温暖，河湖众多，森林茂密，为人类早期的生活、生产以及后来定居、聚落形成、城镇发展都提供了理想的环境，使浙江成为城市历史文化悠久的地方。以吴越文化和南宋文化为基本特色的临安（今杭州）文化，在中国和世界城市文化史上都具有重要的地位。

根据杭州湾两岸浙北平原（包括杭嘉湖平原和宁绍平原）上大批新石器时代文化遗址，特别是余姚市河姆渡、桐乡县罗家角、嘉兴市马家浜、余杭区良渚等处聚落遗址的发掘，证明在距今 4000 ~ 7000 年的浙江北部沿海地区，我们的祖先已经在这里开垦田地，种植水稻，从事农业生产，并在生产和生活实践中创造了许多优美的艺术作品，如玉、石、骨、陶制的装饰品和工具，以及"干栏式"的房子等，文化的发达程度与黄河流域一样，为中华民族的文化摇篮之一。

杭州湾两岸的古文化，从产生的地理环境来说，属沼泽型文化。在新石器时期，今浙江北部的平原地区，年平均温度约在 18 ~ 19℃，高于现今 2 ~ 3℃，年降水量在 1600 ~ 1700mm，高于目前 500 ~ 600mm，为温热湿润的亚热带沼泽环境。我们的祖先为适应这种暖热湿润多湖泊沼泽的地理环境，种植适应沼泽环境的水稻，并创造了耜耕，进而发明犁耕，提高开发沼泽地的效率。在生活住宅建筑方面，为了对付低湿环境，创造了"干栏式"房屋、木架草舍等的架空建筑。在交通方面，为了适应水乡环境，还制作了船桨、船底木器、独木舟等运输工具。

从浙江北部沿海地区新石器时代居民的房屋建筑、生产交通工具等方面来看，都明显地表现出对水的特殊倚重，最早反映了浙江原始聚落文化的基本特色。

据一些学者研究认为，越族是居住浙江的古代主要民族。他们在今浙江境内建立了常住的聚落，这些聚落主要分布在今杭嘉湖平原、宁绍平原及以南山区，在杭嘉湖平原上具有越文化特征的古城有槜李城、下菰城、邱城、花城、箭城、圩城、彭城、渚城、洪城、立源城和越干城等。而宁绍平原则大约在公元前六世纪前后，其中一些较大的原始聚落，也开始发展成早期的大聚落，如《越绝书》卷八中记载的"诸暨大越"，其位置大约在今诸暨盆地；以《水经注》中载的嵊岘大城，其位置可能在宁绍平原南侧的若耶溪谷地中，也是越族在南部山区形成的最早城市。此外，在《国语》中还记载有姑蔑（在今衢州市附近），句无（在诸暨以南），鄞、剡（在新嵊盆地中）等。这些大型聚落，大多为背山面水的滨海或滨江城邑，既便于防守，又利于水上交通。其中一些滨海城邑，造船业发达，能建造可载数百人的船只，并活跃在大海上，在发展与传播海洋越文化中都有重要作用。

越族在浙江的分布地区比较广。居住在浙北地带的于越（越族的一支），根据他们居住地区的环境条件，大体可分为两部分，一部分散居山区，称内越，另一部分生活在沿海，叫外越。这两部分越族在生活习性上有一定的差异，其聚落的地域分布和城市的起源也不同。外越长期岛居海上，主要经济活动是渔业、盐业。历史上起源于海岸地带、以盐业为其主要功能的几座城市，如上虞、余姚、余暨（今萧山）等，就是由外越的盐场聚落发展起来的。在一些山地边缘面临海湾的江河出口处，出现了早期的港口，在浙北地区有鄞、句章、鄮固陵等处。而起源于南部山麓地带的城市，如会稽（今绍兴）、诸暨等，则是由内越的农业聚落发展起来的。

春秋时越王勾践国都会稽（今绍兴）是浙江境内最早建立的城市。相传由越大夫范蠡规划设计，位置在今绍兴市龙山的东、南麓，包括小城与大城两部分，合称大越。绍兴当时正处于越国南北和东西交通线的交点上，交通方便，同时又是湖沼平原上的孤丘，居民的燃料和饮水来源充足，具有良好的建城条件。城市的形廓依山傍水，略呈方整。小城是君主和王室贵族居住的宫殿区，而大城则是从事手工业、商业的平民区，但城市的经济和商业色彩不浓，以其性质而言，仅仅是越国的政治、军事中心。

中国古代没有严格的城市标准，在一般情况下多以行政区划的级别来确定城市的等级规模。秦统一以后，今浙江主要属会稽郡，部分分属鄣郡、闽中郡，共设15个县，从此才在省境内出现了15个县治城市。东汉顺帝永建四年（129）以后，又析会稽为两部，以浙江（即今钱塘江）为界线，西设吴郡，东设会稽郡，在今浙江境内有18个县(其中属吴郡5个县，属会稽郡13个县)，另有分属阳郡2个县，共20个县。山阴（今绍兴）为会稽郡治，于是浙江境内县治城市增至20个，并出现了一个郡治级城市。三国吴以后至南朝期间，由于北方人口大量南下，不仅给江南地区增加了劳动力，而且带来了先进的生产技术，为浙江经济的进一步发展提供了有利条件。人口的增加和土地的开辟，也推进了郡县的增设。据历史记载，三国吴在今浙江省内设置6郡44县，较东汉末增加一倍以上，凡设郡、县，均建官置守，因此郡、县治城不仅数量增加，而且在地域分布上也逐渐向浙东、浙南扩散。秦汉时期，浙西自於潜、富阳以南，浙东衢江流域自龙游以上，瓯江、椒江流域自临海、永嘉以上都没有设县。而这个时期，浙西设县达到了极西遂淳安、遂安，浙东衢江流域设县也到达了极西的常山，瓯江下游设置了永嘉以南的瑞安、平阳，南极省境。瓯江上游也开始设县，不过南去省界还有一段距离。原来在汉代时省境内还存在大片空白的、未设县的地区，到这个时期也已大部分消灭。但秦汉时期的县治城市，主要分布在省境北部和中部的江河下游与江口地区，在新设县地区县治城市还相当稀疏。

东汉以前，浙江经济比北方落后。《史记·货殖列传》载："楚越之地，地广人稀，饭稻羹鱼，或火耕而水耨，果隋蠃蛤，不待价而足，地势饶食，无饥馑之患，以故呰窳偷生，无积聚而多贫，是故江淮以南，无冻饿之人，亦无千金之家。"汉武帝元狩四年（前119）以后，黄河下游有大量贫民（其中也有一些北方大族）南迁至会稽一带。据记载，西汉会稽26县，共有22.3万余户，103.2万余口，东汉析会稽为2郡，合计28.7万余户，118.1万余口，较西汉增加6.4万余户，15万余口。人口的增加对浙江的发展起了很大的作用。

两汉时期的浙北一带，牛耕、铁器农具的利用已较普遍，加之水利工程的大量兴建，如马臻在山阴、会稽两县境内修筑的镜湖，陈洋在余杭（今临安区境）兴筑的两湖等，比较著名，促进了农业生产的迅速发展。与此同时，这个时期以盐、铁、制陶生产为主的手工业也得到了普遍的发展，在那些产盐、冶铁、制陶的地方，开始出现了专业生产的场所,如会稽郡的海盐,就是煮盐的重要场所。从上虞、余姚、慈溪、奉化、宁波、永嘉等地都发现有东汉时的陶瓷窑址,证明宁绍平原和浙东沿海一带也是我国汉时的主要陶瓷产地。这些场所,大都也是居民比较集中的聚落。另外,浙北和浙东地处沿海,海上交通发展较早,因此在这个地带最先出现了一些沿海城镇,如北部的会稽(今绍兴)、句章(今宁波西),东南部的东瓯(今温州)等。总的说来,秦汉时期是浙江城镇的产生阶段。这个时期的所有城镇,不仅规模小,在分布上偏集于浙北、浙中沿海和江河中下游沿岸,而且在职能方面多为各级行政中心(郡治、县治),或以军事为主,尚不具备一般城市的地位和作用。

隋朝是浙江手工业的发展时期,其中以纺织、制瓷和造船为主。同时又开通了江南运河(图2-10)。河道宽30多米,沿河筑堤栽柳,设置驿官草顿,可以通龙舟。从此,杭州可以北通邗沟、通济渠,直达涿郡(今北京),连接了海河、黄河、淮河、长江、钱塘江五大河流,使南北交通畅通无阻,对浙江经济的发展作用很大。随着经济的发展,在一些农业、手工业比较发达,交通方便的地方首先出现了商业城镇。在今浙北地区,如会稽(今绍兴)、余杭(今杭州)等地,不仅农业、手工业发达,而且又是滨海水乡,航运发达,逐渐成为"珍异所聚""商贸并辏"的都市。据记载,那时的杭州已筑有州城,周围36里90步,有城门12座,城内居民有15380户。在内陆,如东阳(今金华)等,也成为制瓷、纺织为主的手工业集中的地方。

图2-10 江南运河地理位置图

入唐以后，一方面由于水利工程的兴修日增，使农业的发展达到了一个新水平。另一方面浙江地区的人口数量也有了显著的增加。据《旧唐书》卷四〇《地理志》记载，浙江境内户数在武德年间有近14万，到天宝时，户数增加到70多万，口数从近80万增加到390多万。再加上这个时期浙江的手工业又获得了较快的发展，成为全国手工业最发达的地区之一。尤其是瓷器、纺织、造纸、制茶、制盐、造船、矿冶等的生产，在全国更具有重要的突出地位。那时浙江的越窑瓷器被誉为全国第一，不仅是进贡皇室之物，而且还成为对外贸易的重要商品。纺织业也很发达，几乎遍及整个浙江，除温州、台州两州较少外，其余各州均有生产，成为农民不可缺少的副业，被誉为"丝绸之乡"。当时浙江所产的丝织品，品种花式丰富多彩，许多丝绵及丝织品，如湖州的乌眼绫、折帛布，杭州的白编绫、绯绫，睦州的文绫，越州的宝花花纹等罗、白编，交梭、十字花纹等绫、轻容、花纱，婺州、衢州、处州的纻布、绵、葛，明州的吴绫、交梭绫等，都成为重要的贡品。

这个时期的行政区划和城镇数量、级别，也随着人口增长和手工业长足发展而日益增多与提升。据记载，安史之乱后，江南州县随着全国户口分布的变化而变化，当时包括浙江在内的江南道所属州县的等级提升，在全国各道中为数最多，人口比重也最大。《唐会要》卷七〇《州县分望道》记载，会昌五年越州（今浙江北部当时为越州地）提升为望州。杭州是主客户总数超过5万的府州之一，人口稠密。在此期间的各个州、县治所，就成为本区域的主要城市。唐代浙江各地，已大都开发，境内的行政区划包括10个州60多个县，因此作为州县治所的城市增至60～70个，其中10个是州级城市。这是历史时期浙江城市发展的一个重要标志。

隋唐时期发展起来的城镇，从布局上看，大多在农业、手工业发达，水路交通方便的平原地区，尤其是浙北、浙东沿海平原地带，城镇的密度相对较大。据现今53个唐以前已设治、置镇或筑城的城镇所处位置来看，有30个位于浙北、浙东沿海平原上，约占统计城镇总数的56.6%，还有23个虽然分布在内陆区，但多数集中在钱塘江、瓯江、曹娥江、灵江、西苕溪等河流中上游沿河较大的谷地和盆地中，如金衢盆地、丽水—松古平原、新嵊盆地、天台盆地、泗安盆地等。表明隋唐时期内陆地区城镇的数量和规模都不及沿海平原地区，相对城镇密度比较稀疏。

唐代是我国封建经济的鼎盛时期，随着手工业和商业的发展，城镇的职能也开始从以前的单一性州、县治所，军事重镇，逐步发展成为有多种功能的区域中心，特别是商业在城镇功能的结构中越来越明显。如杭州、明州（今宁波），不仅是唐代的州治，而且已成为东南沿海有名的商业城市。据记载，唐代贞观年间，杭州居民有35000多户，153700多口，到开元时期增加到86000多户，成为当时全国一个较大的城市，城内从事商业活动的有3万多家，宪宗时税钱达50万缗，占当时全国财政收入的1/24。同时还由于杭州、明州都地处沿海江口，海船畅通无阻，沿海贸易也都集中于此，因此又是对外贸易港口。如明州唐时已是"海外杂国贾舶交至"之地，政府在这里设立了专门管理外贸的机构——市舶司。当时从明州登陆进行朝贡和贸易的除日本、朝鲜外，还有南洋的一些国家，明州成为对外通航的主要港口，与当时的扬州、广州不相上下，在全国政治和经济上的地位日趋重要。在内陆地区，这时期城镇的发展也比较快，如浙江中部婺江两岸，已产生了许多城镇，仅婺州就有金华、兰溪、义乌、东阳、永康、武义、浦江等县治城市，同时粮食生产、制盐业和丝织业有了新的发展，也成为省境内人口稠密、商业繁盛的地区。当时作为州治的金华，不仅是"两浙要冲"之地，而且还成为钱塘江上游地区粮食、制茶、制瓷、丝织等产品的集散中心。城市功能的经济性和商业性有了明显的提高。

此外，隋唐以来，尤其是吴越时期，为巩固统治，大力提倡佛教，因此佛教在浙江特别盛行，大兴寺庙，广凿石窟造像。雕刻佛经、建造佛塔等相当普遍，使各地城市带上浓厚的宗教特色。杭州是吴越国的首都，其城市的宗教色彩也就特别突出。据《淳祐临安志辑逸》卷二《寺》，苏东坡说"西湖三百六十寺"，所以后来杭州就有"佛国"之称。许多著名的寺庙，如灵隐寺、净慈寺、六通寺、云栖寺、韬光庵、法喜寺、宝成寺、开化寺、昭庆寺等，大都是吴越国时期创建和扩建的，这些寺庙建筑规模宏大，并富有极高的艺术价值。

自唐、吴越至宋，浙江境内的土地逐步得到全面的开发。据《宋史》卷八八《地理四》记载，南宋时浙江分属浙西、浙东两路，在今浙江省辖地的有 6 府、5 州、67 县（表 2-1）。

表 2-1　南宋浙江的行政建置

府　州		辖　　县
浙江西路	临安府	钱唐、仁和、余杭、临安、富阳、於潜、新城、盐官、昌化
	嘉兴府	嘉兴、华亭、海盐、崇德
	建德府	建德、淳安、桐庐、分水、遂安、寿昌
	安吉州	乌程、归安、安吉、长兴、德清、武康
浙江东路	绍兴府	会稽、山阴、嵊、诸暨、上虞、萧山、新昌
	庆元府	鄞、奉化、慈溪、定海、象山、昌国
	瑞安府	永嘉、平阳、瑞安、宋清
	婺　州	金华、义乌、永康、武义、浦江、兰溪、东阳
	衢　州	西安、礼贤、龙游、信安、开化
	台　州	临海、黄岩、宁海、天台、仙居
	处　州	丽水、龙泉、松阳、遂昌、缙云、青田、庆元

由上表可知，当时浙江的东、南、西、北四方均极今省境。从此省内的州（府）治级城市达到 11 个，这种情况直到清末均是如此，并为今后省境内主要城市的

空间分布奠定格局。而县治城市及集镇则为数更多，初步形成以行政中心为主要职能，兼有手工业和商业等辅助作用的封建性城市网络系统。宋时的浙江，特别是南宋时期，经济上已在唐吴越的基础上有了进一步发展，农业、丝织业、造船业、海外贸易等在全国都居于重要的地位。据有关专家的研究，南宋时期浙江经济的繁荣，其主要原因有二：一是宋室南渡定都临安（今杭州）以后，随着政治中心的南移，北方人民纷纷南迁，浙江的人口突然增加。据记载，南渡前，崇宁元年（1102）两浙的人口数为330多万人，南渡后，绍兴三十二年（1162）就达到430多万人，六十年间增加了近百万人。这些人大部分来自中原汴京一带。北方移民的南来，使两浙地区的劳动力得到了大量的补充。在浙江优越的自然条件下，经过南北劳动人民的开发，促进了南宋浙江经济的进一步发展。二是重视发展农业生产。南宋政府曾颁布州、县官兴修水利的奖励办法，并把它作为官吏考绩的一项重要内容。同时根据浙江水乡泽国的特点，大力提倡开辟"圩田""梯田""涂田"。如当时的越州鉴湖和明州广德湖周围的上百里地带都修筑了圩田，崇宁时代，仅台州临海、黄岩两县就有涂田35000亩，这样不仅扩大了耕地面积，而且还由于圩田土质肥沃，灌溉便利，提高了粮食产量，成为全国农业的高产区域之一。在作物种植方面，除大力发展粮食生产外，还扩大了棉花、蚕桑、茶叶、甘蔗、柑橘等主要经济作物的种植，因此农业生产开始出现了全面经营的局面。伴随着农业生产的发展，南宋浙江的手工业生产进一步扩大，各种手工业工人的数量也迅速增加。手工业内部的分工和操作技术也得到较大的发展，各种手工业作坊不仅集中于大城市，同时也遍布于城镇、乡村，有力地推动了城镇的发展，使城市的生产、商业功能地位进一步得到巩固提高，并形成一批富有特色的手工业生产城市。

南宋浙江的主要手工业有纺织、瓷器、造纸和印刷业等。而在纺织业中则以丝织为主，是南宋全国丝织业的中心之一。丝织手工业作坊规模大，丝织品种类多，数量大，质量好，闻名全国。从此在省内产生了一批以手工纺织为主要生产部门的城镇，尤以杭嘉湖地区最集中发达。这个时期主要的纺织业生产城镇有临安（杭州）、於潜、吴兴（湖州）、武康、安吉、魏塘（嘉善）、濮院、明州（宁波）、奉化、越州（绍兴）、诸暨、剡（嵊县）、台州（临海）、仙居、婺州（金华）、东阳等，均以产丝织品为主。在诸暨、剡县的麻织手工业也颇发达。棉织业也在这个时期开始兴起。

宋室南渡后，由于文化重心的南移，促进了造纸业和印刷业在浙江的更大发展，成为当时重要的手工业生产部门。浙江则成为南宋时期产纸的重要地区，如杭州、嵊县、温州、余杭、富阳等地，都是名纸的主要产地。造纸业的发达为印刷业的发展提供了物质基础，于是浙江也成为南宋印刷业最发达的地区，许多城镇书坊、书铺林立，成为重要的产业和市场。这个时期印刷业比较集中，有名的城镇有杭州的钱塘、临安、余杭、盐官、昌化，嘉兴的崇德，湖州的武康，严州，越州的会稽、嵊县、余姚，明州的鄞县、象山，婺州的金华、东阳、义乌、兰溪，衢州的开化，台州的黄岩、天台，温州的瑞安、永嘉，处州等，刻书中心之多也为全国其他地区所不及。王国维说："自古刊板之盛，未有如吾浙省。"同样的，在印刷技术方面，在全国也居首位。所以当时有"今天下印书，以杭州为上，蜀本次之，福建最下"的说法。

此外，南宋时期的浙江，其他比较发达的手工业还有酿酒业、火腿腌制、漆器制作以及熟食品、衣服、家内杂物用具等制作。杭州、明州、越州、湖州和秀州（嘉兴）等是名酒的主要产地。义乌是金华火腿的原产地，后来扩大到金华府所属各县。温州和湖州两地则分别以漆器、铜镜生产闻名全国。其中的温州漆器，号称全国第一，不仅远销淮安、汴京等地，而且还远销日本等国，颇受欢迎。

城镇手工业作坊的发展，充分反映了南宋浙江封建城市经济的共同特点，但从各城市手工业生产和商业经营的内容来看，又有一定的地域差异，这种地域差异主要表现在沿海平原城镇与内陆山区城镇之间的区别。沿海城市如杭州、澉浦、宁波、温州、越（绍兴）、台（临海）等，既是手工业、商业繁盛的城市，又是贸易发达的港口。杭州是南宋的都城，也是最大的城市，手工业生产十分发达。据《武林旧事》记载，杭州全城有手工作坊170余处，部门繁多，分工细致，制造各种小商品，其中规模较大的作坊有丝织、印刷、制瓷、造船等，如官营杭州织锦院，雇用的工匠达数千人，拥有织机数百张，每年专织的贡品绸货就达七八万匹。由于手工业经济的发展，沿海城市的海外贸易活动也更加频繁，成为外国商舶云集之地，城市的联系辐射范围大大扩大，政府在杭州、宁波、温州、澉浦等城镇都设置市舶机构，专门办理对外贸易事项。据《梦粱录》载，当时杭州设有市舶务，并在城北水门一带建造了许多"塌房"，计数十所，有屋千余间，作为寄藏都城店铺及旅客货物之用。地处甬江口沿海的明州，也是南宋对外贸易的重要商港之一，其贸易联系"南则闽广，东则倭人，北则高句丽，商舶往来，物货丰衍"（《乾道四明图经》卷一），反映了当时明州商业贸易活动的盛况。在贸易物品中，输入的以日本、高丽的居多。据《宝庆四明志》记载有金子、沙金、珠子、药珠、水银、鹿茸、茯苓、硫黄、螺头、合蕈、松板、杉板、罗板，输出商品主要有丝织品、瓷器、漆器、铜镜、名酒等。这些情况既反映了沿海地区是高文化地区，也反映了沿海城市不仅是当时省内的州（府）行政中心，而且同时还是手工业、商业繁盛的经济中心和贸易发达的港口。在这个时期，内陆城市发展也很快，如金华、衢州等不仅升为州（府）级城市，而且城市的经济、商业地位也得到巩固提高，成为浙江内陆地区行政、经济和交通中心。据记载，到南宋时婺州（金华）一带粮食生产、制瓷业和丝织业有了新的发展，商业进一步繁荣，和南宋都城临安（今杭州）之间，商业往来频繁。所以南宋女词人李清照在《题八咏楼》中说金华为"水通南国三千里，气压江城十四州"的重要城市。

如前所述，中国历史时期城市数量、等级的发展和城乡行政制度的变化有着密切的关系。元代以后，全国实行"行省"（行中书省的简称）制，省下分路，路下置州、县（图2-11）。今浙江为当时江浙行省辖地的一部分，属现在浙江范围的有11路、54县、12州。杭州为省治所在，从此浙江出现了一个省级城市，路及州、县治城达 70 多处。明代改设浙江等处行中书省，实行行省、府、县三级制，并划定边界，治设杭州。这是浙江作为省名的开始，从此之后，浙江的辖境也稳定少变。清朝浙江省的地方行政区划，在浙江省布政使司之下，分 4 道，有 11 府，1 州（海宁州）、1 直隶厅（定海）、1 厅（玉环厅）、75 县（图 2–12）。这中间，除省会（兼杭州府治）和 11 个府治外，又在杭州、嘉兴、湖州、绍兴 4 府的府治所在地增设两个县治。因此，到清末时全省有省级城市 1 处（杭州），府级城市 10 处（嘉兴、湖州、宁波、绍兴、金华、衢州、建德、临海、温州、丽水），县（州、厅）级城市 63 处。这种城市的层次结构也为后来全省城镇的地理分布和建设规划奠定了基础。

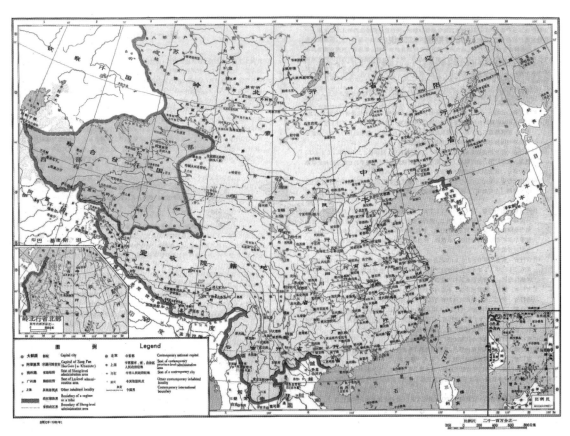

图 2–11　元朝行政区划图

（谭其骧. 简明中国历史地图集第二版. 河北：中国地图出版社出版，1996：59-60）

图 2-12　清朝浙江行政区划图

　　在两宋时代省内平原地区及山区的较大盆地、河谷地比较充分开拓的基础上，到元明清时期，由于引进玉米和番薯两种粮食新品种在省内丘陵山区大量种植，促进了占全省面积三分之二以上的山区的迅速垦殖。随着山区生产的发展和人口的增加，先后形成许多山区城镇，其中比较重要的大镇有浙西山区的龙门镇（富阳县）、开化县城关镇，浙东山区的梁弄镇（余姚市）、巍山镇（东阳市）、皤滩镇（仙居县）、平镇镇（天台县），浙南山区的大荆镇（乐清县）、罗阳镇（泰顺县）、鹤溪镇（景宁畲族自治县）、松源镇（庆元县）、南田镇、大峃镇（文成县），等等。这些城镇大都位处山区谷地（或山间小盆地）中，依山濒溪，水陆交通条件较好，成为附近山区农副产品集散地，促进山区经济和文化的发展。同时，这些城镇的涌现，也在一定程度上缩小了省境内沿海平原与内陆山区城镇密度悬殊的状况。

元明清时期，浙江的经济在两宋的基础上又有发展，尤其是明代，全省桑、麻、棉等经济作物的种植迅速扩大，当时的杭州湾南北两岸平原地区包括杭州、绍兴、嘉兴、宁波各府属县，东南沿海平原地区包括台州、温州两府属县以及浙江中部的金华、衢州两府部分属县，都是棉花的主要产区。在浙北的杭、嘉、湖地区，蚕桑业则特别发达，到处桑园遍野。桑、麻、棉生产的发展，为纺织手工业的繁荣提供了富足的原料，特别是丝织业的发展更为突出，杭、嘉、湖三府成为全国丝织业的重心。伴随着丝织业生产的普遍发展，明代中叶以后，除了杭州、越州、嘉兴、湖州等省、府级城市的丝织业有进一步发展外，在杭、嘉、湖三府还出现了不少以经营丝绸商品为主的市镇，如杭州府的塘栖，嘉兴府的濮院镇、王江泾镇，湖州府的菱湖、双林镇、南浔镇等。这类市镇在明嘉靖以后，如雨后春笋般地兴起，在浙北杭、嘉、湖地区，则尤其突出。这些新兴市镇大都位于平原运河水道沿线，蚕桑产地，水路交通便利，丝织业原料丰富，具有发展丝绸手工业的良好条件。因此，市镇居民"多织轴，收丝缟之利，不务耕绩"。四方商贾俱至收货，做买卖的拥挤不堪，十分热闹，其繁荣景象不减中原某些州县。就这类市镇的规模来说，小者数千家，大者万家。这些城镇的兴起和发展又带动了农副产品的商品化和家庭手工业的发展，如湖州府归安各乡形成丝织、种桑、养蚕、制笔，衢州种橘，严州、绍兴种茶等专门农副业生产，从而在全省各地相继出现了一些以经营某种农副产品和手工业产品为主要特色的市镇。湖笔产地湖州善琏镇，茶叶交易地绍兴平水镇，就是其中著名的市镇。

浙江地处沿海，海岸线很长，城镇中沿海港口城市占有相当的数量，它们的发展变化，也从一个方面反映出浙江城市文化的鲜明特色（图2-13）。元末明初时，对外贸易和海上交通也极为发达，温州、庆元（宁波）、杭州、澉浦、定海等宋代海港，仍为省内主要对外贸易港口，而其中的明州（宁波）则是全国海上贸易的三大中心之一。这一时期浙江各港口对外贸易的主要国家有日本、暹罗、荷兰、英国等（图2-14）。在贸易中向日本输出的商品有白丝、绉纱、绫子、绫机、纱绫、云绸、锦、金丝布、葛布、毛毡、绵、罗、茶、纸、竹纸、扇子、笔、墨、砚石、瓷器、茶碗、药、漆、冬笋、南枣等。日本用来交换的物品，以金、银、铜及海参、鲍鱼、鱼翅、昆布等海产品为多。与东南亚各国的贸易物品，输入的有大米、蔗糖、苏木、海参、燕窝、鱼翅、藤黄、棉花、象牙等，输出的仍以丝织品、农副土特产品以及药材等为大宗。但是，自明嘉靖至清道光300多年期间，一方面由于倭寇骚扰，海疆不宁，另一方面因清政府害怕人民在海外建立反清根据地，采取闭关政策，例行海禁。于是沿海港口城市的发展停滞不前，以致部分海港城市的职能受到严重的削弱。如宁波港在明嘉靖元年（1552）被关闭，直至清朝初年才恢复开放，由于长期处于闭港或半闭港状态，港口地位和作用不如昔日之盛。清康熙以后，海禁虽放宽了些，但仍有各种限制，严重地阻碍了浙江海外贸易和港口城市的正常发展。这个时期沿海地带除有宁波、定海、乍浦、温州等主要港口城市外，还有为数不少的沿海小型的港口城镇，据清乾隆《绍兴府志》所载，仅在宁波以北海岸的小港口有三江港、临山港、泗门港、胜山港、古窑港、烈港、清溪港、舍垫浦、蛏浦、松浦、堰浦、蛟门、鳖子门、狮子口、西汇嘴、宋家溇等十余处。这些小型港口城镇大多为当时近海贸易交通和渔业活动的基点。但到钱塘江入海道走北大门后，陆地不断向海延伸，它们的位置渐离海岸，其港口功能全然失去。此外，在明清时期，为防御倭寇侵扰，在沿海海防战略要地曾建有不少卫、所等军事防卫城镇，在浙北杭州湾沿岸的有乍浦（今平湖市境）、澉浦（今海盐县境）、观海、龙山（今慈溪市境）等卫所，在浙东南沿海的有石浦（今象山县境）、健跳（今三门县境）、海门与前所（今椒江区境）、桃渚（今临海市境）、新河与松门（今温岭市境）、楚门（今玉环市境）、磐石（今乐清市境）、海安（今瑞安市境）、金乡（今苍南县境）等卫所。这些卫所大多筑有卫所城墙，重兵戍守。现今则多数成为沿海地区的渔、商综合性重镇。

　　1840年鸦片战争以后，我国沦为半封建半殖民地社会。浙江由于位居东部沿海，物产丰富，是外国列强侵占与掠夺的重点地区，境内各大小城镇受资本主义的影响都比较大，其经济基础发生了显著变化，工商业职能进一步突出，城镇面貌带上了浓厚的半封建、半殖民地的色彩，沿海地带的海港城市也成为半殖民地性质的近代对外通商口岸。

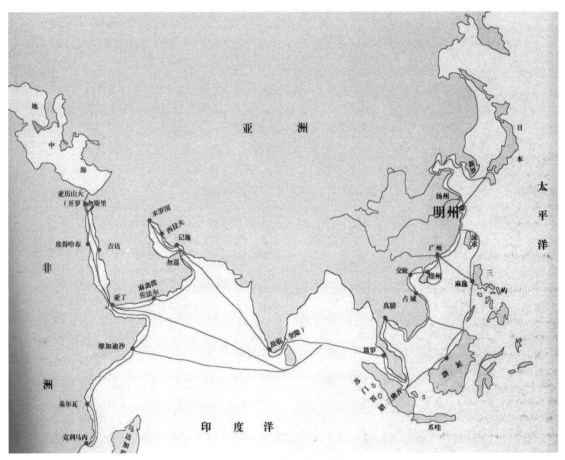

图 2–13　海上丝绸之路

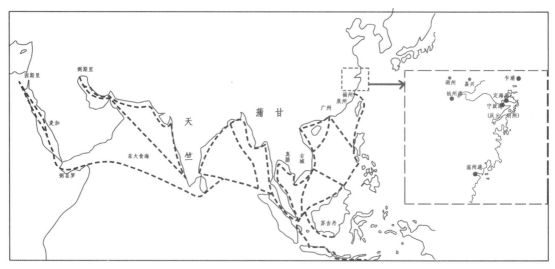

图 2-14 明初浙江海外贸易航线图

总的来说，从历史时期浙江城市及其文化形成和发展变化的过程中，我们可以归纳出以下几方面的主要特点：

首先，在地域上，浙江的城市文化起源于浙江北部的滨海平原地带，然后沿海岸和钱塘江谷地逐步向浙东、浙西、浙南扩散发展。由于发展历史和区域地理环境的不同，导致沿海平原地带与内陆山区的城市文化特征有一定的差异。沿海平原城市，如宁波、温州、杭州、绍兴、嘉兴等，交通便利，尤其内河和沿海航运发达，与外界联系比较频繁密切，城市产业比较发达，商品经济发展较早，市面繁华。宁波有"走遍天下，不如宁波江厦"，温州有"小上海"之称。交流物资以丰富多样的海鲜和淡水产品为特色，城市居民文化水平比较高，经营开拓意识和能力强，到国内各地经商的多，去世界各国谋生的华侨也多，成为现今省内的主要侨乡所在地，同时也成为对外开放较早的港埠。内陆山区城市，如金华、衢州等，地处丘陵山区，在历史上现代交通工具还不发达的情况下，除在交通军事上的地位比较重要外，城市产业不发达，商品经济发展较晚，一般多为区域性物资集散地，城市繁荣景象不如沿海平原地区，但少数城镇如兰溪，因为是钱塘江中游沿岸的一个内地水陆码头，所以也比较繁华。交流物资则以山货特产为大宗，和外界的交往接触也较少，整个城市文化处于封闭型状态。

其次，在城市性质和职能上，秦汉以前，省境内主要城镇多为行政与军事重地的单一性职能，隋唐以后，随着农业、手工业和商业的发展，大部分城镇除了仍然是各郡、县治所外，都逐步演变成为以手工业、商业为主要产业部门的区域性政治、经济和文化中心，成为具有多种职能的封建性城市。这个时期城镇的数量和规模也迅速增加和扩大，据历史记载，这个时期全国比较繁荣的城镇，浙江省约占三分之一。鸦片战争以后，主要城市开始产生资本主义经济，尤其是沿海地区的港口城市，以宁波、杭州等表现更为突出，成为半封建半殖民地性的消费城市。

再次，从文化影响来说，同城市的大小级别有密切的关系。根据城市的规模、级别，浙江的城市大都是省治下的郡（府）、县级治城，因此城市的文化辐射域与扩散影响，主要局限于省境内各级区域。但在五代吴越（907～978）和南宋（1127～1279）时期，浙江成为全国的政治中心，杭州是两个时期的国都，经济和文化在当时都是最发达的城市，因此这个时期城市的文化辐射域与扩散影响突破了省界的局限而达全国，并出现了向日本、朝鲜和东南亚地区扩散的局面，成为我国历史上重要的城市文化之一。

四、浙江民俗

浙江是一个历史悠久、地理优越、经济繁荣、人文荟萃之地，浙江民间风俗习惯，是我国广大人民所创造、享用和传承的生活文化的一部分。由于社会历史、自然环境等种种原因，浙江的这种基层民俗文化又特具吴越风情。

风俗习惯是历史形成的，渊远而流长。古语云："十里不同风，百里不同俗。"风俗的生成与演进，由自然生态环境和社会历史条件所决定。

在国家产生前的氏族社会，其生活的制度，便是风俗统治，公共联系、社会本身、纪律以及劳动规则，全靠习惯和传统的力量来维持。

"建德人"的发现，表明 5 万年前旧石器时代这一带已有古人类栖息。浙江还发现众多的新石器时代遗址。如 1 万年前的上山文化遗址、9000 年前的小黄山文化遗址、8000 年前的跨湖桥文化遗址和 7000 多年前的河姆渡文化遗址，大量出土的遗物，反映出这里的原始先民日常劳动和生活的情况。

上山遗址（图 2-15）位于浦江县黄宅镇渠南、渠北和三友村之间，钱塘江的支流——浦阳江上游。浦阳江上游是一个典型的河谷盆地，上山遗址位于这个盆地的中心，坐落在相对高度 3～5m 的土丘上，海拔 50 余米，面积为 2 万多平方米。2000 年秋冬之际发现，2001年、2004 年、2005～2006年进行三期发掘。

遗址下层遗存文化内涵原始独特，有别于其他史前考古学文化类型，根据碳 14 测年数据，年代约距今万年左右。2006 年 11 月，以上山遗址下层文化为代表的遗存正式被命名为"上山文化"，这是长江下游及东南沿海地区迄今发现的年代最早的考古学文化。

图 2-15 上山遗址

"上山文化"陶器类型原始、单调，石器以打制石器为主，体现出由旧石器时代向新石器时代文化过渡的某些特征。尽管当时采集、狩猎还占据着很大的比重，但稻作农业已经发生，人类的文明历程已经步入了一个崭新的阶段。上山遗址发现的由三排柱洞构成的建筑遗迹表明，"上山"先人已经学会营建木的房子，过着比较稳定的定居生活。

2005 年，嵊州小黄山遗址早期遗存中也发现了"上山文化"的内容。可以判明，"上山文化"是一种分布于浙西南山区向浙东平原过渡的丘陵、河谷地带的一种原始的考古学文化。"上山文化"的发现表明，钱塘江流域在距今 1 万年左右是中国内地史前文化发展最为先进的地区之一。

上山遗址的发现打破了自"河姆渡文化"发现以来浙江历史"7000 年"的习惯表述。上山文化、跨湖桥文化、河姆渡—马家浜文化、崧泽文化和良渚文化构成了万年来浙江史前文化较为完备的演进序列，这里是吴越文化的重要源头，也是中国文明的重要源头。

小黄山遗址位于嵊州市甘霖镇上杜山村北相对高度约 10m 的古台地上，遗址面积 10 万多平方米。2005 ~ 2006 年发掘面积 3200 余平方米，时代跨度 5000 年以上，主体堆积为距今 9000 ~ 7500 年前后新石器时代较早阶段的遗存，为从小黄山发展到河姆渡提供了一个比较完整的文化演进过程。

储藏坑、柱坑房基、墓葬及壕沟，构成小黄山遗址复杂的村落结构，敞口小平底盆、平底盘、圈足钵、平底钵、平底罐、圈足罐、圜底釜、高领壶为常见陶器群。石器主要有石磨石、石磨盘。穿孔石器及带槽石球颇具特色。石雕人首，高 7.6cm，形象传神，具有很高的艺术研究价值。

小黄山遗址是目前已知长江中下游地区距今 9000 年前后规模最大的聚落遗址，丰富的考古资料为人类文化从采集经济到农耕经济的过渡与转变，为稻作农业的起源与发展等经济、社会问题的探讨提供了一个内涵丰富的范例，获评 2005 年度全国十大考古新发现。

跨湖桥遗址位于杭州萧山区城厢街道湘湖村，近钱塘江入海口。经 1997 年、2001 年和 2002 年三次发掘，遗址出土了可复原的陶器及石器、骨器、木器 600 余件，并揭露出房址、窖藏、灰坑、独木舟等遗迹现象，碳 14 年代测定结果表明，遗址距今 7000 ~ 8000 年。2003 年，在跨湖桥遗址北部，又发现并发掘了同类型的下孙遗址。

跨湖桥遗址发掘打破了浙江新石器时代文化以河姆渡、马家浜—良渚文化为基本发展框架的传统认识，指出了浙江史前文化的客源性和复杂性。跨湖桥遗址的一些文化因素可以与长江中游地区的新石器时代文化进行比较，为长江流域新石器时代文化研究中的整体观念的形成提供了一个新的坐标。

跨湖桥遗址发现了栽培稻，表明已经出现稻作农业，但狩猎、采集依然是经济生活的重要组成部分。建筑出现干栏和土墙两种形式。彩陶中发现的太阳纹图案反映了太阳崇拜的宗教心理。跨湖桥遗址发现的一艘独木舟是我国迄今发现的年代最早的独木舟。另外，猪的驯养、慢轮修整的制陶法、"中药罐"的发现、木弓的使用以及用自然胶汁作为黏合剂进行陶器修补的技术都在不同领域的人类文明史占据重要地位。

跨湖桥遗址被评为 2001 年度全国十大考古新发现。2004 年底，跨湖桥文化正式命名。

说到人们已经熟知的河姆渡文化遗址（图 2-16），大批骨耜的出土、大量籼稻和稻壳、稻秆、稻叶的遗存，表明当时农业已从"火耕"进步到"耜耕"，稻米是主要食粮。大面积"干栏式"木构建筑遗迹，是适应东南濒海地带潮湿情况的居住工程。十多万爿陶片证实当时陶器已成为主要生活用品。出土的石、玉、骨、陶制的饰物，其上刻画的动植物图案、绳纹等，展现了河姆渡人的原始艺术。从这些原始社会的物质文化中，可以约略窥见远古民俗事象的一些痕迹。

图 2-16　河姆渡文化遗址

从距今 4000 多年前的余杭良渚文化遗址出土的文物来看，当时浙江已进入原始社会末期，主要从事农业生产，犁耕已较普遍，同时兼营渔猎与畜牧，并广泛使用独木舟，从墓葬的随葬品来看，私有制的萌芽已在这时期出现。

浙江的这些原始文化，反映了春秋以前这个地区的历史轮廓与发展脉络，同时证明了这片古老的土地，也是中华民族古代南方文明的孕育地之一。

下面从夏朝开始，大略勾勒一下浙江民俗发展史，探寻它逐步生成与演进的脉络。

相传夏禹大会诸侯于涂山（一说在今安徽蚌埠市西）之后，又南巡至越地，到了苗山（一作茅山，今绍兴县会稽山）再次大会诸侯计功行赏。越地一个部落酋长防风氏因故迟到被处死，学者认为此次会稽大会是实行王权的开始。《国语·鲁语下》记述此事则保存了神话的原型，据云防风氏是一个巨人族，禹杀防风氏之后，他的一节骨头要用整部车子才能装载。这一神话化的史事，后来又演绎成一项古风俗。梁朝任昉《述异记》载："越族祭防风神，奏防风古乐，竹长三尺，吹之如嗥，三人披发而舞。"

《禹贡》载："禹制九州。"可知当时全国已有九州版图（图 2-17），浙江全境划属扬州，称为"荒服"，视之为海外蛮夷，需向上进贡。当时的贡品有卉服（即草服，以葛为主）、织贝（以先染其丝后织之）、橘柚（江南果类）等，可知当时浙江物产已较丰富，生产力也有一定发展。

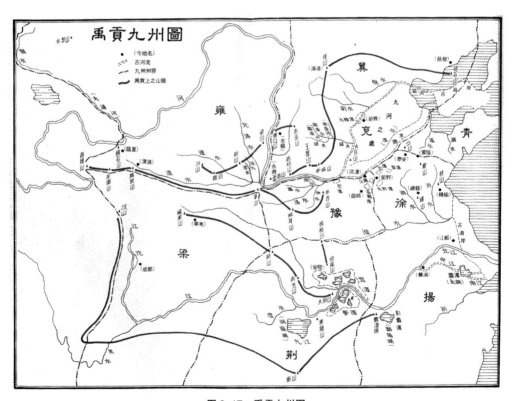

图 2-17 禹贡九州图

商、周时，古百越族的一支瓯越人，居住在浙江的东南沿海，头上剪短发，身上刺花纹，擅用舟楫，流行龙蛇图腾崇拜和生食海鲜，等等。

春秋时期，越王允常建都于会稽（今绍兴），号称"越国"。那时以钱塘江为界，南为越，北为吴。当时两国不仅同族同语，而且同俗，史称"吴越为邻，同俗共土"，"吴越两邦，同气共俗"。吴越除发展农业与渔猎以外，手工业也很发达，如冶钢、制陶、纺织、酿酒等。据《吴越春秋》载，当时"山行水处，以船为车，以楫为马，悦兵而敢死"，"尚武、善水战""民如用剑，轻死易发"。

先秦时期，这里的社会制度要比中原落后，迷信鬼神，巫术流行。公元前210年，秦始皇第五次南巡曾去会稽山刻石，祭大禹。相传当时越俗男女关系不严，《会稽刻石辞》严厉"禁止淫泆"，宣告要用严刑来矫正，使之不异于中原风俗。

魏晋南北朝时期，黄河流域一带战乱频仍，而浙江一带则比较安定，生产有所发展。这时北方一部分士族和大批劳动民众南迁，尤其是西晋末年"永嘉之乱"，北方人口大量南移，造成浙江人口骤增，也带来了南北文化的交汇，对浙江的开发起了很大的作用。同时逐渐消除了华夏与蛮夷之分，南北风俗开始融合。

一定时期风俗习尚的形成与演进，基本上是由物质生产的水平所决定的。隋唐两宋，是我国封建社会的鼎盛时期，浙江的社会经济有很大的发展。隋时，杭州、明州（今宁波）皆为著名的商业城市，至唐代，大运河从杭州可以直达北京，浙江曾大兴水利，扩大耕地，人口增长很快。唐中叶，丝织业也有长足的进步。五代时，吴越之国80余年，当时中国大部分处于战火纷扰之中，这一隅却保持社会安定，生产继续发展。由于吴越国王钱镠"纳土归宋"正是元宵佳节，此节灯会各地本来是十四试灯，十五闹灯，十六落灯，而杭州便由原来的3天改为5天，多了2天，是钱王用钱买来的，以迎吉祥。北宋以降，手工业、商业均日益繁盛，这些对于婚丧礼俗、岁时习尚的日益繁细，对于都会风俗的日渐形成，诸如庙会、香市等，都有重大影响。尤其是隋代南北大运河的开凿，沟通浙江与北方经济、文化联系；南宋建都临安（今杭州），进一步使中原礼俗遍播于东南，南风北俗互相熏染，形成新的特色。例如，当时杭州成为南北公私商贸集中之地，商贸民俗十分活跃。很多人开店设肆，商品云集，民物繁多。有米市、菜市、鱼市、花市、灯市、珠宝市之设，商业夜市的风俗更盛。为适应汴京南来之人的口味食俗，杭城一时竟发展起百余家酒楼、茶肆和餐馆，特别是笼饼、蒸饼去皮而食。而且南宋时杭城多百戏、曲艺，即所谓"百戏杂陈，无技不有"（表2-2）。

表2-2 南宋杭州南湖别业园主一年十二月中休闲活动目次表

月份	休闲活动内容
正月孟春	岁节家宴。立春日,迎春春盘。人日,煎饼会。玉照堂赏梅。天街观灯。诸馆赏灯。丛奎阁赏山茶。湖山寻梅。揽月桥观新柳。安闲堂扫雪。
二月仲春	现乐堂赏瑞香。社日社饭。玉照堂西,赏细梅。南湖挑菜。玉照堂东,赏红梅。餐霞轩看樱桃花。杏花庄赏杏花。群仙绘幅楼前打球。南湖泛舟。绮互亭赏千叶茶花。马塍看花。
三月季春	生朝家宴。曲水修禊。花院观月季。花院观桃柳。寒食,祭先扫松。清明,踏青郊行。苍寒堂西,赏绯碧桃。满霜亭北,观棣棠。碧宇观笋。斗春堂赏牡丹芍药。芳草亭观草。宜雨亭赏千叶海棠。花苑蹴秋千。宜雨亭北,观黄蔷薇。花院赏紫牡丹。艳香馆观林檎花。现乐堂观大花。花院尝煮酒。瀛峦胜处,赏山茶。经寮斗新茶。群仙绘幅楼下,赏芍药
四月孟夏	初八日,亦庵早斋,随诣南湖放生,食糕糜。芳草亭斗草。芙蓉池赏新荷。蕊珠洞赏荼蘼。满霜亭观橘花。玉照堂尝青梅。艳香馆赏长春花。安闲堂观紫笑。群仙绘幅楼前,观玫瑰。诗禅堂观盘子山丹。餐霞轩赏樱桃。南湖观杂花。鸥渚亭观五色莺粟花
五月仲夏	清夏堂观鱼。听莺亭摘瓜。安闲堂解粽。重午节,泛蒲家宴。烟波观碧芦。夏至日,鹅鲞。绮互亭观大笑花。南湖观萱草。鸥渚亭观五色蜀葵。水北书院采蘋。清夏堂赏杨梅。丛奎阁前,赏榴花。艳香馆尝蜜林檎。摘星轩赏枇杷
六月季夏	西湖泛舟。现乐堂尝花白酒。楼下避暑。苍寒堂后碧莲。碧宇竹林避暑。南湖湖心亭纳凉。芙蓉池赏荷花。约斋赏夏菊。霞川食桃。清夏堂赏新荔枝
七月孟秋	丛奎阁上,乞巧家宴。餐霞轩观五色凤儿。立秋日,秋叶宴。玉照堂赏荷。西湖荷花泛舟。南湖观稼。应铉斋东,赏葡萄。霞川观云。珍林剥枣
八月仲秋	湖山寻桂。现乐堂赏秋菊。社日,糕会。众妙峰赏木樨。中秋,摘星楼赏月家宴。霞川观野菊。绮互亭赏千叶木樨。浙江亭观潮。群仙绘幅楼观月。桂隐攀桂。杏花庄观鸡冠黄葵
九月季秋	重九,家宴。九日,登高把萸。把菊亭采菊。苏堤上玩芙蓉。珍林尝时果。景全轩尝金橘。满霜亭尝巨螯香橙。杏花庄篘新酒。芙蓉池赏五色拒霜
十月孟冬	旦日,开炉家宴。立冬日,家宴。现乐堂煖炉。满霜亭赏蚤霜。烟波观买市。赏小春花。杏花庄挑荠。诗禅堂试香。绘幅楼庆暖阁
十一月仲冬	摘星轩观枇杷花。冬至节,家宴。绘幅楼食馄饨。味空亭赏蜡梅。孤山探梅。苍寒堂赏南天竺。花院赏水仙。绘幅楼前赏雪。绘幅楼削雪煎茶
十二月季冬	绮互亭赏檀香蜡梅。天街阅市。南湖赏雪。家宴试灯。湖山探梅。花院观兰花。瀛峦胜处赏雪。二十四夜,饧果食。玉照堂赏梅。除夜,守岁家宴。起建新岁,集福功德

元明清时期浙江风俗基本定型,无重大变化。及至辛亥革命前后,风气渐开,改革潮涌。维新志士、革命党人都致力于移风易俗,戒鸦片、破迷信,改革婚庆丧葬,再度兴起破旧俗、立新风的波澜。1925年暑期,台州在京、沪、宁等地就读的大学生在临海城关成立"乙丑读书社",编印刊物鼓吹科学与民主,有一次讲演男女平等并演文明戏《劝剪发》,4名女学生在演出时当场剪去发髻,台下妇女大为感奋。从而使此举成为历史佳话,为多种书刊所征引。

中华人民共和国成立近70年来,随着生产资料所有制的根本改变,以及政治制度和人们的社会关系等的巨大变化,浙江同全国各地一样,社会上的风俗习惯以及相应的观念、思想和感情都或迅速或缓慢地变化着。有些传统的风俗习惯淡化了或者消失了或变异了，新的风俗习惯在萌芽发展着。在改革开放的历史新时期，随着对外交流的增多与发展，东西方文化的交融，有些传统的民俗受到更广泛的关注而日益恢复与弘扬，由于适应新时期民众日益多样化的需要，也有学过洋节如情人节、愚人节、圣诞节等的，浙江民俗的演进与变革更趋多样化、地域化和个性化。

总而言之，浙江的民俗，总的方面与全国各地的民俗基本一致。由于所处地理环境、自然条件以及历史的、社会的诸原因，浙江民俗又有自己的明显特色，概括起来大致有三：

一是古老的吴越民俗遗存。

吴越族作为一个古代民族，历经沧桑，后转化为汉民族而消失于历史舞台。其民俗在发展中经反复转化嬗变为汉民族文化的一部分。但在现有民俗中仍有不少古老的吴越民族的民俗遗存，有些则成了古代民俗的"活化石"。浙江地理以丘陵与山地居多，在"七山一水二分田"的格局下，不少山区仍保留吴越人那种淳朴、剽悍的性格，如农民自发组织"拳坛"，农闲习武，农忙耕田，御侮尚义、健身强体。其他如斗牛、护林、结义等民俗，依然在金华、温州等地流行。吴越族祀神信巫，传说大禹擅巫傩之舞。从春秋以来，浙江的傩祭、傩舞一直在流行。宋代杭州有"打夜胡"、绍兴有"乡傩"之举，至清代与民国，浙江傩戏大兴，几乎月月有傩戏演出。至今日，在某些山区庙会中仍有演出，如龙泉的"打醮"、安吉的"大佛神会"等，都是古代傩舞、傩戏在浙江的遗存。在浙江南部海边，民间尚存在视龙蛇为神和生食海鲜等民俗。这正是古瓯越人的崇拜龙蛇图腾和生食蛇蛤古俗的遗迹。再如越人善酿酒，绍兴酿酒、饮酒之风盛行。相传越王勾践曾投酒于河，与军士同饮，以鼓士气，旧有"箪醪劳师"之说，故至今留卜"投醪河"的古地名。从酒垆到酒楼、酒店，一直传承至今，如饮热酒的温酒器，从宋代的"旋锅""汤桶"，到明清的盘明壶、穿心烫酒壶，现今用的"爨筒"，正是古代温酒器的传承与发展。

二是浓郁的江南水乡和海洋文化气息。

浙江地处江南水乡，东濒大海，岛屿众多，渔区民众创造并传承着生动活泼的水乡、渔岛民俗，而且经过传播，在平原民俗中，也传递着水乡、海洋文化的气息。越人"以船为车，以楫为马"，早在距今8000年前的萧山跨湖桥文化遗址，就有"独木舟"出土。由于江南民众整日与水为伴，便有"崇水"的观念与情感。据《尸子·君治篇》记载：古人以为"水有四德"。曰："沐浴群生，通流万物，仁也；扬清激浊，荡去污秽，义也；柔而难犯，弱而能胜，勇也；导江疏河，恶盈流谦，智也。"江南水乡还特多河汉文化，古代有诗人写下不少吟咏水国、水乡、水村、水巷、水边楼、水阁、水门还有水市、桥市、鱼市等的诗词，以反映小桥、流水、人家的江南特色。水乡各村的门前屋后，还特多河埠头，便是一道特异的民俗风景线。河埠也叫水码头、水桥、河桥。河桥分为"菱角河桥""木鱼河桥"和"畚箕河桥"，一般都是石质构造，石材有青石、金山石等。从归属分，有公用、私用和半公用；从样式分，有淌水式、双落水、单落水、悬挂式；从组合分，有来复式、内凹倒"八"字、再接补凸式正"八"字，等等；名目繁多。河埠除了家居洗菜、淘米、洗衣物等之外，主要是缆船。除了内河船、湖船，浙江在海上行驶钩鱼网船、簪船等各种渔船，在 20 世纪 50 年代以前，仍继承着古船的传统，连海涂上的生产工具——泥马，也一直保持至今，在技术上，明代的流网捕鱼法，仍在传承。民间海产品的加工技术，还离不开地窖储冰和古老的咸干、淡干等古代制作法。渔民售龙菩萨，居住海边的人们还用渔船作为模型，创造了腾龙、龙灯船等不同灯彩，在内陆各地翩翩起舞。

三是较早具有鲜明的商贸文化特色。

浙江的宁波、温州等地，在宋代已是全国闻名的滨海贸易城市。当地民间从事商贸活动以善于经商理财和"善进取，急图利"的功利主义而闻名于全国。《鄞县通志》说甬人"民性通脱，务向外发展。其上者出而为商，足迹几遍国中"，甚至崇佛信巫，也都刺激着手工业和商贸的发展。明朝的黄宗羲在描写浙江都市民情时说，"通都之市肆，十室而九，有为佛而货者，有为巫而货者，有为倡优而货者，有为奇技淫巧而货者，皆不切于民用"。实际上，这些民俗现象，同样具有推动社会经济增长的作用。民间商业民俗十分流行，如供奉财神等。商帮、行帮、行贩、会馆、钱庄、典当以及各种行业民俗，民间借贷、会市之风很盛。全省各地绝大多数庙会，都是集信仰、娱乐、商贸为一体。

四是民间信仰习俗与禁、祭、兆、占的多元性。

这里需要补充的一点是：浙江民俗中信仰习俗以及与之相关的禁、祭、兆、占等事象，具有多元性的特点。在民间信仰中，除了自然崇拜，包括天地崇拜、日月星辰崇拜、雷电雨雪崇拜以及动物崇拜、植物崇拜、图腾崇拜、生殖崇拜、数字崇拜、色彩崇拜、方位崇拜等等之外，还有佛教诸神、道教诸神、儒教诸神以及民间的地方神与俗信等，除了本土宗教信仰之外，还有外来宗教信仰，情况较为复杂，神灵系统也很庞杂。它是我国民俗文化的一个重要侧面，已不再被简单地归之于无稽之谈和封建迷信了，对于影响着民众数千年的民间信仰，自古至今，便有激浊扬清、正本清源、因势利导的作用，所以对它的调研、传承、弘扬与利用，一直为人们所关注。特别是新中国建立之后，随着历次政治运动与"文化大革命"之后，日益引起人们的反思，认为传承久远的民间信仰仍有它存在的社会基础，有的还在历史上起过积极的作用。例如，民众对于那些为人类安全而补天衲地的创世者的崇拜，对于为维护民族生存而与侵略者浴血奋战的英雄祖先的崇拜，对于有特殊发明创造贡献的能工巧匠的崇拜，还有对圣贤豪杰和爱国志士的崇拜，汇成了民间信仰的主流。当然随着时代的变迁和人类的进步，有些落后的、迷信的陋俗与行为，有的发生了变化，有的正在消失，有的已被淘汰，例如浙江过去曾一度流行的蜡头祭等礼俗，早已灭绝。旧时浙江民间的禁忌甚多，渗透于生产、生活等各个方面。海事与蚕事的禁忌尤多。祭祀包括祭天地日月、祭水火、祭祖先、祭鬼神等。先兆，是将自然与人之间，或人的自身所发生的一些现象，渲染以奇异神秘色彩，认作是某种先兆。占卜，就是对各种先兆所标志的吉凶加以检验的迷信手段，算命、卜卦、测字均属此类。这些，在世界风俗中也是一种普遍现象，我国较早地认识到它的本质。东汉应劭在其所著《风俗通义》中对此有所批判，所举例证恰好都是浙江的。他在卷九《怪神》中说："会稽俗多淫祀，好卜筮，民常以牛祭，巫视赋敛受谢，民畏其口，惧被崇，不敢拒逆，是以财尽于鬼神，产匮于祭祀。"提示了迷信之愚昧可笑，并指出因此耗费巨额资财的严重危害。

浙江民俗的这些特征，在全省各地（市）县（区）也有范围不同、程度不等的差异，便不一一细说了。

第三节　浙江的社会经济

一、经济发展

1. 综合实力

近年来，围绕浙江海洋经济发展示范区、义乌国际贸易综合改革试点、舟山群岛新区、温州金融综合改革试验区等"四大国家战略举措"和大平台、大产业、大项目、大企业"四大建设"，浙江实施创新驱动发展战略，优化经济结构，经济保持平稳较快增长。2016年，全省全年地区生产总值（GDP）46485亿元，比上年增长7.5%（图2-18）。其中，第一产业增加值1966亿元，第二产业增加值20518亿元，第三产业增加值24001亿元，分别增长2.7%、5.8%和9.4%，第三产业对GDP的增长贡献率为62.9%。三次产业增加值结构由上年的4.3：45.9：49.8调整为4.2：44.2：51.6，第三产业比重提高1.8个百分点。人均GDP为83538元（按年平均汇率折算为12577美元），增长6.7%。全员劳动生产率为12.4万元/人，按可比价计算比上年提高6.8%。

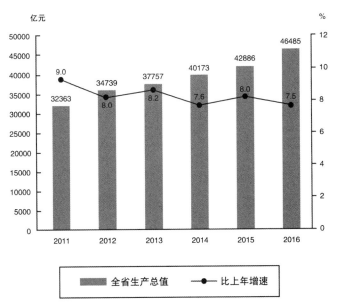

图2-18　浙江省2011~2016年地区生产总值及增长速度

全年信息经济核心产业增加值 3911 亿元，按现价计算增长 15.9%，占 GDP 的 8.4%，比重比上年提高 0.7 个百分点。全省规模以上服务业企业营业收入 10573 亿元，比上年增长 21.1%；利润总额 1808 亿元，增长 21.4%。

全年居民消费价格比上年上涨 1.9%，其中食品类价格上涨 5.1%。商品零售价格上涨 1.0%。农业生产资料价格下降 0.5%。工业生产者出厂价格下降 1.7%，工业生产者购进价格下降 2.2%。固定资产投资价格下降 0.5%。

全年财政总收入 9225 亿元，比上年增长 7.7%；财政一般公共预算收入 5302 亿元，同口径增长 9.8%。

2. 所有制结构

民营经济发达是浙江经济的特点与优势。据统计，全省私营企业超过 129.4 万家，户均注册资本达 433.3 万元，民营企业投资已基本覆盖国民经济的各个领域，在省内创造了 63% 的生产总值、60% 的税收和 90% 以上的新增就业岗位。据全国工商联公布的 2016 年中国民营企业 500 强名单，浙江 134 家企业上榜，连续 18 年位列全国第一。浙江有 600 多万人在省外投资创业，150 多万人在海外经商，每年创造的产值规模与浙江本省生产总值的总量相仿，相当于分别在省外、国外 "再造一个浙江"。为促进浙江经济与浙江人经济融合发展，浙江积极实施 "浙商回归工程"。2016 年，浙商回归新引进项目到位资金 3492.59 亿元，比上年增长 13.9%，完成全年任务的 102.7%。"浙商回归" 工作全面铺开五年来，全省累计到位资金已达 11844 亿元。

2017 年发布的最新《财富》世界 500 强排行榜，浙江有三家风云浙商企业入围，其中吉利控股集团列第 343 名（连续 6 年上榜）、物产中大集团列第 348 名（连续 7 年上榜）、阿里巴巴集团列第 462 名（首次上榜）。

浙江国有经济的影响力和带动力进一步增强。浙江省交通投资集团有限公司、浙江省能源集团有限公司的资产规模均超过 1000 亿元。一批富有活力和竞争力、对浙江经济发展具有骨干带头作用的国有大企业大集团正在崛起，对整个浙江经济社会平稳健康发展发挥着重大作用。

3. 区域特色经济

浙江区域性块状经济特色明显，行业涵盖高端装备制造、节能环保、新能源汽车、电子信息、物联网、新能源、新材料等战略新兴产业和纺织化纤、服装、皮革、家电、造纸、装备制造、金属加工及制品、日用小商品等传统产业领域，70 多种主要产品国内市场占有率超过 30%。全省共建有 42 个现代产业集群示范区，其中年销售收入超千亿元的示范区 8 个，有 15 个产业基地被列入国家新型工业化产业示范基地，形成了杭州装备、宁波服装和文具、慈溪家电、温州鞋业、乐清工业电气、海宁皮革、绍兴纺织、嵊州领带、永康五金、义乌小商品、舟山船舶等一批知名度较高的区域品牌。近年来，浙江块状经济加快向研发设计制造和生产服务型现代产业集群升级转型，规模效益、创新能力、品牌影响力进一步提升。据调查，目前全省拥有工业总产值亿元以上的块状经济群 500 多个，其中 52 个区块的产品国内市场占有率达 30% 以上。

4. 专业市场

浙江素有"市场大省"之称，商品市场数量多、规模大、形式新，综合设施完善、辐射领域广泛、抗风险能力强，近年来保持持续繁荣，是促进结构转型、刺激经济繁荣，活跃商品流通、保障百姓需求的主要源动力之一。2016 年全省社会消费品零售总额 21971 亿元，比上年增长 11.0%。按经营地统计，城镇消费品零售额 18281 亿元，增长 10.7%；乡村消费品零售额 3690 亿元，增长 13.0%。按消费类型统计，商品零售额 19723 亿元，增长 10.8%；餐饮收入额 2248 亿元，增长 13.1%。网络零售额 10307 亿元，增长 35.4%；省内居民网络消费 5252 亿元，增长 30.9%。形成了以消费品市场为中心，专业市场为特色，生产资料市场为后续，其他要素市场相配套的商品交易网络，多项指标领跑全国，实现了从"市场大省"向"市场强省"的跨越。

5. 信息经济

世界互联网大会永久落户浙江乌镇，浙江大力发展以互联网为核心的信息经济。浙江省信息基础设施不断优化，电信业务收入、网民数、网站数量均居全国前列。通信、计算机及网络、电子元器件及材料、信息机电、应用电子、软件与信息服务业等产业优势特色明显，电子商务、云计算、大数据、移动互联网等新兴产业迅猛发展，涌现出阿里巴巴、华三通信、海康威视等多个国内外知名企业。2016 年全省信息化发展指数为 94.79，比上年提高 5.44；三项一级指标指数值较 2015 年均有所上升。网络基础设施发展水平位居全国前列。

二、浙商风云

提起浙江，我们很容易会联想到义乌小商品市场、宁波服装、温州皮鞋等一些具有区域特色的浙江民营经济品牌，中国第一家私营企业、第一个专业市场、第一个股份合作社、第一个农业合作社和第一座农民城都诞生在浙江。浙商也已经成为浙江人走出去创业、创新的代名词。

浙商，一般指浙江籍的商人、实业家的集合。从古至今，浙江商人都是中国经济发展的重要推动力量。如今在民营经济发达的浙江省，"浙江模式""浙江经验""浙江现象"，已经被写入多地教科书，越来越多的媒体对浙江所取得的成就和经验给予报道，越来越多的人对浙江的发展给予关注。

在当今中国，浙商无疑是人数最多、分布最广、实力最强的一个投资者经营者群体，其知名度、美誉度和影响力都已远远超越省域范围。现代浙商已经是当仁不让的华夏第一商帮，台湾商界称之为"大陆之狼"，生存能力让全球感到震撼！欧洲人美誉浙江人为"东方犹太人"。改革开放以后，内地浙商迅猛发展，浙商在长三角改革中不断创造传奇。

1. 历史沿革

浙商与粤商、徽商、晋商、苏商一道，在历史上被合称为"五大商帮"。

他们，是2400年前的战国时期就已然行至四方，天下为市的商贾之人。他们，是19世纪推动中国工商业进程的强大商帮。他们，是最早参与上海开发，叱咤十里洋场，一度垄断上海大半产业的传奇群体。他们，是欧洲人口中的"东方犹太人"。他们，是当之无愧的"华夏第一商帮"！

唐代以后，中国的经济重心南移，江浙一带成为中国经济较为发达的地区之一，商品经济较为发达，也产生了中国早期的资本主义萌芽。

清朝末年及民国初年，浙江商人成为中国民族工商业的中坚之一，为中国工商业的近代化起了很大的推动作用。

民国时期，浙江财阀是国民政府的经济基础。

大陆改革开放之后，浙江商人活跃于国内外商界，目前为中国国内除台商之外最活跃的商帮，为各地的发展尤其是欠发达地区注入了活力。

2. 各地商帮

浙商有湖州商帮、宁波商帮、龙游商帮、绍兴商帮、萧绍商帮、温州商帮、台州商帮、义乌商帮等著名浙商群体。

（1）湖州商帮

湖商，是继徽商、晋商之后，在近代中国涌现的具有强烈地域特征的商人群体。与潮州商帮、宁波商帮同时涌现，对近代中国的政治与经济影响深远。

南浔镇的丝商在清末迅速崛起（图2-19），形成了以"四象、八牛、七十二条金狗"为代表的中国近代最大的丝商团体。资本主义的兴起以及较早开埠，使以南浔丝商为代表的湖州商界接触到西方近代思潮，并加入到了推翻清政府统治的革命运动之中。孙中山先生的革命经费绝大部分都由以张静江（祖籍徽州）为主的湖州丝商筹集和捐赠，而南浔的丝商成为支持后来民国财政支柱的江浙财团的中坚力量之一，也是蒋介石在财政上的主要支持力量。

湖州人是在上海开埠后较早前往参与上海开发的人群。大量的湖州商人在当时陈其美的上海督军府任要职。湖州的丝商在上海开办了大量的绸厂，并控制了码头和租界大半房产，拥有的房产仅次于旧上海首富维克多·沙逊（Elias Victor Sassoon，1881～1961）。

（2）宁波商帮

甬商是中国近代最大的商帮，为中国民族工商业的发展做出了贡献，推动了中国工商业的近代化（图2-20）。第一家近代意义的中资银行、第一家中资轮船航运公司、第一家中资机器厂等，都是宁波商人所创办。宁波商帮对清末大上海的崛起和二战后香港的繁荣都做出了贡献。宁波商人遍布世界各地，其中不乏世界级的工商巨子。

图 2-19　南浔丝行旧址

图 2-20　宁波商帮最早发源地之一：郑氏十七房

（3）龙游商帮

明清时期中国十大商帮之一，主要指历史上今浙江境内金丽衢地区商人的集合，它以原衢州府龙游县为中心（图2-21）。龙游商帮于南宋已初见端倪，于明朝中叶最盛，清代走向衰弱。龙游商帮的商人主要经营书业、纸业、珠宝业等。明万历年间，它与徽商、晋商以及江右商人在商场中各霸一方，名重一时，故有"遍地龙游"之谚。龙游商帮的兴起离不开龙游当时的经济社会环境。"四省通衢汇龙游"，历史上的龙游为古代重要盐道饷道，南来北往的交通枢纽。且龙游自古多山林，盛产竹木茶粮，这些土特产品成为龙游商人最重要的外贸商品。

图2-21　龙游商帮发源地之一：童岗坞村

（4）绍兴商帮

绍兴越商，是中国一大商帮，从民国时期逐鹿上海滩、控制金融命脉的绍兴帮，到21世纪叱咤风云，享誉海内外的越商，绍兴商帮继往开来，在全球市场实行资本扩张、并购重组，涌现了大批行业巨头和上市公司。越商奉行低调稳健、实业投资的理念，在新兴产业、全球化浪潮中继续勇立潮头，敢为天下先。

得益于强大的越商团体，绍兴成为中国顶级的富豪集聚地和创业之都，大量的青年才俊，企业名家在绍兴这片热土上深耕细作、繁荣兴旺。

绍兴从商历史悠久,早在盛唐时期,绍兴就有"日出华舍万丈绸"的美誉,青瓷、绸缎、造纸远销海内外。越商这个中国唯一低调与实力兼备的文化理念带动资本扩张的商帮,在海内外创办了大批行业巨头和规模化企业。

(5)萧绍商帮

史书记载"越人,喜奔竞,善商贾。"萧绍地区即古越文化的核心地区,萧绍商帮是指活跃在萧绍平原上的萧山、绍兴本土企业家群体,萧山和绍兴是浙江经济最为发达的地区,是中国最大的纺织化纤制造基地。萧绍商人以"奔竞不息,勇立潮头,敢为天下先"的气魄闻名于世。

(6)温州商帮

温州早有经商传统,改革开放之后,温州商人更活跃于国内外商界。温商有遍布全国及海外的各级商会,并建有"温州街""温州商城"等。温州商人以精明、吃苦耐劳、敢闯敢干、得风气之先著名,即使是在条件较为艰苦的非洲,也能够找到温州商人的身影。温州的产品几乎在世界各地都能见到,如著名的温州打火机。

(7)台州商帮

台州早有经商传统,改革开放之后,台州商人更活跃于国内外商界。新台商有遍布全国及海外的各级商会,并建有"台州街""台州工业园""武汉汉正街""浙商新城"等。台州商人以精明、吃苦耐劳、敢闯敢干著名,从东北、到新疆、南到海南,在中国只要有民营经济的地方就有台州商人的身影,台州的产品几乎在世界各地都能见到,如著名的台州塑料制品。

(8)义乌商帮

义乌商人具有"谦虚""勤奋""低调""共赢"的特点。义乌以制造、经营小商品闻名于世,其小商品行销全球。现义乌小商品市场是联合国和世界银行公认的世界最大的小商品集散地、交易中心。义乌商人"鸡毛换糖"的商业行为,被列为浙商标志性事件第一名(图2-22)。义乌商人以其"一分钱利润"的精神发家,在义乌商人当中信奉这样一个原则:在自己赚钱的同时,想尽一切办法让合作对象也赚钱。义乌商人遍布世界各地,人称"蚂蚁商人"。中东、欧洲、非洲、南美等世界各地都有义乌商会。

图2-22 根据义乌商人"鸡毛换糖"而创作的雕塑

3. 著名浙商

湖州人沈万三是明初天下首富（图2-23），清末镇海人叶澄衷是中国近代五金行业的先驱，以经营辑里丝起家的刘镛、张颂贤（徽商）、庞云鏳、顾福昌这"四象"为首的湖州南浔商人是中国最早的强大商人群体。以虞洽卿、黄楚九、袁履登为代表的宁波商人曾经叱咤于当时的远东第一大城市——上海。

图2-23 明初首富沈万三及其故居

现代有名的浙商人士有：

（1）海外——张忠谋、殷琪、董浩云、邵逸夫、包玉刚、曹光彪、董建成、王德辉、陈庭晔、吴光正、李达三、邱德根、安子介等。

（2）大陆——杨元庆、马云、丁磊、陈天桥、李书福、郭广昌、鲁冠球、冯根生、徐冠巨、宗庆后、宋卫平、邱继宝、黄巧灵、王均瑶、王阳元、鲍岳桥、求伯君、任正非、沈国军、江南春、叶立培、周成建、楼忠福、吴鹰等。

浙江商人的特点："舍得""和气""共赢""低调""敢闯"。

4. 社会启示

（1）务实求生存，创新谋发展

独特的地理环境和历史根源，使浙商生存困难，发展更是难上加难。以义乌为例，义乌的"货郎担"作为农民中的一个特殊群体，有着强烈的求生欲望和求利动机。但是，义乌的"货郎担"不是一般的商人，其求利本性并不是天生的，而是在恶劣的农业生产条件下求生存的一种方式。当然这也成了今天义乌商业文化的渊源。务实的创业精神使浙商生存下来，强烈的创新意识使浙商发展起来。自主创新是一个民族、一个国家、一个企业长远发展的根本动力和必然的途径。创新是永恒的话题，更是企业发展不懈的动力。小企业靠创新长大，大企业靠创新做强。创新是重要的，但创新的风险是巨大的。在这个道路上，充满着非常多的困难和曲折，但不乏智慧和创新精神的浙江商人紧跟潮流，通过创新来学习，通过创新创造新增长。

（2）浙商精神是永恒的

人们难以想象，浙江桐乡不出羊毛，却有全国最大的羊毛衫市场；浙江余姚不产塑料，却有全国最大的塑料市场；浙江海宁不产皮革，却有全国最大的皮革市场；浙江嘉善没有森林，却有全国最大的木业加工市场。"历尽千辛万苦、说尽千言万语、走遍千山万水、想尽千方百计"——浙江民营企业家创业之初的"四千精神"，无疑是对浙江人敢闯敢干的创业精神的高度凝练。浙江商人正是凭着这种"四千精神"，在千锤百炼中"无中生有"，闯出了一片创业模式的新天地，取得了令世人注目的辉煌成就，也使浙江人自己获得了"东方犹太人"的美誉。

虽然随着时代的变化，浙商的创业模式、经营模式会随之转型，但那些牢牢扎根于浙商心中的可贵财富品质却永远不会褪色。"四千精神"不能丢，但是在新形势下已经不够，浙商要更好的发展，需要更好地提升品牌影响力，加强自主创新，不能再走蛮干蛮闯的路子。勤奋务实的创业精神、敢为人先的思变精神、抱团奋斗的团队精神、恪守承诺的诚信精神和永不满足的创新精神……这些不具地域性和时间性的浙商精神本质内涵是永恒的。她激励着浙商去不断创新创业模式，推动和促进了浙江乃至国内外区域文化的丰富发展和区域经济的繁荣兴旺。

（3）浙商文化内涵丰富，蕴含着巨大的发展潜力

如果说，一个由英特尔引发的改变已发生在社会中，那么，由浙商文化引发的创业创新能量正在影响和改变着区域文化。浙商的文化模式在区域文化建设中具有举足轻重的地位。浙商文化并不是单纯的浙商创业历程的总和，浙商文化超过了浙商创业历程的总和，在其文化模式的组合中，蕴含着浙商文化元素中并不具有的特质，其行为范式也蕴含着裂变的能量，它好比火药不仅仅是硫黄、木炭、硝石的总和一样。别人还在犹豫，他们已经在行动，这就是浙商，一步领先，步步领先。浙商文化是浙商在创业创新活动中特有的心灵历程、团队意识以及与之相适应的法律制度和组织结构，是浙商智慧的结晶，是浙商人格力量的升华。

（4）浙商文化已经成为区域文化软实力的支柱之一

强烈的品牌意识和自主创新能力是浙商的创业核心。在创立品牌过程中，创牌意识是基础，自主创新是关键，人才培养是根本。浙商已经悟出其中的奥妙。浙商的努力，推动和促进了区域经济的繁荣和发展，推动和促进了区域教育、体育、旅游、影视、娱乐、经贸信息等文化教育产业和慈善事业的繁荣和发展，大大提升了区域文化软实力，促进了经济和文化良性互动和一体化建设。

（5）政府支持是浙商创业创新的武器

浙江各级地方政府的支持和关心，是浙商成长的外在动力。政府为浙商构筑了一个施展身手的平台，营造了一个良好的创业环境。

浙商群体是一支生机勃勃的优秀企业家队伍，既然能够在如此艰辛的历变中取得成功，相信浙商也一定能够牢牢抓住创新这个创业使命的核心，在国际舞台上进一步展现浙商的雄姿，走向更加辉煌的未来。

三、社会发展

1. 人口结构

据 2016 年全省 5‰人口抽样调查推算，年末全省常住人口 5590 万人，比上年末增加 51 万人。其中，男性人口为 2867.7 万人，女性人口为 2722.3 万人，分别占总人口的 51.3% 和 48.7%。全年出生人口 62.4 万人，出生率为 11.22‰；死亡人口 30.7 万人，死亡率为 5.52‰；自然增长率为 5.70‰。城镇化率为 67.0%，比上年提高 1.2 个百分点。

2. 人民生活

根据城乡一体化住户调查，2016 年，全省居民人均可支配收入 38529 元，比上年增长 8.4%，扣除价格因素增长 6.4%。按常住地分，城镇常住居民和农村常住居民人均可支配收入分别为 47237 元和 22866 元，增长 8.1% 和 8.2%，扣除价格因素分别增长 6.0% 和 6.3%。全省居民人均可支配收入中位数 34192 元，比上年增加 2693 元，增长 8.6%。全省居民人均生活消费支出 25527 元，比上年增长 5.8%，扣除价格因素增长 3.8%。其中，城镇常住居民和农村常住居民人均生活消费支出分别为 30068 元和 17359 元，增长 4.9% 和 7.8%，扣除价格因素分别增长 2.8% 和 5.9%。

3. 环境保护

2016 年霾平均日数 34 天，比上年减少 19 天。11 个设区城市环境空气 Pm2.5 年均浓度平均为 41μg/m³，比上年下降 12.8%；日空气质量（AQI）优良天数比例范围为 65.6% ~ 95.4%，平均为 83.1%，比上年提高 4.9 个百分点。69 个县级以上城市日空气质量（AQI）优良天数比例范围为 65.6% ~ 99.7%，平均为 88.4%，提高 3.4 个百分点。

221 个省控断面中，Ⅰ～Ⅲ类水质断面占 77.4%，比上年提高 4.5 个百分点；

劣 V 类水质断面占 2.7%，下降 4.1 个百分点；满足水环境功能区目标水质要求断面占 81.0%，提高 5.9 个百分点。按达标水量计，11 个设区城市的主要集中式饮用水水源地水质达标率为 96.2%，提高 3.4 个百分点；县级以上城市集中式饮用水水源地水质达标率为 93.0%，提高 3.6 个百分点。按个数计，11 个设区城市的主要集中式饮用水水源地水质达标率为 90.5%，比上年提高 17.8 个百分点；县级以上城市集中式饮用水水源地水质达标率为 91.1%，提高 6.0 个百分点。145 个跨行政区域河流交接断面中，满足水环境功能区目标水质要求断面占 88.9%，比上年提高 15.8 个百分点。近岸海域发现赤潮 27 次，累计面积约 2615km²，其中有害赤潮 2 次，面积 95km²。

城市污水排放量 31.9 亿 m³，比上年增长 1.3%，城市污水处理量为 29.7 亿 m³，增长 3.1%，城市污水处理率 93.2%，比上年提高 1.91 个百分点。城市生活垃圾无害化处理率 99.97%，城市用水普及率 99.97%，城市燃气普及率 99.79%，人均公园绿地面积 13.3m²。

全年累计建成国家级生态县（市、区）34 个，国家环境保护模范城市 7 个，国家级生态乡镇 691 个，省级生态县（市、区）67 个，省级环保模范城市 10 个。

四、旅游发展

1. 旅游资源

浙江是中国著名的旅游胜地。得天独厚的自然风光和积淀深厚的人文景观交相辉映，使浙江获得了"鱼米之乡、丝茶之府、文物之邦"的美誉。国家级和省级历史文化名城、风景名胜区、自然保护区、森林公园、地质公园、湿地公园和重点文物保护单位等旅游资源的数量均居中国前列（图 2-24）。全省拥有 4A 级以上高等级景区 192 家，其中国家 5A 级旅游景区有杭州西湖、千岛湖（图 2-25）、普陀山、雁荡山、乌镇古镇、奉化溪口——滕头、东阳横店影视城、西溪湿地、嘉兴南湖、绍兴鲁迅故居·沈园景区、开化根宫佛国、南浔古镇、天台山、神仙居等 14 家。有 19 个国家级风景名胜区、4 个国家级旅游度假区、10 个国家级自然保护区、30 个国家园林城市、10 个国家级湿地公园、39 个国家森林公园、5 个国家级城市湿地公园。全省有杭州、宁波、绍兴、衢州、金华、临海、嘉兴、湖州、温州等 9 座国家历史文化名城，20 个中国历史文化名镇，28 个中国历史文化名村，名镇、名村总数全国第一。在国务院公布的四批国家级非物质文化遗产名录中，浙江每一批入选数量均居全国第一，现总入选数已达 217 项。杭州西湖、京杭大运河浙江段和浙东运河入选世界文化遗产，江郎山入选世界自然遗产（图 2-26）。全省有中国优秀旅游城市 27 座；有重要地貌景观 800 多处、水域景观 200 多处、生物景观 100 多处、人文景观 100 多处，还有可供旅游开发的主要海岛景区（点）450 余处。省会杭州是中国七大古都之一，也是中国优秀旅游城市。杭州作为 2016 年 G20 峰会举办地，具有历史和现实交汇的独特韵味。近年来，浙江以"诗画浙江"为主题，倾力打造文化浙江、休闲浙江、生态浙江、海洋浙江、商贸浙江、红色旅游六大品牌。

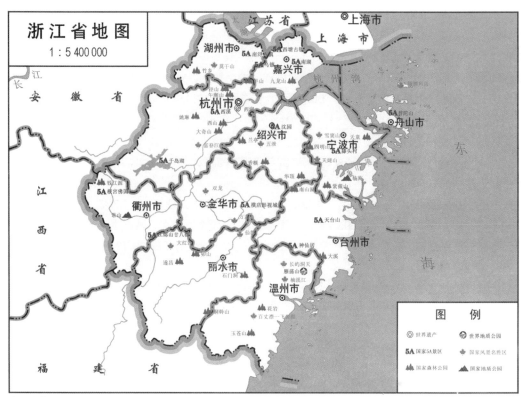

审图号：浙S（2016）161号

图 2-24　浙江省重点旅游景点分布图

图 2-25　千岛湖风景区

图 2-26　江郎山风景区

2. 精品旅游

（1）浙东水乡佛国游。浙东具有中国典型的水乡地貌。无论自然景观还是人文遗产均异常丰富，可感受到古老传统和现代文明浑然一体之美。景点主要有绍兴兰亭（中国书法圣地）、柯岩、新昌人佛，宁波天一阁（中国最古老的藏书楼）、奉化溪口、河姆渡遗址，四大佛教名山之一舟山普陀山等。

（2）浙西名山名水游。景点主要有杭州严子陵钓台、富春江"小三峡"、富阳古法造纸及古籍印刷作坊、浙西大峡谷、天目溪漂流、建德大慈岩及淳安千岛湖，金华兰溪诸葛八卦村，衢州龙游石窟等。

（3）浙南奇山秀水游。沿途可游览天台山、雁荡山、楠溪江、仙都等国家级风景名胜区。绍兴新昌的大佛寺，台州天台山的国清古刹、石梁飞瀑，温州雁荡山的灵峰、灵岩、大小龙湫以及楠溪江沿岸古镇均为浙江山水之上品。

（4）浙北丝乡古镇游。杭嘉湖平原是著名的蚕乡，也是古代丝绸文明的发祥地之一。沿途游人可感受到小桥流水的风情，还可参与采桑、喂蚕、织布、染蓝印花布等活动。主要景点有湖州南浔丝业会馆、小莲庄，嘉兴西塘、南北湖、乌镇等。钱塘江是浙江的第一大河，由天体引力和地球自转的离心力作用，加上杭州湾喇叭口特殊地理形成的钱江潮是世界著名的自然奇观，每年都吸引着大批的海内外旅游者。

此外，浙江还加大了精品型景区建设。目前，精品型景区主要有：杭州西湖综合保护开发区、杭州西溪国家湿地公园、嘉兴乌镇二期西栅景区、绍兴鲁迅故里、金华横店影视城、宁波东钱湖旅游度假区、杭州湘湖旅游度假区、杭州中山路"南宋御街"等。

3. 特色旅游

（1）工业旅游。以多元化的工业制造业为吸引物，为游客提供体验、了解工业制造知识的新型旅游业态。主要有绍兴市新昌县达利丝绸、嘉兴市嘉善县斯麦乐巧克力乐园、杭州市建德市新安江水电站、杭州王星记扇业、温州市永嘉县红蜻蜓鞋业等。

（2）乡村旅游。以特有的农村风貌、农事活动、乡村风俗为载体，以清新空气、良好生态、优质环境为吸引物，能感受"看得见山，望得见水，记得住乡愁"风情的"中国式"度假旅游新业态。主要有湖州市长兴县水口乡，金华市磐安县乌石村，丽水市遂昌县高坪乡，台州市天台县后岸村，杭州市桐庐县荻蒲村等。

（3）红色旅游。以中国革命历史景点为主，具有丰富的历史底蕴、浓郁的地方气息和现代风情，主要景点有嘉兴南湖、宁波余姚四明山等。

（4）修学旅游。以历史文化和生态科普为主题，融知识性、趣味性和参与性于一体，如"跟着课本游绍兴""中国五大博物馆"浙江体验游，古运河文化游，宋城景区文化游，各种"夏令营""冬令营"活动等。

（5）购物旅游。以商贸流通为载体，以各类专业市场为依托，以满足购物消费为目的的旅游业态。主要有义乌小商品城、海宁皮革城、诸暨珍珠城、杭州丝绸城等。

（6）体育旅游。利用体育场地、器械、赛事、活动、运动方式等体育元素开展旅游运动休闲体验活动。主要有杭州市富阳永安山滑翔伞，杭州市淳安县千岛湖骑行，宁波市余姚第九洞天大穿越等。

（7）海岛旅游。利用浙江丰富的海岛资源，先后开发了休闲渔业、海洋文化和海洋休闲度假游，形成了以嵊泗列岛、普陀山、朱家尖为主的国家级海洋旅游风景区，以洞头、南麂为主的滨海观光旅游。

（8）节庆旅游。浙江节庆旅游内容丰富，主题突出，主要节庆活动有：浙江山水旅游节、中国义乌国际旅游商品博览会、中国国际动漫节、绍兴祭祀大禹陵、中国湖州国际湖笔文化节、中国国际钱江观潮节、中国舟山国际沙雕节、宁波开渔节、中国杭州西湖国际博览会、宁波国际服装节等。

4. 旅游服务

随着旅游业的发展，浙江的旅游基础设施日臻完善，综合接待能力明显提高。全省现有星级饭店875家，旅行社2106家。国际知名品牌，如卡尔森（Carlson）、洲际（IHG）、香格里拉（Shangri-la）、雅高（Accor）、凯悦（Hyatt）、万豪（Marriott）等在浙江都有连锁酒店。2016年，全省旅游产业增加值3305亿元，比上年增长12.8%，占GDP的7.1%；实现旅游总收入8093亿元，增长13.4%。其中，接待国内游客5.73亿人次，增长9.1%，实现国内旅游收入7600亿元，增长 13.1%；接待入境旅游者 1120 万人次，增长 10.7%，实现旅游外汇收入 74.3 亿美元，增长 9.5%（表 2-3）。

表 2-3　2011~2016 年浙江接待旅游人数和旅游总收入

年份	入境旅游人数（万人次）	国内旅游人数（亿人次）	旅游总收入（亿元）
2011	774	3.43	4080
2012	866	3.91	4801
2013	866	4.34	5536
2014	931	4.79	6301
2015	1012	5.25	7139
2016	1120	5.73	8093

5. 浙江菜

浙江菜简称浙菜，是中国八大地方菜之一，由杭州、宁波、温州的地方风味组成。浙菜选料讲究，注重"细、特、鲜、嫩"；烹饪独到，注重本味，口味清鲜脆嫩，以纯真见长；制作精细，菜品造型细腻，秀丽雅致。浙菜中以杭州菜为最盛。杭州传统名菜有叫花鸡、东坡肉、西湖醋鱼、宋嫂鱼羹等；宁波菜注重"鲜咸合一"，传统名菜有雪菜大汤黄鱼、苔菜拖黄鱼等；温州菜讲究轻油、轻芡、重刀工，代表名菜有三丝敲鱼、双味蛴蚄等。

6. 旅游纪念品

浙江丰富的工艺美术作品，地方土特产品，非物质文化遗产物品，特别专门设计制作的旅游景区纪念商品都是中外游客喜欢的旅游纪念品。主要有浙江丝绸、杭州织锦、王星记扇子、龙井茶叶、青田石雕、东阳木雕、龙泉青瓷、绍兴黄酒、开化根雕、善链湖笔等。

第三章

浙派园林的发展历程

目前对中国园林的历史分期并无定论。从园林美学的角度，大致可以秦汉以前为第一阶段，主要类型为供帝王狩猎和游乐的大型范围；魏晋至唐为第二阶段，在"隐逸""归复"的精神气候、觉醒的审美意识作用下，自然山水园林、私家园林以及寺观园林等大量涌现；宋元明清为第三阶段，文人园成为中国园林的主流，各种园林类型齐备，质、量空前未有，传统园林艺术臻于成熟、鼎盛。周维权先生在此基础上，又细分为5个时期，即生成期（殷、周、秦、汉）、转折期（魏、晋、南北朝）、全盛期（隋、唐）、成熟时期（两宋到清初）、成熟后期（清中叶到清末）。作为中国园林的一个重要组成部分，浙派园林的发展历史总体上是与此一致的。为了更加准确地揭示其发展历程，经过对浙派园林历史资料深入挖掘整理，本书认为对于浙派传统园林，划分为起源期（春秋战国、秦、汉）、转折期（魏、晋、南北朝）、发展期（隋、唐、北宋）、全盛期（南宋）和全盛后期（元、明、清）4个阶段更为妥帖；近现代出现的浙派新园林可作为一个独立阶段，即新生期。

第一节　浙派园林的发展分期

一、起源期——春秋战国、秦、汉

早在六七千年以前的新石器时代，浙江各地出现了原始氏族公社文化，境内已有先民生息繁衍，创造了河姆渡文化、马家浜文化和良渚文化。春秋时期，浙江分属吴、越两国（图3-1），今桐乡以南的浙江省境内是越部族活动的主要地区，会稽（今绍兴）为越国的都城（图3-2）。这个时期是园林产生的初始阶段，"囿""台""园圃"成为园林的源起。考古发现的良渚文化祭坛，具备了原始状态的高台形式。到了春秋战国时期，台与囿的结合更多地具备了游赏功能，成为当时诸侯贵族的享乐品。据《越绝书》记载："乐野者，越之弋猎处，大乐，故谓乐野。其山上石室，勾践所休谋也。去县七里。"
此"乐野"，就是越王勾践的王家苑囿，与当时
中国北方诸国的王家苑囿相当。又据《嘉泰会稽
志》载："县东南八里有鹿池山；《旧经》云，山
中昔有白鹿，故名。一云越王养鹿于此，俗呼鹿
墅山。"鹿池山位于今禹陵乡凌家山村，与凌家
山相邻。乐野似即于此。昔时此地山林茂密，溪
流潺潺，鱼虫鸟兽，滋生蕃育，可供日常弋猎娱
乐。山上石室供休息或议事，至今遗迹犹存，其
他如越王台、游台、望乌台、离台、美人台等一
系列宫苑，都具备了早期皇家园林的特征，可视
为浙派园林的滥觞。另有越国大夫范蠡为观察吴
军动静所建的军事瞭望台——飞翼楼于绍兴卧龙
山颠，高一十五丈，以象天门，压强吴，成为龙
山园林的第一座建筑。

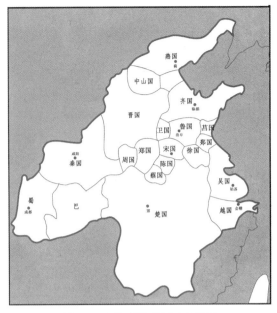

图 3-1　春秋时期列国分布示意图

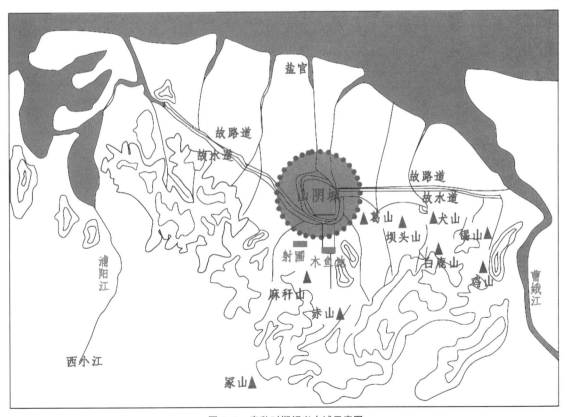

图 3-2　春秋时期绍兴古城示意图

秦朝时期，浙江远离帝国中枢，社会经济发展相对落后，园林营建记载极少。两汉时期，朝廷在嘉兴、绍兴一带煮海为盐，屯田为粮，兴修水利，浙东北地区逐渐繁华富实起来。浙江杭州从宝石山至万松岭修筑了第一条海塘，西湖开始与海隔断，成为内湖。浙江绍兴马臻筑鉴湖，开三百里湖山，灌膏腴九千余顷（图 3-3 ），私家园林随之逐步发展起来，建有陈嚣园、虞国墅、干吉精舍、黄昌宅、孟宅等，另有规模较大的灵文园，园中有桥和宗庙，是西汉时期难得的陵墓园林。浙江嘉兴有权臣严助和朱买臣营建宅院，并赋予了一定的文化内涵，后均舍宅为寺。此时的浙江私家园林已逐渐形成，但形式较为粗放，造园水平与中原地区相差甚远，造园活动尚未完全达到艺术创作的程度。

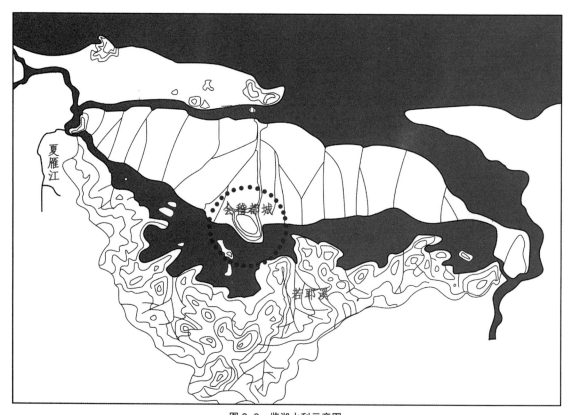

图 3-3　鉴湖水利示意图

二、转折期——魏、晋、南北朝

魏、晋、南北朝时期，浙江经济有所发展，荒地变为良田，逐渐成为天下粮仓，但由于社会动荡不安，思想、文化、艺术等方面较之前朝皆有重大改变，士大夫阶层将欣赏的目光逐渐投向原本神秘的大自然，西晋时就已出现了山水诗和游记。晋武年间，衣冠南渡，浙江绍兴与建康成为江南当时两大都会，浙北地区人口剧增，中原文化与江南文化碰撞合一。北方的衣冠士族南迁后发现了江南山水之美，自然山水园应运而生，隐逸思想的审美情趣开始逐渐流传开来，同时频繁的战乱促成了宗教的发展，佛教和道教盛行，舍宅为寺风气大盛，促进了寺观园林的蓬勃繁荣。另一方面，无论造园者还是游园者，在游历之余，皆留下了大量与园林相关的文学作品，这加深了园林的人文内涵，为后世文人园林的发展奠定了基础。在这些因素的综合作用下，这一时期浙江的私家园林和寺观园林无论在数量上还是造园技艺上都有了极大的飞跃。

吴世昌先生将中国的北方园林归于金谷类，南方园林归于兰亭派。据《六朝园林美学》初步统计，六朝私家园林有 108 处，主要分布于洛阳、建康及附近和会稽等地。其中会稽有 14 处，以王羲之、谢安、孙绰等诸君子雅集觞咏之地山阴兰亭和谢安隐居之所会稽东山（今属上虞）始宁园为最著名，前者有王羲之的《兰亭集序》，被誉为"天下第一行书"，其曲水流觞的形式为文人雅士所好，这一儒风雅俗，一直留传至今，对园林中的理水方式有着深远影响（图 3-4）；后者有谢灵运的《山居赋》，是山水诗文的代表作之一，反映了当时会稽一带文人士大夫对自然山水风景之美的深刻领悟和独到见解。此外，还有孔灵符的永兴墅，孔稚圭的尚书坞园，何胤的小山园、秦望山园等。

寺观园林方面，这时的寺观多择点于山水胜地之中，直接促进了近郊风景点的原始开发，在自然风景中渗入人文景观，逐渐形成了富有中国特色的风景名胜区。如三国孙吴僧人康僧会在海盐金粟山下建的金粟寺，是浙江地区最早的佛寺，也是江南最早建立的三所寺庙之一。东晋年间，印度僧人慧理在杭州西湖飞来峰下创建灵隐寺，拉开了西湖大园林营建的序幕。此后陆续兴建的还有杭州的晋灵寺，台州天台山的国清寺，嘉兴的精严寺、祥符寺、保安寺、永福庵、兴善寺、东塔寺等，这些寺庙建筑雄伟，规模宏大。

图 3-4　唐寅（传）兰亭雅集图

三、发展期——隋、唐、北宋

隋朝开凿京杭大运河，运河（浙江段）流经省内5个地级市：嘉兴、湖州、杭州、绍兴和宁波，这些城市作为航运中心经济繁荣，思想、文化与北方的沟通也更为密切。五代十国时期，吴越国定都杭州，浙江全境纳入其内，杭州成为全国经济繁荣和文化荟萃之地，佛教兴盛、寺庙林立。这个时期，浙江地区成为全国知名的粮食产区，社会经济发达，生活环境安定，文化底蕴深厚，宗教文化兴盛，浙江园林沿袭魏晋时期的自然山水园进一步发展。

公共大园林方面，唐代造园大师、园林理论家白居易出任杭州刺史，浚湖筑堤，把西湖分成里湖和外湖，并写下大量吟咏西湖风光的诗篇，对杭州乃至浙江的园林发展影响深远；吴越国王钱镠在位期间，定期挖掘淤泥、芟除葑草、修建水闸、植树造林，美化了西湖及周边环境，湖中白堤绿柳成荫，芳茵遍地；环湖寺庙遍布，梵音不绝；孤山楼宇，一如蓬莱景色，岸马湖船，游人四季不绝。湖畔佛寺建筑和寺庙园林称胜一时，并出现了瑞萼园、西园、浓华园、南果园等名园；宋代文学大家苏轼任杭州知州、湖州知州期间整治西湖，清淤泥以筑苏堤，极大地改变了西湖的景观格局。同时，嘉兴城郊鸳鸯湖在唐代时已成为主要的风景名胜区，湖岸有真如古寺，湖畔有多处园林。唐德宗时名相陆贽，在鸳鸯湖中放鹤洲建宅筑亭，因园中有放鹤亭，故称其为"鹤渚"；唐文宗时，宰相裴休在放鹤洲上建别墅，改名为"裴岛"。此外，浙江境内的公共大园林鉴湖、南湖等都在这一时期逐渐成形，各类私家园林和寺观园林多营建于这些公共大园林的湖畔和周边群山之中，共享自然美景。如唐代嘉兴南湖烟雨楼的兴建，带动了彪湖（今南湖）一带园林的兴建，60余处私家园林多分布在湖周边。

另外，京杭大运河的开凿催生了一系列新的园林景观。运河沿岸形成了一条亮丽的风景线，这些园林不仅满足了人们游览观赏之需要，同时也利于往来航运之人小驻休憩。嘉兴杉青闸之落帆亭、避邪引航之三塔、横跨运河之北丽桥和西丽桥等诸多景观，皆依运河而建。

私家园林方面，由于远离政治中心，私家园林造园技艺较之中原地区仍有差距，多分布在城郊山水优美之地，形式较为简单。经古文献的考证，唐代越州（绍兴）私家园林别业可达60来处，多分布于镜湖四周，尤其若耶溪一带（图3-5），如曲水园、小隐山居、赐荣园等，从当时描写园林别业的诗歌来看，这些园林多重意境，很少写到园林实景，一来可能是隐居多寒士，无力大量经营园林建筑，二是来此隐居者多是看中越中山水，故园林多天然成分。到北宋时期，经济的发展使造园者有能力将私家园林逐渐向城内发展，多择湖畔、山林处营建，规模较小，形式趋于精致。如绍兴城内卧龙山成为造园布景中心，各园林依卧龙山而建，错落而富有层次（图3-6）。

若耶溪图

会稽郡城

坡塘江

南池江

南池

坡塘

龙舌砠

孤沄

葛山

石帆山

禹陵

望仙台

射的山

龙瑞官

浪港

香炉峰

下灶

中灶

钵铺盉

上灶

平水

秦望山

云门寺

刻石山

图 3-5　若耶溪平面图与古图

图 3-6　卧龙山古图

这个时期的寺观园林延续魏晋时期的脉络大量兴建，择名山胜景之中，借山水之美，构泉石之妙，因地制宜，巧建屋舍，呈现天人和谐的景象。绍兴的柯岩、羊山和吼山等地历经百年采石后，就是在这个时期通过僧人、匠人的艺术创作与加工，形成了堪称经典的寺观园林。杭州西湖区域，隋唐时的中天竺寺、凤林寺、庆律寺、天竺观音看经院、韬光寺、定慧寺、玉泉寺，吴越国时的南屏净慈寺、孤山智果观音院、报先寺，宝石山下应天院等，这些大型的园林成为灵隐寺之后的又一寺观园林艺术高标，有力地传承了西湖"东南佛国"的美名，奠定了西湖园林发展的基础，也是后世西湖园林发展的动力（图3-7）。同一时期的杰作还有嘉兴的楞严寺、金明寺，乐清雁荡山、宁波普陀山的寺观园林。

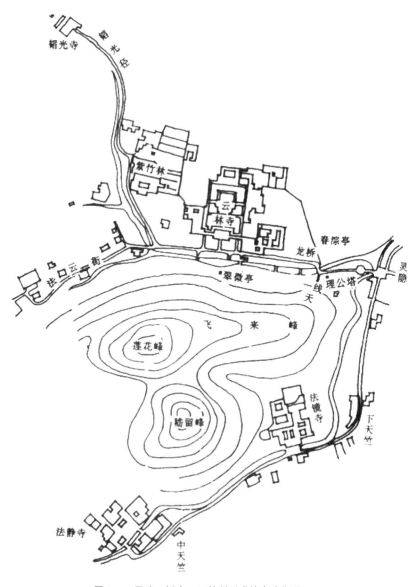

图3-7　灵隐、韬光、天竺所形成的寺院集群

四、全盛期——南宋

1138 年，宋室南渡，南宋定都杭州，社会各阶层人群南下，南方文明与中原文明再次发生了极大的碰撞与融合，北宋的造园思想和造园技艺也随之来到浙江，临安府（今杭州）手工业极为发达，人口大量增加，商业空前繁荣，一跃成为世界第一大都市。童寯先生在《江南园林志》中称："南宋以来，园林之盛，首推四州，即湖、杭、苏、扬也。而以湖州、杭州为尤。"据周密的《癸辛杂识》中记载，仅吴兴（今湖州）城内园林就有 30 多处；而杭州，皇家园林、私家园林、寺观园林更是极大兴盛，数量之多甲于天下，造园者凭借西湖的奇峰秀峦，烟柳画桥，博取了全国造园之长，在园林设计上具有"因其自然，辅以雅趣"，并形成山水风光与建筑空间交融的风格，是我国造园史上重要的节点。在这样的背景下，浙派园林得到了空前发展。

南宋浙江园林在传承北宋中原地区艺术精华的同时，深受江南自然与文化的影响。作为中国传统园林姐妹艺术的山水画在北宋时期已达到了较高水平，到了南宋，如画的山水美景使山水画更得到了长足发展，并形成和北宋"以大观小"全景山水相区别的"以小显大"的小景山水创作模式，从而转变了中国传统园林的审美取向，流传至今的西湖十景名称即来源于当时山水画作品的命名（图 3-8、表 3-1）。这种类似"园中园"的造园手法对后世园林营建有着深远的影响，"越中八景""吴兴八景""东湖十景"等由此诞生。以"南宋西湖十景"的产生作为分界点，园林造景手法与风格由实用性（象征、写实）向个性化（托物言志、写意）转变，并由关注整体逐步转为关注细节。

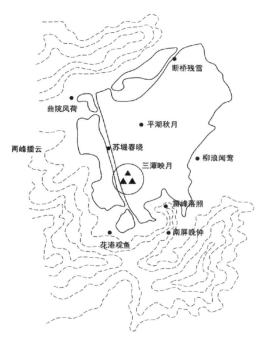

图 3-8 "南宋西湖十景"分布图

表 3-1　"南宋西湖十景"构景要素统计表

十景名称	季节	天气	时间	植物	动物	声音	建筑物	构造物	地形	观景角度
平湖秋月	秋	月	夜	无	无	无	无	台	山地及湖面	俯瞰
苏堤春晓	春	无	晨	柳	鸟	鸟叫	亭、堂	桥	长堤	沿堤观光
断桥残雪	东	雪	昼	无	无	无	亭	桥	水岸	平视
雷峰落照	四季	夕阳	暮	无	无	无	塔	无	山地	远观
南屏晚钟	四季	无	暮	无	无	钟声	寺院	寺院	山地	远观、听声
曲院风荷	夏	风	昼	荷	无	叶声	庭院	庭院	平地	近观
花港观鱼	四季	无	昼	花	鱼	水声	私园	私园	平地	近观
柳浪闻莺	春夏	风	昼	柳	鸟	鸟叫	御园	御园	水岸	近观
三潭印月	四季	月	夜	无	无	无	无	三潭（塔）	湖中	近观
两峰插云	四季	云	昼	无	无	无	双塔	无	山地	远观

　　公共大园林方面，西湖经过南宋时期继续开发建设而成为风景名胜游览地——一座特大型、开放性的天然山水园林（图 3-9）。众多私家园林、皇家园林和寺观园林选址于此,分布是以西湖为中心,南、北两山为两翼,随地形及景色之变化,借广阔湖山为背景,采取分段聚集,或依山,或滨湖,起伏疏密,配合得宜,天然人工浑然一体,充分发挥了园林的点景作用,扩展了观景效果。湖山得园林之润饰而更加臻于画意之境界,园林得湖山之衬托而把人工与天然凝为一体。公共大园林的全面成熟与写意山水园的大繁荣,为明清江南文人私家园林的全面兴盛奠定了基础。

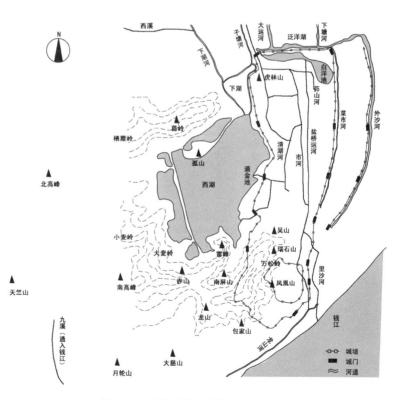

图 3-9　南宋临安主要水体、山体分布图

南宋临安的皇家园林亦深受北宋的影响，与前朝相比面积与规模逐步缩小，但趋于精密细致，冲淡了园林的皇家气派，更接近私家园林，也从侧面反映了宋朝政治的开明性和文化的宽容性。另外，由于江南多沟壑溪沼，园林需顺应地势，因而造就了致密多变的布局及错落有致的建筑群体，如清波门外的聚景园、嘉会门外的玉津园、钱湖门外的屏山园、钱塘门外的玉壶园、新门外的富景园、葛岭的集芳园、孤山的延祥园，还有琼华园、小隐园等大量的皇家园林，均在湖山之间齐齐绽放（图 3-10）。

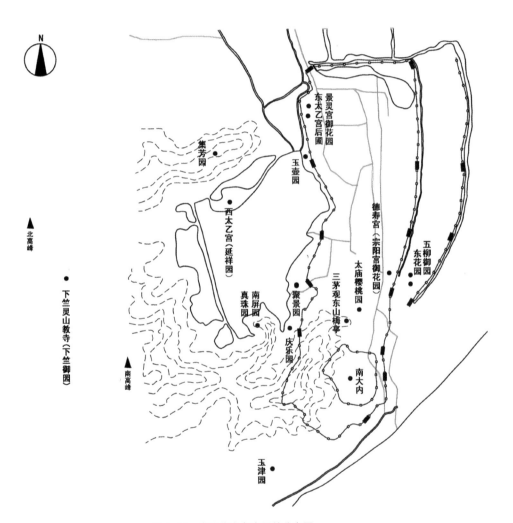

图 3-10　南宋临安皇家园林分布图

南宋浙江私家园林延续中原地区的做法，继续在精美的"壶天"中发展演变，相比北宋多了几分雅俗共赏、闲适优雅的生活情趣。选址多位于城市内和城市近郊的山林地、江湖地中，造园手法多样，形成了功能分区和景观特色分区；造景元素多以建筑为主，围绕着建筑建设亭台、水池等，并配以植物烘托主题。园林游览活动较为丰富，依据园主人的爱好设置景观，一般满足宴请、纳凉、赏花、赏月、观鱼等主要使用功能。园林匾额具有点景作用，文化内涵丰富（图3-11）。

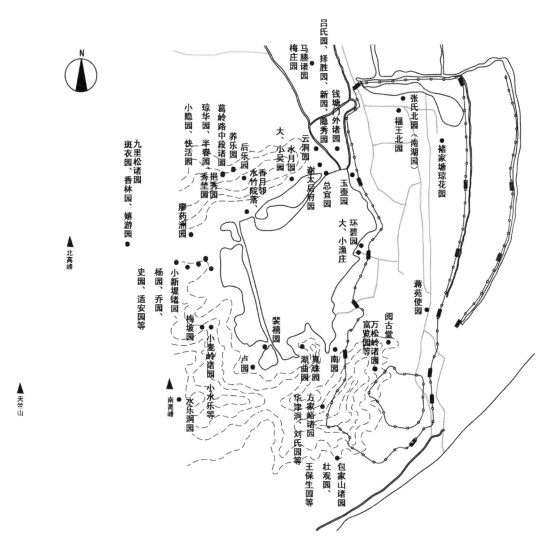

图3-11　南宋临安私家园林分布图

宋高宗赵构迁都临安后，原本寺观园林就兴盛的浙江地区逐渐成为佛教禅宗的中心，西湖一带是当时国内佛寺建筑最集中的地区之一，也是宗教建设与山水风景开发相结合具有代表性的地区。佛寺本身成为西湖风景区的重要景点，大多数佛寺均有单独建置的园林，这些寺庙园林呈自然式布局，大多栽植特种花木与盆景，类似私家别墅，以供香客及游人观赏，这些花木中，尤以灵隐寺的月桂、天竺寺的木犀、云居寺的青桐、招贤寺的紫阳花、菩提寺南漪堂的杜鹃花、吉祥寺及宝成寺的牡丹、真际寺及保国寺的银杏、韬光庵的金莲等最为出名。另外寺观园林也更加注重泉、井的造景功能，泉、井既满足了山林寺院的用水需求，又能体现"净化心灵"的内涵，如祖塔法云院之虎跑泉，灵泉广福院之灵泉，报恩院之六一泉，玉泉净空院之玉泉，龙井延恩衍庆院之龙井等。在此背景下寺观园林由世俗化进而文人化，向私家园林更为靠近（图 3-12）。

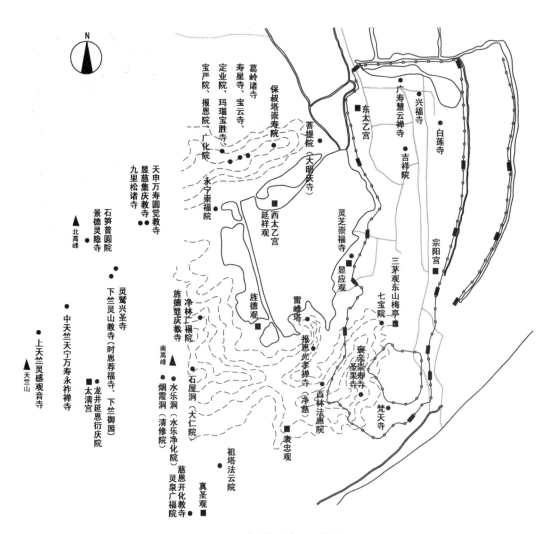

图 3-12　南宋临安寺观园林分布图

　　萌芽于魏晋南北朝时期的文人园林，至唐代、北宋时期，已经较为成熟，到了南宋更是达到了全盛。南宋与北宋同样尚文，不少文人、画家直接参与到园林设计中，直接促使了浙江文人园林的大兴修建，园林营建逐渐成为文人士大夫的一种精神寄托。私家园林全面"文人化"，皇家园林和寺观园林也深受影响，各类型园林的造园手法逐步趋同。与前代一脉相承，这些园林多选址于临水或靠山区域，以文人山水画的"画论"作为指导园林创作的"园论"，达到"师法自然、巧于因借"的完美境地，凸显幽闲、雅致、天然的风格。

五、全盛后期——元、明、清

元代时期统治者认为南宋亡国在于佚乐湖山，作为前车之鉴，抑制园林兴建，杭州西湖堤岸坍毁，湖中长满葑草，一片荒芜。明前期，明太祖朱元璋厉行节俭，反对造园，西湖渐渐变为平田、野阪，为官吏私家所占有。浙派园林处于低迷状态。到了明中叶、清中叶时期，浙江经济进一步发展，文人之风更盛，优秀的造园家不断涌现，浙派绘画、书法、篆刻、盆景相继崛起，造园再次进入了全盛时期，无论园林数量还是园林质量又一次攀上高峰。据明代祁彪佳的《越中园亭记》中所述，仅绍兴城内 8km² 就有园林 80 处，城外 110 处，考古 101 处，共 291 处，成为当时江南园亭最多的城市；《光绪嘉兴府志》中，列举明朝嘉兴有园林 71 处，主要集中在城内用里街及宣公桥一带和城外鸳鸯湖周边。同时康熙、乾隆皇帝多次下江南，到达浙江杭州、嘉兴、海宁等地，对当地园林营建也起到了推动作用。如杭州城，康熙皇帝第一次到杭州，地方官吏即对西湖进行了一次疏浚，并且在孤山建行宫；第二次游西湖时，给西湖十景一一亲笔题名，并命建亭刻石。雍正年间，总督李卫浚治西湖，缮修胜迹，复增西湖一十八景。乾隆皇帝南巡时取雍正西湖十八景中十三处景点，另加十一处景点而成杭州二十四景，这二十四景不仅有湖山风景名胜，还有私家园林、寺观园林，类型丰富，各有特色（图 3-13）。

明清时期园林造园理论有了很大发展，杭州人陈淏子撰写了我国重要的园艺学古籍《花镜》，阐述了花卉栽培及园林动物养殖的知识。浙江兰溪人李渔所著《闲情偶寄》，共包括《词曲部》《演习部》《声容部》《居室部》《器玩部》《饮馔部》《种植部》《颐养部》等八个部分，论述了戏曲、歌舞、服饰、修容、园林、建筑、花卉、器玩、颐养、饮食等艺术和生活中的各种现象，并阐发了自己的主张，内容极为丰富。明代祁彪佳将绘画中的虚实关系具体运用到园林之中，建有一代名园——寓山园，并著有《寓山注》一书，可谓越中集园林之大成者。同时，浙江地区还出现了一批掌握造园技巧、有文化素质的造园工匠。著名造园家张南垣，嘉兴华亭县人，毕生从事叠山造园，晚年居于嘉兴，对嘉兴园林的发展起到了举足轻重的作用。

文人园林方面，晚明湖山旅游兴起，文人的山水情结得到充分释放，浙派园林由此延续了南宋遗风，在山水风景开发中渐行渐远。这个时期，文人园林进一步发展，文人描绘园林的诗词、书画愈加丰富，直接加深了当地园林的文化积淀。明越中园林主要代表人物是两个家族，一是张氏家族，一是祁氏家族。张家终于张岱，祁家终于祁彪佳。两人都有园林之好，都是著名的文学家、戏曲家。祁彪佳著有《越中园亭记》《寓山注》等；张岱著有《陶庵梦忆》《夜航船》《越山五佚记》等，均涉及当时园林的建设，是研究浙派传统园林很具价值的文献。张、祁两大家族都筑有大量的园林，对浙派明代园林的繁盛起到了推波助澜的作用。另有画家赵之谦等，都积极参与了园林的设计与造园实践，将文学艺术表现手法刻意引入造园。明代嘉兴名人画士辈出，文风鼎盛，有著名画家李日华、项圣谟，其绘画作品为园林发展注入新的内涵，另有兵部尚书项忠、宰相朱国祚、忠良魏大中、收藏家项元汴等，引领和带动着文人园林的发展。绘画对传统园林庭院设计起到了指导性的作用，相当于现代的"设计图纸"。清代嘉兴名人荟萃，有朱彝尊、查慎行、张履祥、谈迁、陈确、陆陇其等，文人园林仍占主流地位，朱彝尊之曝书亭，为至今保留较为完好的清代著名园林之一。

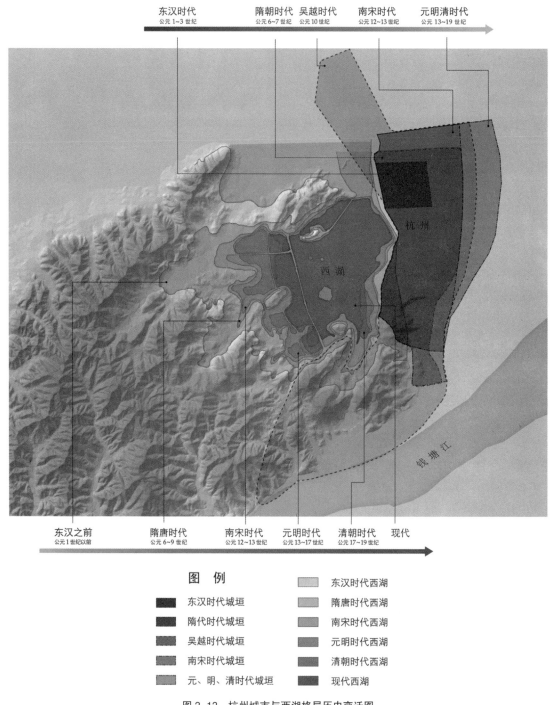

图 3-13 杭州城市与西湖格局历史变迁图

私家园林方面，出现了大量的市园、郊园、平地园和山麓园，造景成分逐渐加重，造景更趋精细，造园技艺越发纯熟，园林意境更为深远，园林艺术成就达到了高峰。明代私家园林如杭州灵隐山下的"峋嵝山房"，孤山之麓的"大雅堂"、凤篁岭的"龙泓山居"、石屋岭畔的"齐树楼"，绍兴青藤书屋、梅花书屋、寓山园、今是园、快园、矶园等，嘉兴的朱氏园，李肇亭"写山楼"、谭贞默"平林小筑"、李含章"春风草堂"等均是当时名园，清代私家园林如杭州的"小有天园"、玉玲珑馆、皋园、潜园、长丰山馆、梅花碑，绍兴的东湖，海宁的安澜园等，这些园林多在不大的面积内，追求空间艺术的变化，风格素雅精巧，平中求趣，拙间藏华，满足以欣赏为主的要求。

而寺观园林则开始逐渐走向衰落，仅少数景题或特例还含有宗教内涵外，其余与私家园林相差无几，只是更加朴实简练一些，注重庭院绿化的经营。另外，随着穆斯林文化的渗入，明万历三十年（1602），浙北唯一的清真寺在嘉兴市东门处建成。同时，随着城市营建的不断完善，小型公共园林逐步走向成熟，如杭州西湖畔的竹素园、西泠印社，嘉兴运河畔的落帆亭等。

清末时期，社会动荡，中国传统园林发展处于衰退状态，唯独浙江湖州南浔因丝业而盛，富甲江南，其园林独树一帜，继续保持了较大的增量，同时，浙派园林顺应时代发展，汲取西方园林建筑之形态，创造出中西合璧的新风格，如杭州北山街民国初年的"澄庐""省庐""孤云草舍""秋水山庄""抱青别墅"都是其中的佼佼者，还有南浔懿德堂、小莲庄的东升阁，也各有特色，既继承了崇文重教的传统，又将藏书、雅集文化充实于具有田园及乡土风韵的园林之中。另外，随着西方宗教的进入，各类修道院陆续建成，如光绪二十八年（1902），法国神父步师加在嘉兴北门外得地百亩，建成法兰西文生修道院。

六、新生期——近现代

"一部民国史，半部在浙江"，历史学界一直流传着这个说法。1840年鸦片战争后，西方文明渗透开始加强，1895年《马关条约》的签订使得杭州成为日本商埠，浙江对外贸易有了很大发展，另一方面，以杭州、宁波为中心，公路网、铁路网逐步形成，再加上海关的设立，促进了浙江北部水陆交通发展，使其与国内上海、广州、天津等沿海沿江港口城市的联系更加紧密，从而影响了城市工商业的繁荣，加速了浙江近代化的进程。而中西方文化的剧烈碰撞更是促使了公园的出现，公园被民国政府作为园林的主要发展形式，呈现出"中西合璧"的风格。

民国时期，浙江各地开始建造公园，杭州作为中国公园建设最早的城市之一，市区新建了湖滨、中山和城站3个公园，修缮了一些主要风景点，原来的皇家园林都先后开放成为真正的公共园林，许多保存下来的私人庭园也被陆续开放，在拆除清代旗营后，西湖融入了城市的怀抱，同时，作为一个自明代起就有旅游传统的城市，杭州旅游设施进一步完善化、配套化，在20世纪30年代已经成为国际性的旅游城市。新修建的公园多是模仿上海建造的，实质上是受到英国风格的影响，另外由于日租界的缘故，日本园林对其也有影响。浙江绍兴乡绅孙德卿在故里孙端镇，创办了绍兴第一个公园——上亭公园，造园风格既保留了传统园林的特点，又融入了一些西方园林的手法，中西合璧，雅俗共赏，是一个以个人筹建为主，民间相助，以为民服务，宣传与推广民主、民生、科学思想为目的的综合性公园，也是中国近代史上由国人自建的第一个乡村公园，具有里程碑意义。但抗日战争期间，各类公园都遭到了严重破坏。

民国时期浙江人才辈出，达到了空前的高峰，政治、军事、外交、经济、金融、文化、教育、科技，几乎所有的重要领域，浙江都涌现了一大批杰出人才。1948年在全国首次评选出的中央研究院 81 名院士中，浙江人占 17 席，名列全国第一，占总数的 21%。与此同时，名人故居园林应运而生，它作为私家园林的重要组成部分，其造园艺术与浙派传统私家园林息息相关，反映出时代背景下园主人的思想观念和生活习惯，具有中式韵味与西式风格并存的特点，体现了明清江南传统园林到现代园林的重要转折。

1949 年新中国的成立，开辟了中国历史的新纪元。20 世纪 50、60 年代，浙江公园设计在风格上多偏于传统，以自然山水园为基本形式，追求形与意的结合，体现形有尽而意无穷的艺术追求（图 3-14、图 3-15）。70 年代大部分的时间社会都处于"文化大革命"的动荡之中，公园建设趋于停顿。80 年代改革开放掀起了学术上的西化浪潮，从科技领域到文化领域再到意识形态领域都掀起了学习西方、效仿西方的思潮，这一时期，浙江公园比较前卫，设计也多模仿欧美风格，体现异域风情。90 年代以后，在学习西方先进文化和科技的同时，人们开始反思过去十几年过激西化的一些做法，文化领域开始出现本土文化的回归，公园的设计在体现现代的同时又追求文化底蕴的彰显，同时生态设计理念开始植入，公园风格呈现出多元化发展的态势。

图 3-14　杭州花港观鱼公园设计图

图 3-15 杭州花港观鱼公园

杭州从解放到 90 年代初期，大力发展公共绿地，新建、扩建市级公园 12 处，区级、居住区级公园 18 处，这些公园有些在城市中新建，有些在西湖风景名胜区原有传统园林的基础上进行改建，主要承担市民休憩、赏花、儿童游乐、科普教育等功能。至此，传统的私家园林、寺观园林都转变成为某种意义上的公共园林。

第二节 浙派园林发展现状与趋势

一、浙派新园林发展概述

新中国成立后，特别是改革开放以来，经过几代人的不懈努力与探索实践，浙派新园林传承浙派传统园林造园精髓，不断开拓创新，逐渐发扬光大，并形成了浙派园林的自身特色，在全国异军突起，遥遥领先；同时，凭借"浙商"勤奋务实的创业精神、敢为人先的思变精神、抱团奋斗的团队精神、恪守承诺的诚信精神和永不满足的创新精神，浙江园林企业积极实践，大胆探索，规划设计与工程建设早已走出浙江，遍及全国，以精湛的工艺赢得了良好的口碑，缔造了浙派园林的卓越品牌地位。

为了让"绿水青山就是金山银山"的生态发展理念在浙江大地绘就美丽实景，省委、省政府结合全面深入贯彻党的十八大和十八届三中、四中全会、中央城镇化工作会议以及中央城市工作会议等精神，先后在一系列生态文明和新型城市化发展战略中提出了加强城镇园林绿化工作的要求。省委、省政府《关于深入推进新型城市化的实施意见》和《中共浙江省委关于建设美丽浙江创造美好生活的决定》中，把加强城市园林绿化、营造诗画江南人居环境作为美丽浙江建设的重要内容。面对前所未有的重大历史机遇，浙派园林事业越来越兴旺发达，园林建设精益求精，行业发展水平位居全国各省市区前列，造园理念、园林设计、园林施工、苗木培育、工艺技术、艺术水平以及园林企业综合实力、从业人员素质及园林教育等诸多方面蓬勃发展、蒸蒸日上。

二、"十二五"期间浙派园林建设成就

1. 行业制度标准建设和规划落实方面

一是园林绿化法律法规标准不断完善。"十二五"期间，为配合国家园林城市创建工作，2011年2月经省政府同意，省住房和城乡建设厅修订发布了《关于印发〈浙江省园林城市申报与评审办法〉和〈浙江省园林城市标准〉的通知》（浙建城〔2011〕18号）。对浙江省园林城市的评审管理和具体指标等提出了具体要求，有力推进了园林城市创建。2012年，出台了《浙江省园林镇申报评审办法（试行）》和《浙江省园林镇标准（试行）》。2014年7月，为适应本省行业发展要求，规范全省园林绿化工程施工，发布实施了浙江省工程建设标准《浙江省园林工程施工规范》。启动了《园林绿化技术规程》修订工作，启动了《浙江省园林绿化工程招投标实施细则》制订工作。2015年1月，经省政府同意，出台了《关于进一步推进城镇园林绿化事业持续健康发展的实施意见》（浙建〔2015〕1号）规范性文件，有效地促进了对全省城镇园林绿化工作的指导。

二是绿道网及绿地系统规划编制基本落实。2012年底，出台了《浙江省绿道规划设计技术导则》，2013年编制完成了《浙江省省级绿道网布局规划》，并于2014年5月，经省政府批准发布。各市县从改善生态环境、彰显地方特色、完善城市功能入手，不断提高城市绿地系统规划的生态效应、人居效应、品质效应和人文效应，使城市绿地系统布局更加均衡、结构更加合理、功能更加完善、景观更加优美、人居环境更加优美舒适宜人。目前，全省所有县市均编制或修编了城市绿地系统专项规划并加以实施，市县建成区初步构建了分布均衡、结构合理、功能完善、景观优美的城市绿地系统格局。过半数市县编制了绿道网规划。

2. 城镇园林绿化建设方面

一是园林城市创建卓有成效，城市园林水平位居前列。"十二五"期间，全省共创建国家园林城市8个，国家园林县城9个，国家园林镇2个；创建浙江省园

林城市 21 个，浙江省园林镇 17 个。获得联合国人居奖 1 个，迪拜国际改善居住环境最佳范例奖 2 个；获得中国人居环境奖 1 个，中国人居环境范例奖 25 个；申报获批国家城市湿地公园 2 个。

二是城镇人居环境全面优化，绿色空间大幅拓展。"十二五"期间，新增市县公园绿地面积 9330hm^2，累计达到 34215hm^2。全省市县城市建成区绿地率从 34.14% 提高到 36.58%，绿化覆盖率从 37.8% 提高到 40.45%，人均公园绿地面积从 11.02m^2 提高到 13.18m^2。

三是园林绿化建设资金投入绩效显著。"十二五"期间，全省城市和县城园林绿化共投入资金约 438.32 亿元，较十一五期间的 196 亿有较大提升，增长了 124%，且绩效显著。

3. 城镇园林绿化管理方面

一是绿化管理机制不断完善。为加强城市园林绿化管理，各市县按照国务院《城市绿化条例》和《浙江省城市绿化管理办法》的要求，依法明确了管理职能，设立了城市园林绿化管理机构，全省 65 县（市）中，有 60 个设立了单独园林管理局（处），5 个县（市）也在本系统中采用合署办公方式对园林管理职能进行了明确。

二是园林绿化监管力度不断加强。2015 年，省住建厅联合省测绘与地理信息局出台了《浙江省城市建成区绿化覆盖率及绿地率调查技术规程（试行）》（建城发〔2015〕134 号），为更好地掌握城市绿地实效提供技术支持。同时，各地按照城市绿线管理法规的要求，加强了城市绿线划定的管理工作。目前，全省有 24 个县市编制了绿线规划并经当地政府批准实施，有 33 个县市编制了绿线管理办法。各地依法加强了城市园林绿化的建设管理，重点加强了既有绿地的管理，加强了日常养护的监管，加强了对古树名木、历史文化景点的保护管理。

4. 绿道建设方面

省住建厅于 2012 年提出"一年试点推进，两年初见规模，三年形成网络"的思路，探索以绿道作为串联城市各公共区域沿线生态环境、自然景观、人文古迹、地方风貌和绿化成果的绿色廊道，以进一步拓展园林绿化服务功能、加强园林生态保护，提高城乡环境和居民生活质量。至今先后在嘉兴市、仙居县和淳安县召开了三次全省城镇绿道网建设工作推进会。据统计，截至 2015 年底，各市县在完成规划的基础上，全省累计建成各级绿道 3500 多 km。

5. 园林绿化产业及科研人才培养方面

一是行业整体规模不断壮大，园林企业数量名列前茅。浙江省园林绿化规划设计和工程建设等各领域，具备多种等级资质的企业数量众多，竞争激烈。据调查统计，全省有风景园林工程专项设计甲级资质企业约 40 家；全省园林绿化施工企业共 3203 家，具备城市园林绿化资质的企业共有 2770 家，其中具备一级资质的企业 146 家。浙江省园林绿化设计、施工企业的数量和竞争优势在全国名列前茅。

二是人才培养结构合理，地方科研成果不断转化。浙江省园林行业在研究生、本科、专科各层次均有持续人才输出。设计、施工企业从业人员约 20 万人，其中高级工程师约 3 千余人、工程师 3 万余人、技术工人 4 万余人。目前浙江省从事园林相关研究的科研机构共 20 所，包括杭州、温州、湖州、金华、衢州、台州、丽水等地均有园林相关科研机构。科研从业人员近 500 人。科研院校及各地科研机构结合省情和当地实际，历年科研成果近千项。

三、"十二五"期间发展中存在的不足

1. 体制机制有待完善

从管理体制上，全省尚没有普遍建立独立的园林绿化管理部门的编制体制，有的市县还没有园林绿化法人管理机构。从机制上，还没有建立园林主管部门牵头，规划、农林、建设、城管等部门共同参与的发展推进机制。园林绿地规划设计、建设施工、养护管理和绿化苗木的市场监管体系有待加强。行业自律及市场诚信体系建设有待完善，城市园林绿化工程质量监督机制需要加快建立。绿道建设虽受各地政府高度重视，但实施制约因素较多，用地的限制、资金的缺乏以及管理的缺失导致各地绿道的建设推动难度较大。

2. 地区发展有待均衡

地区发展不平衡，平原型城市绿化水平高于山地型城市与海岛型城市。不同规模城市间及城市内部不同区域间的园林绿化发展还存在较大差异。城乡绿化差距大。乡镇园林绿化建设起步晚、基础差，缺少专业管理队伍和系统规划的指导，园林绿地建设地方特色不足，绿化水平与绿化质量均较低。

3. 投入保障渠道和发展方式有待拓宽

园林绿化量的增长、质的提升要求与城市发展资金投入不足之间的矛盾日趋突出，现有资金投入难以满足绿化建设与管护的需要，一定程度上影响了园林绿化发展的质量。园林绿化建设管理资金以政府财政拨款为主，民营企业参与度和开发模式有待拓宽，投融资体制机制有待进一步完善。屋顶绿化、垂直绿化、节约型园林绿地的建设及数字化、精细化的园林管理尚未有效全面推广。

4. 队伍建设和科研水平有待加强

专业人才队伍建设有待加强，行业技术力量基础仍较薄弱，技术科研创新能力有待提升。园林科研机构缺乏，园林科研经费投入占比少，成果技术含量不高。园林规划设计的盲目模仿现象还较普遍，园林绿化施工、养护人员的专业技能缺乏仍较严重。

四、浙派园林的发展机遇

1. 生态文明战略背景下园林绿化面临前所未有的发展机遇

继党的十八大提出包括生态文明的"五位一体"战略之后，十八届三中、四中、五中全会均强调生态发展。中央"十三五"规划建设中又进一步强调"绿色是永续发展的必要条件和人们对美好生活追求的重要体现"。城镇园林绿化的核心理念就是"自然、绿色、生态、人文"，推进城镇园林绿化建设发展是落实国家和省生态文明战略的重要工作，是改善城乡人居生态环境、提高城镇生态环境综合承载力的主要抓手，更是促进加快发展方式转型，实现科学发展的必然要求。在美丽中国宏观方略和美丽浙江建设的大背景下，园林绿化作为城镇唯一具有生命力的绿色基础设施，将迎来更加广阔的发展机遇。

2. 中央和省城市工作会议的贯彻落实赋予了园林绿化更高提升空间

中央城市工作会议明确了建设"和谐宜居、富有活力、各具特色的现代化城市"总目标，提出了"城市工作要把创造优良人居环境作为中心目标，努力把城市建设成为人与人、人与自然和谐共处的美丽家园"的要求。省委城市工作会议还进一步提出"全面提升城市发展质量、加快建设浙江特色现代化城市"的工作目标和路径，并指出了彰显城市景观特色的重要性。城镇园林绿地作为具有健全生态、传承文化、供居民亲近自然放松身心的绿色开放空间，是体现城市现代化水平和宜居程度的重要标志，也是拓展城市宜居空间、促进社会和谐稳定、提升市民幸福指数的重要载体和依托，在更加强调发展质量的新时期，将面临更高提升空间。

3. "高水平全面建成小康社会"为我省园林绿化提出了更高要求

"十三五"时期是全面建成小康社会的决胜阶段。我省更是提出了"干在实处永无止境，走在前列要谋新篇"，明确了"高水平全面建成小康社会"的总体目标。这也要求我省园林绿化事业要在已有工作基础上，结合城乡建设转型综合示范区建设的推进，进一步聚焦全面覆盖和品质提升，坚持五大发展理念，补齐短板、优化格局，强化浙江特色、提升发展质量，继续保持国内领先地位，奠定经济社会发展的美丽绿色基础，增加人民日常生活的获得感和幸福感。

4. 发展新常态、新品质为园林绿化发展提供了很好的平台

在新常态下，中高速、优结构、高质效是新关键词。在形态更高级、分工更精细、结构更合理的经济新常态发展阶段，国家、省里以及各地均大力推行了一系列民生设施建设。城市绿地、城市公园和绿道建设，正是新常态下的新任务、新要求。通过绿道把生态、美景、交通和产业等联系起来，打造慢生活、新业态，是我省当前和今后推进的一项重点民生工程。同时，"五水共治""三改一拆""四边三化""两路两侧"等环境整治专项行动，都为城镇园林绿化营造了更好的发展氛围。

五、浙派园林的发展趋势

1. 指导思想

深入贯彻落实党的十八大、十九大精神，实施"四个全面"战略布局，以"八八战略"为总纲，紧紧围绕"两美"浙江建设和新型城市化发展战略，遵循"创新、协调、绿色、开放、共享"的发展理念，以中央和省委城市工作会议精神为指导，以改善城镇人居生态环境和提升公共服务均等化为核心，以提升发展质量为主线，以加快推进生态园林城镇和绿道网建设为主抓手，切实转变园林绿化行业发展方式，着力提升园林绿化的规划建设和行业管理水平，充分发挥园林绿化在优化城镇发展格局、改善城乡生态环境、美化人居环境和传承地域文化方面的重要作用，为高水平全面建成小康社会奠定"美丽"绿色基础。

2. 基本原则

（1）生态自然，绿色优先

突出强调"尊重自然、顺应自然、保护自然"的理念，加强保护城市所依托的山水林田湖等自然生态资源，充分尊重并顺应植物生长规律和自然水文过程，积极发挥园林绿化的生态调节功能，努力建设生态精品，打造绿色典范，营造良好的城镇绿地生态体系。

（2）注重协调，均衡推进

结合城镇集约发展和绿色发展要求，统筹城镇生产、生活和生态需要，优化城镇园林绿地布局，科学规划各类绿地和绿道网络，促进区域、行业和城乡间均衡发展。实现园林绿化生态、景观、游憩、科教、防灾等多功能协调发展。

（3）量质并举，服务共享

坚持将城镇园林绿化和绿道建设与改善城镇人居环境紧密结合，以人为本，增量提质，补齐短板，完善配套。大力推进节约型、生态型和功能完善型的绿地建设，提升园林绿地综合服务功能。加强绿线管制和绿化成果保护，通过国家生态园林城市、园林城市（镇）建设，持续提升城镇园林绿化的规划建设和管理服务水平。

（4）注重文脉，彰显特色

注重保护和弘扬传统优秀文化，充分发挥本地区的山水资源和历史文化禀赋，紧密结合具体建设条件，因地制宜推进有文化底蕴、有地方风貌的园林绿地建设，帮助延续地方历史文脉，塑造文化记忆，提升城镇文化品质。

（5）政府主导，创新推动

园林绿化建设作为社会公益性事业，必须充分发挥政府的主导作用。要通过政府支持与社会参与相结合、政策引导与市场调节相结合等多种形式，广泛动员全民搞绿化、全社会办园林，营造共建生态文明和绿色家园的良好氛围。同时，需坚持思想创新、机制创新、管理创新，形成与园林绿化城乡统筹相适应的管理体制，实现园林绿化高质量发展。

3. 发展目标

全省城镇园林绿化水平和质量稳步提升，发展模式科学合理，体制机制不断完善，基本形成与"高水平全面建成小康社会"要求相适应的机制完善、生态良好、景观优美、人文深厚的高质量城镇园林绿化保障体系。至 2020 年，全省城镇园林绿地结构进一步优化；人均公园绿地面积等指标稳步提高；园林绿地综合功能全面提升，山水浙江特色充分彰显；城市空间拓展与园林绿化建设同步推进，绿地建设与城市市政基础设施协调发展；评价技术体系与标准规范更加完善，园林建设管控和引导能力持续加强，市场监管更加完善。

4. 发展途径

（1）加快完善行业法规和标准

加强新形势下城镇园林政策法规的研究，推进行业法律法规建设完善，做好园林各项技术标准制订。积极争取《浙江省城市园林绿化条例》立法，提升我省园林绿化依法管理水平。加快数字园林建设，提升管理保护水平。

研究制订《浙江省绿线管理规定》。依法完善绿线管理制度，绿线范围内的绿化用地禁止改作他用，加大城市绿地管理的执法力度，依法严肃查处违法占绿、毁绿行为。加快修订各地市《城市绿化管理条例》《公园管理条例》。

做好《浙江省城镇绿道技术规程》《浙江省城市立体绿化建设导则》《浙江省园林绿化养护概算定额》《浙江省园林绿化技术规程》和《城市绿道设计导则》等系列技术标准规范的制（修）订工作；加强对镇（建制镇）园林绿化指标体系研究，统筹城市、县城和建制镇园林绿化发展目标，组织开展相关技术标准研究制定工作。

（2）统筹区域城乡绿地系统

大力推进城乡一体的绿地系统布局，统筹区域园林绿化协调发展，将园林绿化与区域发展目标和城市发展模式相结合，以提升生态安全承载力为基础，完善结构性生态绿地，构建基于区域生态安全和地方特色风貌的绿地系统。加强与环境保护、防洪排涝、城市交通等专业规划的协调衔接，促进区域、行业和城乡间协调发展。积极推进大城市环城绿带、区域绿道网、城市生态廊道的建设与发展，构建城镇群生态绿廊；加强县城、建制镇的园林绿化建设，推进建制镇绿地系统规划的编制；结合旧城改造、棚户区改造，加强城市中心区、老城区等绿化薄弱地区的园林绿化建设；将应急避险公园绿地建设纳入城市应急安全体系。

（3）提高各类园林绿地规模与品质

巩固现有园林绿化建设成果，科学化、规模化、均衡化建设城镇各类绿地，稳步提升绿地指标。落实城市防护绿地的建设实施。提升城市林荫路比例和道路绿地达标率。按照城市居民出行"300m 见绿，500m 见园"的要求，加强各类公园绿地建设，提高公园绿地服务半径覆盖率。发展小微绿地，鼓励引导老旧社区开展附属绿地改造升级。各类配套绿化工程要与建设工程同步设计、同步施工、同步验收，达不到规定绿化标准的要按规定整改或征收绿化补偿费，实行易地建绿。结合市政基础设施建设和城市设计，推动城市土地综合利用，鼓励发展屋顶绿化、立体绿化，拓展绿化空间。建成区内对一年以上不开工的建设用地等要采取临时绿化措施。

全面提升绿地建设品质，有序推动现有绿地按照节约型、生态型和功能完善型要求进行整改。注重提升园林绿地在固碳释氧、减少大气污染及涵养水土等方面的综合生态功效。结合河湖水系治理，加快推进滨水绿地和城市湿地公园建设，发挥园林绿地对雨水的吸纳、蓄渗和缓释作用。开展绿道建设，做好绿道与城市道路交通系统的衔接。完善公园绿地公共服务设施建设，包括体育健身场地和设施，提升绿地的公共服务水平。加大对地域历史文化元素的挖掘和时代文化的表现，提高公园绿地文化品位和内涵；推动公园体系规划编制与实施，打造优质综合公园。

（4）强化生态修复和生物多样性保护

因地制宜开展城市生态廊道建设和生态系统修复。通过山水入城，城景交融，实现城市内外绿地的连接贯通。开展城市山、水、棕、绿的生态修复。完善城乡水网体系，恢复滩涂湿地和城市蓄水防涝功能，净化水质。修复城市污染和废弃地土壤结构，综合利用。丰富城市绿地植物种类与配置，提升绿地生态功效。推广园林绿化表土回用及绿色废弃物资源再利用。开展防台抗灾方面的研究，加强抗风树种的选育及园林树木防台支护的推广等。

进一步深化生物多样性保护工作。开展城镇生物多样性普查，摸清地区生态资源本底，编制《生物多样性保护规划》，使城镇生物多样性保护工作进一步加强和规范。推进城市生物资源库建设。加强对植物引种驯化研究，开展植物园、动物园建设，持续进行城市园林植物适宜种类的筛选与培育，促进野生种群恢复和生境重建。加强古树名木的保护管理，科学开展古树名木保护工程，建立健全古树名木保护数字信息档案。建立城市生物多样性保护管控机制。

（5）依法依规强化园林绿化管理

加强城镇园林绿地管控，严守绿地生态保护红线，保护并扩大城市生态空间。全面实施绿线管制，按照绿地系统规划严格划定城市绿线，注重统筹协调地下空间开发与园林绿地的关系，建立绿线管理信息平台。推进园林绿化的审批平台建设。加强绿地的保护管理和监督检查，依法严肃查处违法占绿、毁绿行为。严格公园管理，全面整治和杜绝任何与公园公益性相违背的经营行为，及时清理腾退违规占用的公共空间，严禁在公园内设立私人会所，确保公园的公共服务属性。落实公园日常管理责任，提升公园管理水平。积极开展国家重点公园和国家城市湿地公园的申报工作，对符合申报条件的要积极争取命名。研究新形势下城镇园林绿地管控指标，探索建立永久性绿地制度。开展综合评估，推进节约型园林建设与管理，提升园林绿地养护能力，强化专业化、精细化的绿地管护。建立园林绿地数字化动态监管系统。

（6）全面建设万里绿道网

科学完善规划。按照《浙江省省级绿道网布局规划（2012~2020）》确定的主体框架，着眼区域联动、市县互动、全省互通，加快编制完善交界面无缝衔接的市县绿道网专项规划，并纳入县（市）域总体规划、绿地系统专项规划和城乡规划的年度实施计划中统一实施。

明确绿道建设标准和品质。按照配套完善、功能齐备、标准统一的原则,参照《浙江省绿道规划设计技术导则》,因地制宜确定本地区绿道建设标准,提升生态人文品质。

推进绿道项目建设。绿道建设突出利用和依托现有设施,结合"三改一拆""两路两侧""四边三化""五水共治"、大气污染防治等专项行动,在推进城镇水系山体绿化、道路公园绿化、清洁田园美丽农业、生态修复、风景廊道、慢行交通系统、农林水利等工程建设的同时,同步推进绿道网建设。

规范绿道运营管理。各地把已建绿道纳入管控范围,明确绿道管理单位。绿道管理部门和管理单位应当建立绿道管理维护制度和安全巡查制度,按照相关技术标准对绿道进行管理维护,促进绿道安全有序。要探索政府投资和市场化运作相结合的管理方式,拓宽绿道建设管理渠道和模式。

（7）加强行业队伍基础能力建设

围绕建设与"高水平全面建设小康社会"要求相适应的高质量的城镇园林绿化保障体系,积极推进园林机构职能改革,着力提升园林绿化主管部门的行政能力。

加强信息化和人力资源建设。推进行业多层级技术队伍建设,重点提高园林绿化行业从业人员的技艺水平和"工匠精神",系统提升规划设计与施工管理全产业链综合水平。

加大园林科技投入,建立科研项目反馈机制,全面提升城镇园林绿化规划设计、施工建设、运营管理等技术水平。依托省风景园林学会和相关院校,适时开展浙江园林风格的研究,强化浙江特色的风景园林建设。建立园林绿化信息发布和社会服务信息共享平台,加大宣传,提升社会对行业的认知水平。

（8）健全园林市场体系

按照"政企分开、事企分开、管养分开"的原则,进一步完善园林绿化行业监管和市场化监管机制。推进城市园林绿化施工企业资质改革,建立城市园林绿化企业诚信信息系统。拓宽园林绿化投融资渠道,建立以政府投资为主、社会资本参与的多元化投资机制,鼓励社会资本、民营资金投资参与园林绿化建设和行业经营项目。

依法加强园林绿化工程招投标管理,严格执行国家和省有关招投标规定,开展全省专项调研,制订完善招投标实施细则,实行合理价中标,禁止串标、围标、低于成本价的恶意投标、弄虚作假等行为,营造公开、公平、公正和规范统一的招投标环境。

积极推进园林绿化养护体制改革,实行分类分级养护管理,保障足额养护费用,健全养护市场准入制度,推进绿地养护社会化、专业化、市场化。

第 四 章

浙派传统园林的主要类型

中国传统园林的分类，按照不同分类依据有所不同。《中国园林鉴赏辞典》将其分成五大部分：私家园林、皇家园林、纪念园林、寺庙园林、名胜园林。罗哲文在《中国古园林》中又细分为"宫苑—皇家、王府园林，宅第园—私家园林，坛庙、祠馆园林，书院、书楼、书屋园，寺观园林，陵墓园，山水胜景园林"七类。不论依何种分法，就整个历史时期来看，浙江省各种类型园林都相当齐备，并取得了较高的建筑和艺术水平，在全国也较有代表性。总的说来，浙派传统园林分为皇家园林、私家园林、寺观园林、公共园林和书院园林等主要类型。由于历史、文化、经济等因素的影响，浙派传统园林中私家园林和寺观园林数量居多，具有较高的艺术价值，集中体现了浙江传统园林的造园特点。因此，本章以私家园林与寺观园林为主，其他各类园林为辅，对其造园特点进行介绍。

第一节 私家园林

江南地区的传统私家园林作为中国传统园林的重要组成部分，既是典型代表，也是核心内容。浙派传统私家园林作为江南私家园林的分支，不仅是历朝文人士大夫阶层对超然人生境界追求的载体，弥补他们在现实生活中所不能实现的追求，也是承载他们生活品质和人生感悟的理想场所。传统私家园林既是园主人生活起居的地方，又是寄托情思的载体，其造园手法不仅体现着园主对材质、形制的运用，更表达了他们对生活的不同理解和认识，寄托了他们大量的文人情怀。在这类江南园林的研究中，苏州园林和扬州园林都已经较为深入和广泛，而浙派园林作为江南园林的最南端，还缺乏系统和完整的研究，没有概括和归纳出地域性的特征。浙北属于江南地区核心，而浙南虽受到岭南的影响，但在浙派传统私家园林的文化内涵上是基本一致的。浙江历史上传统私家园林数量众多，使得研究具有可行性，并且各自特色极具代表性，使得研究更有意义。

一、私家园林的遗存分布

现存浙派传统私家园林的数量，本书第一章第二节进行了初步统计。其中，属于全国重点文物保护单位的有宁波白云庄、杭州西泠印社的题襟馆和胡雪岩故居；属于省级文物保护单位的杭州有四处：郭庄、蒋庄、澄庐、北山路近代建筑群，宁波有林宅，湖州有千甓亭；其他皆属于市级文物保护单位。

在调查中发现，遗存私家园林主要分布于浙江东部和北部，其他地区所遗存的传统古宅中少有发现符合私家园林条件的，它们大多是以遗存的建筑为主，少数存在中庭和院落的也是简单以盆景装饰为主。绍兴似乎成为江南园林南北分界线，绍兴以南地区传统私家园林屈指可数，如温州的如园和三垟周氏旧宅、金华的卢宅等。其原因在于：一方面是地域发展的原因，从历史上看，浙江北部的政治、经济、文化等各方面的发展较之浙南地区都相对更超前；另一方面，由于古代交通运输不便，许多材料和相关匹配的构筑物都很难通过当时最便捷的水路运输从浙江北部送达南部地区。

二、私家园林的造园特点

私家园林大多是文人造园，注重修养和精神的契合，营造淡泊自由、浪漫悠远的情怀，山因水活，水随山转，山水相依，相得益彰。经历过唐以前的尽收天地丰华的风格，在宋代逐渐转向"以小见大""须弥芥子""壶中天地"的精致和细腻。宋以后，在明、清时期转向追求细部装饰的华丽。南宋时期，恰逢迁都临安，浙江不仅自然资源丰富，有玲珑的太湖石、上好的实木作为造园材料，而且浙江山地错落、水网纵横，更有助于在咫尺之间营造广阔写意的山水空间，在有限的空间内巧妙地千变万化。如本书第三章所述，称南宋为浙派园林史上的巅峰时代，不足为过。

（一）相地与选址

"按照既定的造园目的选址，通过观察思考，分析用地之宜就是相地。"相地与选址是私家园林营造过程中最先做的事情。

王维在《山水论》中提到："凡画山水，意在笔先"，在其美学论著中，经常交互使用"意境"与"境界"这两个概念，并未作严格的区分，两者的含义是基本一致的。在创作之前，必须确立明确的主题和中心，园林营造亦是如此。《园冶》借景篇中也提到，"目寄心期，意在笔先"，在设计之前，必须对整个园子有全盘的构思和设想，不然最终做出来的园子便索然无味。

私家园林也多是立意与相地相结合，江南人士，尤其是文人筑园，并不完全喜欢灭迹于城市生活，亦不推崇隐居于山野之地，即在强调隐逸的同时，也不完全脱离世俗生活。所以大多选择风景优美的城市郊野地区，亦有选择在闹市区中筑园。所以立意与相地，很多时候都是园主人对于"借景"的考虑，《园冶·借景》中提出，"城市喧卑，必择居邻闲逸"；"借景偏宜，若对邻氏之花，才几分消息，可以招呼，收春无尽"，傍山则"楼阁碍云霞而出没"，临水则"迎先月以登台"。

以南宋时期的杭州为例，西子湖畔秀美的山水风光，不仅有利于当时杭州皇城的营建，同时也为文人造园提供了大量的便利条件。据南宋《都城胜纪》《梦粱录》《武林旧事》以及清代《南宋古迹考》和《历代宅京记》等历史材料记载，南宋杭州私家园林大约有 60 余处，主要集中在万松岭、雷峰塔、葛岭—里湖、丰豫门及钱塘门外。

依山而建的私家园林，不仅能够俯瞰湖山，登高远望，还能利用森林四季变化带来的不同风景，以及云雾、溪水、花木等自然资源。如位于吴山的廉布居，《挥麈后录》记载"建炎初自山阳避寇南来，携巨万至临安，寓居吴山下"；位于包家山的有壮观园、王保生园；位于积庆山的有菥壁山房；位于葛玲一带的有贾似道的后乐园、养乐园，史弥远的琼华园、半春园、小隐园；位于花家山的有内侍卢允升的卢园等。

依湖而建，从功能上不仅满足"园无水不活"的需要，方便引水营造各类水景，《园冶》"立基先究源头，疏源之去由，察水之来历"。例如杨府之园，《南宋私家园林考》中说："多引外湖之泉以为池，环回斗折，虽在城市而具山溪之观，流觞曲水者，诸泉之最着也"。此外，西湖景色优美，也有大量景观可以巧借，如陈侍园，在西湖周围的一个园林，面积虽不足三亩，但四面临水，只有一径可通，人可以登园中高楼，就像身在船中，诗画意境油然而生，诗人赵师秀曰："何处飞来缥缈中，人间惟有画图同。两层帘幕垂无地，一片笙箫起半空"，从而使园林更具天然的魅力。还有南宋时期最华丽的私家园林韩侂胄的南园，位于长桥一带；刘光世的玉壶园，杨存中的云洞园、水月园皆位于西湖沿岸。

这样的现象在西湖近代别墅庭院中也十分常见。从 1840 年到 1949 年杭州解放为止，西湖共有各种风格的花园别墅 182 栋（图 4-1），占地面积 92.4 余万 m^2，建筑面积 18.47 余万 m^2。西湖近现代别墅最早建于孤山路、奎恒巷兴安里、南山路及吴山下东铁冶岭一带，其后随着开埠、日租界的设立及钱塘门至涌金门城墙的拆除，别墅建造渐渐兴盛，主要分布在湖滨路、南山路、孤山路、庆春路、解放路等地。因此，在西湖东侧湖滨一带，近现代别墅较多。此外，在杨公堤及灵隐等道路的两侧，也有不少别墅分布。以遗存的蒋庄（图 4-2）为例，位于花港观鱼公园的东南端，东依苏堤的"映波"与"锁澜"二桥之间，南接南湖，面邻西山，北枕西里湖。蒋庄处于西湖西南隅，环境相对僻静，西北距保俶塔 3300m，距孤山 2250m，东距雷峰塔 750m，向南正对南山。

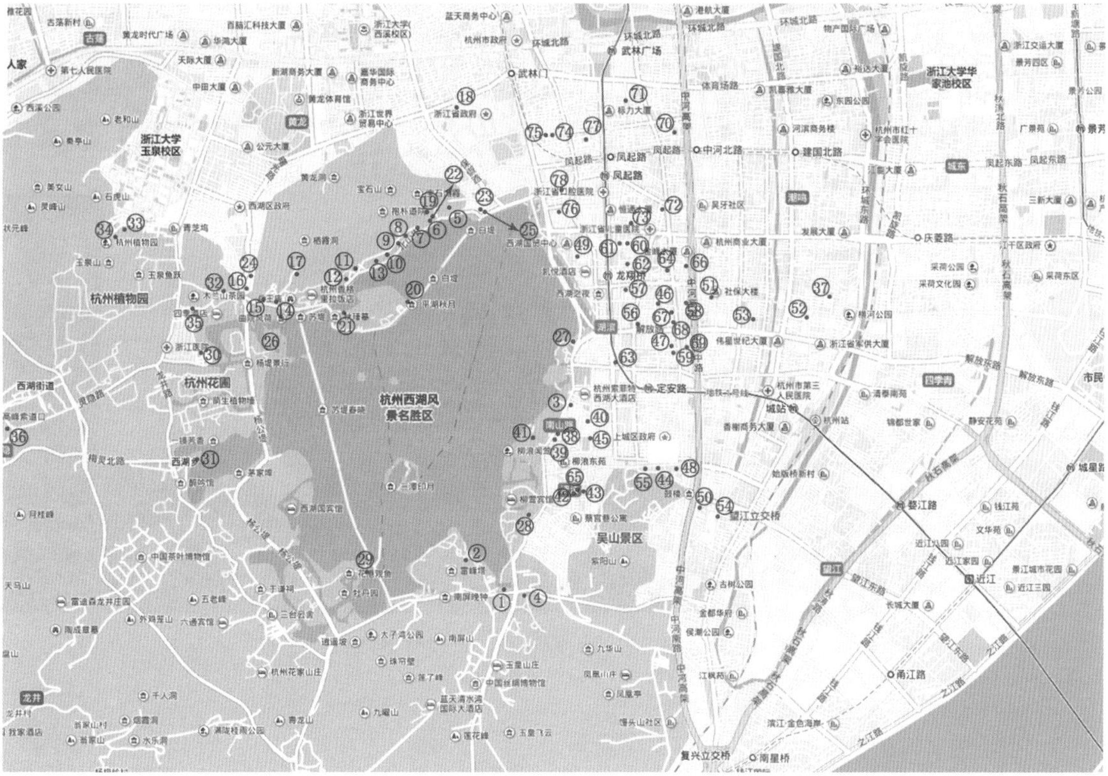

图例：

① 郭琳爽旧居
② 汪庄
③ 黄郛旧居
④ 陈大齐旧居
⑤ 坚匏别墅
⑥ 如庐
⑦ 省庐
⑧ 抱青别墅
⑨ 王庄
⑩ 春润庐
⑪ 集艺楼
⑫ 潘宅
⑬ 秋水山庄
⑭ 穗庐
⑮ 北山路97号别墅
⑯ 东山别墅
⑰ 黄宾虹旧居
⑱ 约园
⑲ 静逸别墅
⑳ 逸云寄庐
㉑ 杜月笙旧居
㉒ 润庐
㉓ 石函路6号别墅
㉔ 李朴园旧居
㉕ 蒋经国旧居
㉖ 江曼锋旧居
㉗ 澄庐
㉘ 祝绍周旧居
㉙ 蒋庄
㉚ 盖叫天旧居
㉛ 都锦生故居
㉜ 林风眠旧居
㉝ 吴大羽旧居
㉞ 马岭山房
㉟ 雷圭元旧居
㊱ 朱庄
㊲ 风雨茅庐
㊳ 潘天寿旧居
㊴ 程振钧旧居
㊵ 胡西园旧居
㊶ 周嵒旧居
㊷ 茅以升旧居
㊸ 吴兢清旧居
㊹ 蒋鑑旧居
㊺ 双剑楼
㊻ 姜卿云旧居
㊼ 渤海医庐
㊽ 吴敬斋旧居
㊾ 吕民贵旧居
㊿ 胡雪岩旧居
(51) 王文韶大学士府
(52) 风雨茅庐
(53) 钱学森旧居
(54) 朱智故居
(55) 方仰峰旧居
(56) 张载阳旧居
(57) 阮性存旧居
(58) 裘子南旧居
(59) 蒋抑卮故居
(60) 成乐堂
(61) 胡藻青旧居
(62) 何柱国旧居
(63) 徐桴旧居
(64) 鲍乃德旧居
(65) 杜镇远旧居
(66) 叶我淮旧居
(67) 逸庐
(68) 陈琪旧居
(69) 裘子南故居
(70) 王震南旧居
(71) 司徒雷登故居
(72) 梅王阁
(73) 马寅初旧居
(74) 庄泽宣旧居
(75) 俞星槎旧居
(76) 周兆棠旧居
(77) 王震南旧居
(78) 沙孟海旧居

图 4-1　杭州西湖周边及城中区域部分名人故居分布图

图 4-2　蒋庄

（二）园林布局

《画荃》中曾写道："布局观乎缣楮，命意寓于规程。统于一而缔构不棼，审所之而开阖有准"。在立意和相地的基础之上，进行总体的设计便是布局，在宏观布局合理的基础上才能产生精致的微观景物。另一方面，布局的合理也决定了各区块和景点之间的空间关系，以及相应的空间秩序及活动。布局犹如作文，必须符合起、承、转、合的章法序列。另一方面，《园冶》还强调"巧于因借，精在体宜"，还需要在细微之处精益求精，这里的细微之处，并不仅仅是一亭一石的细部处理，还包括它们的位置、朝向、高度，都需要细细推敲，只有每个局部精益求精、组成的园子才会更耐人寻味，再通过建筑形式、细部装饰、置石叠山、植物配置、铺地纹样等来不断烘托和渲染作品的主题，展现作品的意图。而在相地时，对构园的初步意向，再通过合理的布局和微观的设计来达到"虽由人作，宛自天开"的理想人居环境。

浙派传统私家园林，体量上有半亩的，如杭州的小米园（图4-3）、于谦故居（图4-4）、宁波的盛氏花厅、吴宅的花园假山等；有数十亩的，如杭州郭庄、绍兴沈园（图4-5）、海宁安澜园等；以及如绍兴东湖数百亩不等。私家园林的布局不同于其他形式的园林，虽然大的空间面积能够为设计和景观提供更为有利的条件，但除了个别特别富裕的官僚和商贾之外，大部分私家园林都是在较小的空间内进行营造，需要在有限的范围内创造出建筑的层次感、秩序感，以及形成江南诗情画意的造园风格，做到小中见大。由于受范围面积所限，园中的叠山、置石、水池、铺装、苗木选择等各个造园要素都要精心修饰，并反复推敲、研究，以达到"一拳代山，一勺代水"的效果。而私家园林大多位于建筑的旁侧或面向建筑，亦有呈现环绕

之势，或与住宅有一定间隔。私家园林拥有自己独立的系统，将各种休闲功能的
园林建筑，如亭廊、楼阁等分置其中，以追求私家园林整体的和谐统一。

图 4-3 杭州小米园

图 4-4 于谦故居

图 4-5　绍兴沈园

　　而无论面积大小，浙派传统私家园林在艺术营造上都达到了自然美和人工美的统一和融合，结构上虽有不同的变化，但能以小见大，移步异景，形成了独特的布局与空间。而合理的布局，不仅使景观相互之间联系渗透，而且形成开阔的视野，使景观具有层次感，变化丰富。通过空间尺度上的巧妙处理，使园主人能在此畅饮、会客、读书的同时，又能尽享园中山水风光。

1. 中心

　　《园冶》中《立基》在开篇就提到"凡园圃立基，定厅堂为主"，说明园林中厅堂的中心地位。厅堂一般是私家园林所依托的主体建筑，整体布局和游览路线都围绕其设置。清人沈元禄曾说："奠一园之体势者，莫如堂"，由此可见，厅堂即主题建筑的位置决定了整个园林其他要素布局的秩序感。而一般"前宅后园"的园林格局，也使得文人在写园记时会以"堂"为记述和游览的起点。陆游的《南园记》及《阅古泉记》都选取当时园内的厅堂作为参照。在《南园记》中，陆游曾描绘到"飞观杰阁，虚堂广厦，上足以陈俎豆，下足以奏金石者，莫不毕备"。在《阅古泉记》第三部分中，详细描绘了古泉周围的部分建筑。还有明末江元祚《横山草堂记》中所提到的"横山草堂"中通过"竹浪居""云髻轩""藏山舫"等建筑确立秩序，划分空间。在湖州潘氏的《毗山别业记》中便是以"南陔堂"确立核心景区。从《寓山注》的分析中也可以看出，就园林建筑而言，厅堂之类常作为主体建筑，并不是因为它的体量，更因其占据着园中最佳的位置，如在园中背山面水处，不仅在景观轴线的一端，拥有良好的视线，并且其本身就承载家庭及社交活动，如宴请宾客、对诗饮酒等。所以如寓园中的"四负堂"，即使没有在背山面水的主题位置，依然掌控着南北方向的次轴线；又如沈园中的"孤鹤轩"位于北苑水面凹进位置，高度与体量相对突出的中心，是视觉焦点，也是观景的最佳位置（图4-6）；再如郭庄的"两宜轩"，不仅巧妙地分隔了郭庄的南北两块区域，还划分了两处区域的风格（图4-7）。

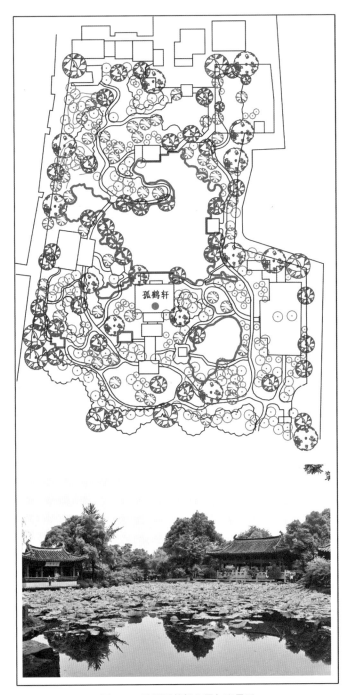

图4-6 沈园孤鹤轩位置与实景图

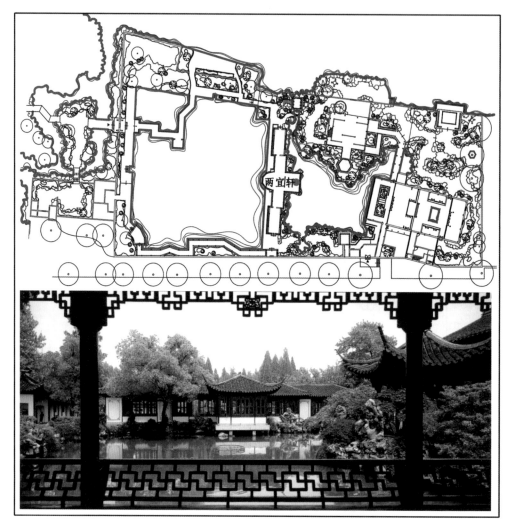

图 4-7　郭庄两宜轩位置与实景图

因此，传统私家园林虽受制于面积、位置等众多限制因素，但还是会通过"厅堂"并结合水面来确立园子的中心，这样不仅有利于轴线的形成，也有助于园内活动的开展和其他景点的布置与设计。

2. 轴线

《园冶》在"定厅堂为主"后写到，"先乎取景，妙在朝南"，由此可见，建筑的朝向本身就暗含了私家园林中南北轴线的问题，"前宅后园"作为私家园林的主要形式，便承载了这样的寓意；而其他如位于府第旁侧或包围式的私家园林形式，也依然存在轴线。一个园林是有优劣高下之分的，童寯先生在《江南园林志》中就曾给出评判法则："盖为园有三境界，评定其难易高下，亦以此次第焉。第一，疏密得宜；第二，曲折尽致；第三，眼前对景"。我们以为，"疏密得宜"关键不在"疏密"这两个字本身，而在指涉"疏密"这两个字体现出的一种对立关系。

主体建筑为园内活动的重要场所，需要有足够的采光和良好的景观，所以私家园林内的主要景观就必须随着主体建筑而确立，而主体建筑周围的环境会成为建筑内欣赏的对象，这样便形成了建筑与景观之间的对位关系，隐含了私家园林中的轴线，但是轴线产生的方向和秩序有强有弱，而童先生所说，也并非只针对主体建筑，对局部景点的布局一样有指导作用，这本身就符合浙派传统私家园林营造的要求。大部分浙派传统私家园林，各个景点在设置时，都为使人能够欣赏自然的美景，不论是秀美山川，花木修竹，或是叠山置石，都以厅堂为中心景观，随着园内不同的地势或水域的形状，或错落有致，或均匀分布在厅堂周围。这也基本概括了每一个局部景观形成的过程。

由此基本可以得到浙派传统私家园林空间形成的过程，首先确立主体厅堂的位置，再布置其对景；也可以先确定重要景观，再调整主体厅堂的位置，这样私家园林中心及轴线就可以得到确认，其他的景观布置，可以根据中心随山水形势营建。据《寓山注》考证，祁彪佳根据原有小山和水体建园，以寓山草堂、铁芝峰、水明廊园门作为控制山水空间的主要轴线，而四负堂作为园主人宴请宾客的场所，控制着侧向轴线，其他建筑的确立有一定的限度，大多因地制宜，选取相应的环境或根据功能需要来营造，形成散布山水的各个局部景点，如妙赏亭是观景的最佳场所，而友石轩则是因为有顽石在侧，构轩赏石（图4-8）。

图4-8 寓园轴线分析图

在郭庄中，位于最南面的静必居住宅为园主人的居住场所，两宜轩在其视线延伸点上，不仅作为主要的游赏观景之所，也通过此轩障景并划分南北两个区域，西面的如沐春风亭、翠迷廊、迎风映月亭串联内向空间，东面的乘风邀月轩、景苏阁、赏心悦目亭配合3个平台向西湖延伸，拓展视野，借景延伸了东西向轴线的同时，也使郭庄与西湖融为一体（图4-9）。

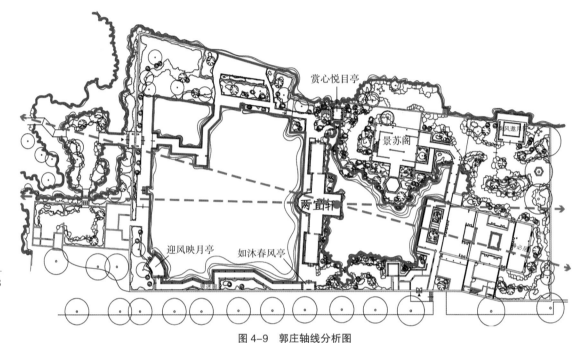

图4-9　郭庄轴线分析图

（三）叠山理水

中国园林审美中，山景是极重要的一部分，而作为自然山水微缩版的传统私家园林，在营造过程中，叠山置石也是绝对不可忽视的。"无园不石，无园不山"，通过巧妙的叠山置石，在私家园林有限的空间环境中，达到以小见大的目的，在咫尺之间表达山林之美，从而达到李渔所说"以一卷代山，一勺代水"的效果。

浙派传统私家园林中，常用的石料有湖石、黄石、石笋等。杭州地区的私家园林大多喜欢通过山水营造来模拟"飞来峰"（图4-10）和"西湖"（图4-11）。南宋不少园林有通过垒石作飘逸之势，象征"飞来峰"，凿池引水，象征"西湖"。例如：吴自牧《梦梁录》卷八中记载："高庙雅爱湖山之胜，于宫中凿一池沼，引水注入，叠石为山，以像飞来峰之景"，而《南宋古迹考》卷下《宗阳宫》记载此峰"高余丈"，可见规模不大，但也有诗歌展现山景之趣味："山中秀色何佳哉，一峰独立名飞来，参差翠麓俨如画，石骨苍润神所开""孰云人力非自然，千岩万壑藏云烟。上有峥嵘倚空之翠壁，下有潺潺漱玉之飞泉""圣心仁智情幽闲，壶中天地非人间。蓬莱方丈渺空阔，岂若坐对三神仙"，假山的高妙之处就是在方丈的空间中引入了蓬莱阔大境界。由此可以看到"壶中天地"和园林营造技巧的发展关系。另在南园中"阅古堂"边有一块奇石从山顶坠下，与旁边的一石相承接，清人称为"飞来石"；杨府的云洞园、卢园的"花港观鱼"、甘园的"湖曲园"、阅古堂内玛瑙池、后乐园的"西湖一曲"等都在园林内或引注泉流，或为池塘，或为挂天飞瀑，从而使得园林更具湖山之美。

图 4-10　灵隐飞来峰

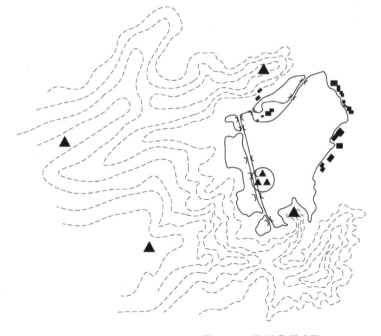

图例：

▲　塔

⊛　三潭

■　亭台楼阁

⏝　桥梁

图 4-11　"西湖"模式图

以胡雪岩故居内芝园的大假山（图 4-12）为例，有人盛赞它是"擘飞来峰之一支，似狮子林之缩本"。在日本出版的《胡雪岩外传》中记载了当时北京著名造园匠师尹芝在设计时构思和创意的过程。最初园主人对假山的设计并不满意，尹芝来到之后也是穷尽心思，最后借住云林寺，每日上山探寻，最终绘成了假山的图样。芝园中的大假山在叠山研究上很少有人关注，在早期园林研究中鲜见。2001 年胡雪岩故居经过修复重新对外开放后，芝园大假山得到了重视。大假山通面宽 35.5m，正立面朝北，分别自东而西筑叠"滴翠""颦黛""皱青""悬碧"4 个相通的人工大溶洞，洞内有高有低，四通八达。4 个洞以滴翠为最高，像是龙的嘴。洞内峭石立四壁，壁面镶嵌保存了多块王阳明等名家法帖。洞内水池一半露天，水从前后山顶流落。在滴翠洞西侧有洞口和小径，小径与水池相接处用湖石砌叠三级踏道。夏天炎热时，可从此处走下冲凉、嬉水。西侧最尽端是悬碧洞，进洞不多几步，可见一井。井的上方有"云路"两字，向左拐是弯弯曲曲全用假山石叠砌的长长洞穴通道，犹如岩石做成的长廊。整座假山有 5m 多高，假山上有花草树木和建筑，蔚为壮观。

图 4-12 芝园大假山

浙江自古水系比较发达，私家园林也多建置在"水月洞天"之上，此类情况在汉代、六朝中就有出现，到南宋时期更加丰富多样。例如："华津洞，宋时赵翼王园中层叠巧石为之者，曲引流泉灌之，水石奇胜"，便是对自然山石特点的利用；而云洞园园记载"杨和王别业也，培土为洞，屈曲通行，图画云气，其旁有丽春台，青石为坡，不断碱齿。春时，令丽人歌舞为戏，得上坡者受赏"，是洞与石坡的结合；也有相反的砌石为洞并与土坡结合的例子："松磴盘屈，草莽间有石洞，堆砌工致巉岩"；还有用洞来映衬水泉、建筑的，"其洞前四望，林峦耸秀，岩石笋峙，洞虚窈，涵如渊泉，味且清甜可掬"。

此外，江南优越的自然地理为理水艺术发展提供了条件。"中兴以来，名园闲馆，多在西湖"，吴自牧曰："杭郡系南渡驻跸于此，地倚山林，抱江湖，多有溪潭涧浦，缭绕郡境，实难描其佳处。"此外，早在南宋的绘画中，就有造园者能熟练把水体由山湖之中引入园中，再和各类建筑、植物融合一体。南宋画家刘松年的《四景山水》就描绘了当时私家园林内的水景（图4-13）。南宋时期，临安的"大内"后苑以及德寿宫后苑都有十余亩的水池，叫"龙池"，或称"小西湖"，种植千叶白荷花，湖上有万岁桥，皆汉白玉砌成。

图4-13 刘松年《四景山水》

水池的做法，除一些大型自然山水园，如绍兴的东湖和沈园，或是依托西湖风景区的私家园林外，较常见的做法是"方池"，在郭庄和芝园中都有出现。"方池"造园手法，在宋以后的浙派传统私家园林中，也有出现，如绍兴的青藤书屋，"藤下天池，方十尺，通泉，深不可测，水旱不涸，若有神异，额曰：天汉分源"，取名"天池"。方池面积约5.5m²，紧靠屋正中，周边有古朴精致的石栏杆，近北横卧石梁，池中有一石柱，下抵池底，上承屋基，上书四字"砥柱中流"。另外，杭州的于谦故居也有一方形水池，长约12m，宽约5m（图4-14）。

图4-14　郭庄、芝园、青藤书屋、于谦故居中的方池

（四）园林建筑

传统园林建筑本身有美丽多姿的轮廓、造型、装饰，细部处理典雅清新。传统园林建筑形式也极其丰富，堂、斋、舫、房、馆、亭、台、楼、阁、轩、廊、榭等，不仅可透可围、可开可闭，还可以穿插于山水间，在位置的布置上更能参差错落、灵活多变、曲折有致、疏密得宜。由于传统私家园林在营造过程中，私家园林所处的位置，所占的面积，所构筑布置的山水、假山必然不同，所以每个私家园林的建筑数目和建筑类型也会不同。所有建筑类型中，居住建筑占了主要部分，因为私家园林的主要功能是为园主人的生活以及社交提供场所。其次游赏性建筑所占比例在建筑数目中占第二，这是因为亭廊等构筑物建造方便还具有独特的美感。此外，传统私家园林中通常都营造水体，水景是极其重要的一个造景元素，临水而建不仅能拥有良好的视野，还能丰富整个私家园林的景观。

前文已经提到,在私家园林营造中,"厅堂"之类主体建筑的重要性,而如亭、廊、阁等园林建筑也不可或缺。亭在私家园林中的实用意义并不突出,主要体现的是美学功能与意境营造功能。亭的形式多种多样,布局位置灵活,丰富了亭在私家园林中的造景功能。亭的承力结构是点状的柱,所以形式开敞且多变,主要有三角、六角、八角、扇面等,不仅可以提供内外部空间的交流,还能够使自然景观与建筑景观相互融合和渗透(图4-15)。而亭构造中的飞檐和起翘,不仅使建筑看起来轻盈优美,在空间营造中,还能从心理上延伸空间。而亭本身又能为园主人提供相应的活动场地和空间。

图4-15 沈园闲云亭、半壁亭

榭在私家园林中的营建,一般为了协调形体与水面的关系,通常以水平线为主,通常依山而建,畔水而立,一面在岸,一面临水。因为传统私家园林的面积通常不大,所以水体的面积也相应有限,所以建筑一般一半或者几乎全部跨入水中。

廊主要起到引导路线、分隔空间和避雨的功能,此外还能丰富景观,提供部分休憩功能。贴墙而建的廊,不仅能够美化边界,还能通过转折分隔出更多的空间。架水而建的廊,既能够分隔两边的空间,使两边的空间相互渗透,增加层次感,并且通过廊的空间划分、游线组合,使得私家园林中的景观能根据游线不断变化,达到"移步异景"的效果。

此外,馆、轩等其他种类丰富的建筑物,拥有较好的灵活性,有时能够与自然环境相融合作为开敞空间中的点缀;有时能与厅堂等主体建筑构成群组;有时能够通过植物围合、地势依托形成相对幽静的庭院空间。此外还有楼、阁等也是私家园林中常用的点景建筑(图4-16)。

图 4-16　郭庄的苏锦阁、乘风邀月轩、两宜轩、迎风映月亭

浙派传统私家园林通过点、线、面三个方面对园林建筑的控制和空间的营造，配合楹联诗词来增加文化内涵和意境。第一，点的营造，在私家园林中，建筑本身即是欣赏风景的节点，厅堂确立了整个建筑的中心，而其他建筑提供良好的视野欣赏整个园林，又能成为周围环境的焦点，吸引视线，成为被观赏的风景。单置的建筑，不仅能够为私家园林添景，还能与远处建筑和周围植物形成对比。第二，线的营造，建筑在私家园林中的关系往往暗含了私家园林的轴线。廊的营造可以形成线性空间，用道路将园中的风景串联起来，组织游览线路。同时通过建筑的布局，还可以把孤立的景观联系起来，为私家园林的地势起伏、节奏舒急、秩序主次服务。第三，面的营造，私家园林中，在偏向生活区域的地方，往往建筑布置得较密集，能够形成内向型的空间；而在偏向游赏区的地方，通常形成开敞的外向型空间，或是画卷式的连续空间。

浙派传统私家园林中的建筑特色，主要有三个方面：一是通常以厅堂确立主轴线，结合设计师和园主人的意图对空间进行合理的规划和布局，在曲径通幽、地势错落的私家园林中，用丰富的建筑形式，形成不同的院落空间。二是不同于寺院园林和皇家园林，私家园林很少位于特别偏远的山区，所以会选择围合的方式形成内向型的环境，需要通过选择花木种植和假山置石与建筑配合，以及建筑体量的适当缩放来形成更加和谐自然的人居环境。三是通过和周边自然环境的融合，以及对私家园林周围环境的巧借，营造诗情画意的园林环境，追求"天人合一"的艺术境界。

（五）植物景观

浙派传统私家园林中的植物造景，主要以自然式布置为主，通过不同的配置方法使植物与建筑、山石、水体等其他园林要素相结合，配合动静不同、开合交替、虚实结合的园林空间，搭配性格鲜明的植物以呈现出园主人所需的不同风格和风骨。

主要的植物种植方式有三种：孤植、丛植和群植。

孤植通常位于私家园林正门入口，或是院落角隅，以形成视觉焦点。用枝干粗大、树冠茂密的乔木，半遮半掩私家园林的入口或是建筑，还可以提升私家园林的文化韵味。而在狭小且封闭的环境中孤植，可以减少空间的局促感，还可以点缀空间。若是水边孤植，可以在横向上拉伸空间，在水面上形成倒影，创造婆娑之美。此外，孤植还与不同的建筑形式搭配，也具备不同的功能。在一些大体量的建筑，如厅、堂、楼、阁等周边，孤植乔木，可以起到平衡重心之用。在亭、廊等小巧建筑周围，往往是一个小型的院落，此时孤植可以形成较好的环境氛围，亦可作为背景，可以起到一定的障景作用。而在桥边孤植垂柳、梅花更是十分常见。

丛植一般由二三棵至十几棵乔木并搭配适当灌木出现。这种形式的植物配置，主要体现了群体美，通过不同植物之间的配合来体现，但又不失单棵植物的美。不同的树形和叶色可以形成不同的植物群落效果，不同的高度和轮廓能形成不同的层次，随着季相的变化而变化，还会随着时间的推移形成不同的效果。在山石周边，丛植可以相互遮盖掩映，重叠交错。如小莲庄的植物配置，在山腰片植朴树、三角枫等乔木，创造山林之势，在山麓处选用较小的乔木鸡爪槭，以免遮挡视线，山顶处乔灌混植，平视枝桠交错，叠影重重，仰视则树冠交织，浓荫蔽日，俯视如盘根相错，如进山中（图 4-17）。

图 4-17 小莲庄的植物配置

群植即较大规模种植，通常采用二十至三十棵，有时甚至更多，形成植物群落。通常有两种配置方式，同一树种和不同树种。同种植物，在外观上容易统一，形成壮丽的气势，如沈园的蜡梅林，树高相近，树姿婀娜，开花时间基本一致，形成绚丽夺目的景观。而不同种的植物，通过搭配和选择形成植物景观的层次变化，色彩对比，又同时与季相结合，形成更具山野趣味的植物群落。群植的手法，还能划分空间，如在亭、廊周围，通过树林将建筑物包围，隔离外部环境，形成相对独立和私密的院落空间。在较大的空间内，可以通过群植树林作为背景或者远景。

（六）哲学思想

以思维方式而论，浙派传统园林崇尚自然，以传统哲学思想"天人合一"为最高的造园宗旨和哲学基础。传统私家园林不仅需要与周边的自然山水相互融合，内部的山水造型都是从自然界中提取的形态，人工山水描绘了自然的万千景象，无论泉石溪涧、洞壑沟渠、山光水色、气象变化都是在凝练自然元素的基础上对大自然所进行的模仿。

私家园林内部的植物群落、花鸟虫鱼，更是饱含四季变化与生生不息的自然更迭之意境。与西方不同，传统私家园林中很少选择笔直的乔木做林荫道，也很少修剪成几何形，或者堆砌规则的花台。而在植物选择上，除去个别院落以名花为主要观赏对象外，常栽培的都是易成活、好管理的本地树种（如表4-1、表4-2）。《园冶》中提到的园林植物均为很普通的植物，诸如柳树、松树、芭蕉、梅、兰、竹、菊等。借景篇中就描述了春兰、夏荷、秋菊、冬梅等花卉的四季之美。

表 4-1　浙派传统私家园林中常见乔木名录

名称	拉丁学名	名称	拉丁学名
银杏	*Ginkgo biloba*	梅花	*Ameniaca mume*
白皮松	*Pinus bungeana*	棣棠	*Kerria japonica*
水杉	*Metasequoia glyptostroboide*	垂丝海棠	*Malus halliana*
罗汉松	*Podocarpus macrophyllus*	紫叶李	*Prunus cerasifera* f. *atropurpurea*
榉树	*Zelkova serrata*	樱	*Cerasusu* ssp.
朴树	*Celtis sinensis*	龙爪槐	*Sophora japonica* 'Pendula'
桑树	*Morus alba*	乌桕	*Sapium sebiferum*
柘树	*Cudrania tricuspidata*	国槐	*Sophora japonica*
薜荔	*Ficus pumila*	鸡爪槭	*Acer palmatum.*
蜡梅	*Chimonanthus praecox*	红枫	*Acer palmatum* 'Atropurpureum'
枫香	*Liquidambar formosana*	羽毛枫	*Acer palmatum* 'Dissecum'
垂柳	*Salix babylonica*	三角枫	*Acer buergerianum*
胡颓子	*Elaeagnus pungens*	梧桐	*Firmiana platanifolia*
含笑	*Michelia figo*	银叶柳	*Salix chienii*
白玉兰	*Michelia alba*	紫薇	*Lagerstroemia indica*
香樟	*Cinnamomum camphora*	女贞	*Ligustrum lucidum*
石榴	*Punica granatum*	枇杷	*Eriobotrya japonica*

表 4-2　浙派传统私家园林中常见花灌木名录

名称	拉丁学名	名称	拉丁学名
黄金间碧竹	*Bambusa vulgaris* 'Vittata'	荷花	*Nelumbo nucifera*
孝顺竹	*Bambusa multiplex*	睡莲	*Nymphaea tetragona*
刚竹	*Phyllostachys viridis*	阔叶十大功劳	*Mahonia bealei*
紫竹	*Phyllostachys nigra*	海桐	*Pittosporum tobira*
方竹	*Chimonobambusa quadrangularis*	火棘	*Pyracantha fortuneana*
苦竹	*Pleioblastus amarus*	蛇莓	*Duchesnea indica*
菲白竹	*Sasa fortunei*	野蔷薇	*Rosa multiflora*
南天竹	*Nandina domestica*	紫藤	*Wisteria sinensis*
麦冬	*Ophiopogon japonicus*	龟甲冬青	*Ilex crenata* 'Convexa'
玉簪	*Hosta plantaginea*	白三叶	*Trifolium repens*
琼花	*Viburnum macrocephalum f. keteleeri*	酢浆草	*Oxalis corniculata*
阔叶麦冬	*Liriope platyphylla*	小叶黄杨	*Buxus sinica*
沿阶草	*Ophiopogon bodinieri*	无刺枸骨	*Ilex cornuta var. fortunei*
石蒜	*Lycoris radiata*	爬山虎	*Parthenocissus tricuspidata*
山茶	*Camellia japonica*	胡颓子	*Elaeagnus pungens*
八角金盘	*Fatsia japonica*	常春藤	*Hedera nepalensis*
洒金东瀛珊瑚	*Aucuba japonica*	毛杜鹃	*Rhododendron pulchrum*
金钟花	*Forsythia viridissima*	小蜡	*Ligustrum sinense*
云南黄馨	*Jasminum mesnyi*	蔓长春花	*Vinca major*
络石	*Trachelospermum jasminoides*	凌霄	*Campsis grandiflora*

　　私家园林的园林建筑，不仅是观景和园林活动开展的场所，也是构成景观的重要元素。可在建筑中欣赏风景，也可以在风景中欣赏建筑。建筑形态多样，无论是亭廊飞檐起翘，或是水榭、舫、楼阁临水依山而建的因地制宜，花窗门洞图案的自然形态，如海棠形、月形、叶形等，都是园林建筑与自然融合的一种体现。

　　传统哲学以儒释道为主流派系，虽然在观念上有不同的差异，但是都注重人与自然的和谐，推崇山水之间的自然美。儒释道三家不仅在哲学体系上相互影响，相互渗透，在对园林的影响上，亦是如此。

　　先秦时期，儒家就认为人类秩序和规范来自天然，但是更推崇需要注重和强调主宰之天、命运之天。而在往后的发展中，还认为"天"是人性和道德的根源。孔孟都推行此理，只有荀子例外，但他的思想没有成为主流。《中庸》《周易》等主要的儒家作品，都借自然规律和秩序类比社会秩序和政治体制。

而以老庄为代表的道家，则崇尚自然主义，他们以自然为最高的价值。与儒家不同，道家极力倡导顺乎天性、顺应自然的生活方式。受到道家"师法自然"哲学的影响，文人历代都推崇自然淡雅、返璞归真、清静无为的生活方式。直到魏晋时期，玄学发挥了老庄以无为本的哲学观点，道家的思想才进一步扩大。在审美观念上，道家推崇平淡自然、真实质朴，庄子认为，最高的美是自然本色的美，而顺天无为便是最高的人生境界。受到道家的影响，文人更是以自然为美，崇尚不刻意雕琢、真实淳朴的艺术风格，道家此类美学在接连战祸之后的魏晋时期被发掘出来，成为崇尚清新自然的园林风格的潮流。《世说新语》中记载王子献随性而为的事情，就曾被计成在《园冶·郊野地》中引用，而《园冶》中"宛自天开"的理想也源自崇尚自然之美的哲学思想。

唐宋以后，佛教进一步汉化，从儒家和道家思想中汲取营养，主张明心见性。而唐确立佛教为国教。禅宗作为中国特色的本土佛教，与儒家积极入世不同，与道家主张离世隐居的哲学观点更为接近，主张道法自然，表现出顺应天性的生活态度。而在审美情趣上也注重自然的本色之美，欣赏自然空灵和淡薄清远的意境，以及简洁淡雅的艺术风格。文人士大夫受此类哲学的影响，不仅在书画、诗词中有所体现，如宋代的青绿山水、唐诗宋词出现自然、清奇为上品的艺术倾向，而且在园林艺术，尤其在文人园林中有所体现。主要体现在，园林生活中透露着恬淡自然的生活情趣，并且这种园林风格与禅的内在神韵相一致。

此类思想在明清的造园著作中表现得尤为明显，以《长物志》与《园冶》为例可见一斑。《长物质》不仅强调"天人合一"的自然哲学思想，还强调"格心与成物""百姓日用即道"的哲学理念，其所希望构造的山水人居，实质是一种人与自然和谐相处的理想环境，书中的设计理念都透露着这样的观点。如在选址上，文震亨就认为"山水间为上"，在布置时，他反对改造自然，强调造园要素要彰显自然之本，"宁古无时、宁朴无巧"，而在园林要素的选择上，充分考虑自然之物的本性。在《园冶》中，计成曾以"借景"篇中"山中宰相"等典故来阐述文人士大夫的生活情趣；"园说"篇中，有"顿开尘外想，拟入画中行""移竹当窗，分梨为院；溶溶月色，瑟瑟风声；静扰一榻琴书，动涵半轮秋水。清气觉来几席，凡尘顿远襟怀"等句子以体现其崇尚自然的造园思想。

第二节　寺观园林

寺观园林是中国三大传统园林之一，是古代的宗教场所和公共游憩场所，也是现在的旅游胜地。寺观园林类型丰富多样，布局灵活。在构景和空间处理、开发和利用自然风景、建筑与自然环境的结合等方面，与皇家园林和私家园林有很大的区别。浙江，历史文化悠久，名胜古迹丰富，宗教气氛浓厚。随着历史的发展，浙派寺观园林成为浙派园林中的一朵奇葩，为浙江增添了靓丽的风采。一般而言，寺观园林主要包括佛寺园林、道观园林和祠庙园林 3 类，本节以分布最广、数量最多的浙派佛寺园林为例进行介绍。

一、佛寺园林的分类

按所在的地理位置和构景特征，我们可以把佛寺园林归为城市型、山林型和综合型三种类型。城市型一般位于城市和近郊，寺外无园林环境，常为独立的寺园，园内以人工造景为主，其风格和构景特征与私家园林差异不大。山林型一般位于自然风景优美的村野山林，寺外具有自然山林环境，以自然景观为主，辅以人工造景。综合型一般位于风景条件较好，具有便利交通条件的近郊或者市镇，兼有前两者的特点，既有自然景观为主的构景，也有人工景观为主的构景，两种构景方式综合并用。

浙派传统佛寺园林也可分为上述三种类型。浙江地区城市型佛寺园林如杭州香积寺；浙江地区山林型佛寺园林有杭州的灵隐寺、韬光寺、永福寺、宁波天童寺等；浙江地区综合型佛寺园林如杭州净慈寺等。山林型和综合型佛寺园林是佛寺园林类型的主流，因此，是本节重点介绍的对象。

二、佛寺园林的造园特点

（一）相地与选址

"天下名山僧占多"，名山都有佛教寺庙，如峨眉山报国寺、普陀山法雨寺、五台山显通寺、九华山甘露寺等。"相地合宜，构园得体"是我国明代造园家计成在其名著《园冶》中对选址重要性的精辟论述。"相地"对佛寺园林的开发和对佛寺的经营，同样十分重要。

城市型佛寺园林地处交通便利、人口较为密集的城市或近郊，一方面是便于僧众传授教义，另一方面也便于香客朝拜往返。而佛寺选择建于名山，则由于其地理位置优越、风水好，能够吸引游人，游人越多香火也就越旺。而且，山川风景秀丽环境静谧，最适宜僧侣参禅修行。僧侣年复一年、日复一日云游天下，一方面布教，另一方面则是选择吉祥之宝地建寺占山。浙江地区山川秀丽、山清水秀，自然山水地貌丰富，有着得天独厚的地理环境，为佛寺园林的选址提供了理想的基址。

山林型与综合型佛寺园林处于自然山水中，能够突破模仿自然的山水园的格局，而着力于寺院内外天然景观的开发，通过少量景观建筑、宗教景物的穿插、点缀和游览路线的剪辑、连接，构成环绕寺院周围、贯连寺院内外的风景园式格局。由于寺庙多位于山林，山林型与综合型佛寺园林是浙派佛寺园林的主流，它们在选址上不避高、远、深、险、幽、僻，但多在山水佳胜之处，加上寺庙建筑空间与自然环境、植物生态的巧妙配合，形成了灵活多姿、空明秀丽而又自然朴实的佛寺风景。

1. 城市型佛寺的选址

城市型佛寺四周是城市空间，因其所处环境的束缚往往以人工山池为景观结构主体，绿化以人工栽培为主，天然景观为辅。城市型佛寺园林通常选址于城市交通便利之处，浙派佛寺在选址时除考虑陆地交通便利外，常常选址于近河道位置。其一，浙江地区河道纵横，近于河道能带来便利的水上交通，便于香客朝拜往返；

其二是便于就近水源取水与方便生活供应；其三，尽管佛教与水并没有直接的"血缘"关系，但是，佛理与水性依稀仿佛，佛家以克动入静的方式修习佛法，与水静则清的原理也大为相似，加之佛理禅意只可意会不可言传的玄妙深邃，致使佛家常常用水的形象与变化阐释佛理、描述禅思，因此，佛与水就结下了文化互释的渊源。近于水系设佛寺，水系为佛寺增添玄妙深邃的意境。比如杭州香积寺紧临京杭运河，并专设有进香码头（图4-18、图4-19）。

图4-18　杭州香积寺入口广场

图4-19　香积寺京杭大运河码头

2. 山林型与综合型佛寺的选址

（1）注重对自然水景的利用

自然风景中，"山以水为脉，水以山为面""山得水而活，水得山而媚"，山灵水秀，山水相依，才能营造出优美的园林景观。浙江河道纵横、湖泊众多，有江、河、湖、海、溪、泉等众多的水体类型，可以说浙派佛寺园林的选址中能找到利用以上各类水体的例子，并能结合环境实际，充分利用各种水态营造多姿多彩、生机勃勃的园林景观。有名的如钱塘江边的六和寺（图 4-20）、西湖南面的净慈寺（图 4-21）、四面环海的法雨禅寺（图 4-22）、杭州九溪十八涧的理安寺、灵隐寺"冷泉"、被称为"天下第三泉"的虎跑寺"虎跑泉"（图 4-23）等。

图 4-20　杭州六和寺

图 4-21　杭州净慈寺

图 4-22　普陀山法雨禅寺

图 4-23　杭州虎跑泉

对自然水景的选择和利用是浙派佛寺园林在选址方面一个十分成功和重要的特征。对浙江充裕水景资源的利用，造就了浙派佛寺园林的一个显著特点，水给浙派佛寺园林增添了曲折幽深、空明秀丽的氛围。通常浙派佛寺园林对水景的利用有借水体来构景和以水体为主题构景两种方式。借自然水景构景的举例如下：借江景的如杭州六和寺；借湖景的如杭州净慈寺；借海景的如佛教四大名山之一的普陀山；借溪景的如杭州九溪十八涧景区的理安寺。

（2）对山体地形的利用

浙江除了河道纵横、湖泊众多，拥有丰富的水系外，也有秀丽的丘陵山地，为佛寺的选址提供了良好的条件。

地处山巅的佛寺，其地域特色是高山峻岭，地势险要。佛寺建筑在山峰上以建筑组群轮廓线强调山势，居高临下，自然景观与佛寺景观浑然一体，呈现出浓厚的宗教气氛。取势剪影，重视天际线的造型，是取得较好的峰峦景观效果的有效手法。

地处山坳山麓的佛寺，其地域特色是山深林静。浙江多水，更是山水兼备，环境幽邃，佛寺环境取宁静清雅之利，层叠曲折之巧，如杭州灵隐寺、虎跑寺、宁波天童寺。

（二）建筑布局

宗教建筑为体现神权的至高无上，为营造庄严神圣的宗教气氛，佛寺建筑布局基本采用中轴对称方式。建筑群体布局园林化，是佛寺园林化的重要措施，当完全规整布局受到地形限制时，浙派佛寺在建筑群体布局上能因地制宜、随形就势，成功地协调建筑和自然环境、宗教功能和游览功能的关系，营造了灵活自由、丰富多彩的佛寺园林景观。

首先是在尽可能的条件下，确保宗教建筑的基本布局和相对的独立。在受地形限制不能保证其独立完整的中轴对称布局时，灵活分隔空间，用相对独立的空间单元来适应地形，保持局部的中轴对称布局。当难以维持一条平直的轴线时，以转折的轴线来保持宗教建筑的基本序列。在地形变化很大的地方，勇于突破常规，放弃轴线和宗教建筑的程式化序列，以散点的布局与自然环境相融合。这体现了浙派佛寺园林布局上不拘泥成规、因地制宜、灵活多变的特点。

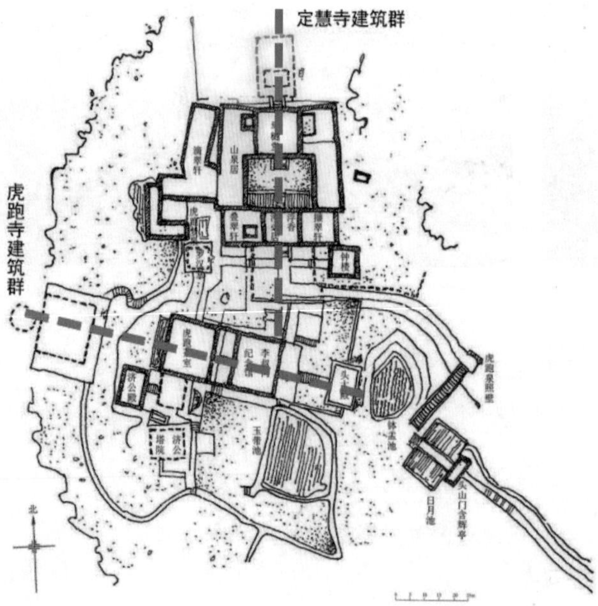

杭州虎跑寺的布局，是与自然水系结合布局的佳例。组群里轴线几乎垂直的定慧寺和虎跑寺两组建筑群，巧妙地以三个水系，大小十多个泉池，被建筑围合成相对独立、情趣不同、景色各异的天井水院，风景十分素雅清新（图4-24）。

杭州韬光寺建筑空间受地形局限，不能维持一条平直的中轴线，采用随地形转折轴线来保持宗教建筑的基本序列，其建筑空间呈曲尺式展开，在转折点以新异的景观吸引和诱导，层层递进，引向群体空间的高潮，使其在曲折幽深中，产生空间的节奏感（图4-25）。

图4-24 杭州虎跑寺建筑序列

（三）植物景观

1. 佛寺与植物的特殊关系

"寺因木而古，木因寺而神"。寺庙与植物的关系，既是美学的，又是宗教的。佛寺建筑与中国古代的建筑一样以木结构为主，受历史的风雨剥蚀，或人为的破坏，或不断经历修葺、重建，因而很少有古意。而名木古树不仅高耸巨大，具有强力的形体美，而且记录着佛寺发展的历史，给人以幽深古远的历史沧桑感。无论是入世的儒家孔庙，还是出世的禅宗、道教寺宇，无不珍护名木古树。树木虽寿长千年，但由于人类的活动亦是屡遭破坏，《园冶》"多年树木，碍筑檐垣；让一步可以立根，斫数桠不妨封顶。斯谓雕栋飞楹构易，荫槐挺玉成难"指出了保护古树名木的重要性。由于人们对宗教的信仰，使得寺庙周围的树木神化而免遭破坏，历代相传，蔚为壮观，能保存至今的名木古树多与寺庙有关。浙江禅林梵刹中多有千年古树名木，松柏茸翠，峥嵘簇立，婆娑盘虬（图 4-26）。如宁波天童寺天王殿后的"唐柏"，距今约 1250 年，树枝虬劲苍老，沧桑而神秘，静静地守护着寺庙，见证着佛寺兴衰起伏的历史岁月（图 4-27）。

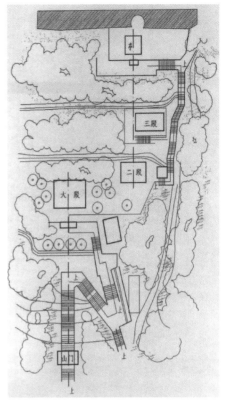

图 4-25　杭州韬光寺建筑布局

图 4-26　国清寺内的古香樟

图4-27　天童寺内的唐柏

2. 浙派佛寺园林植物造景的特点

（1）植物品种选择的特点

园林植物造景是运用乔木、灌木、藤本及草本植物等素材，通过艺术手法，充分发挥植物的形体、线条、色彩等自然美，也包括把植物整形修剪成一定形体来创作植物景观。佛寺园林寓宗教与游乐于一身的特点，决定了其园林植物应能表达佛教教义的内涵，营造佛寺园林的宗教意境，又要创造赏心悦目的景观效果，适于游人休憩游赏。为烘托宗教气氛，浙派佛寺园林在植物品种选择上有如下特点：

其一，浙派佛寺常用姿态优美、树龄较长的乡土树种，以示佛教香火不断，源远流长。这类植物主要有松柏、香樟、银杏、柳杉、无患子等。松柏类植物既渲染了佛寺庄严肃穆的气氛，又因其傲然的节操成为佛寺园林代表树种，常于山林成海涛之势或于山门宅旁作迎客之姿。银杏因其树姿雄伟、树龄长，被称为活化石，尤其是金秋黄叶能给佛寺增添强烈的宗教气氛，历来为佛教界所重视。许多寺院将银杏树植于殿堂前后以示威严。

其二，浙派佛寺常选用与禅宗文化相关的植物品种，这些植物在人文寓意层面与佛教禅宗文化相联系，能体现宗教内涵，营造宗教意境。这类植物有七叶树、竹、银杏、无患子、罗汉松、荷花、睡莲等，这些一草一木都蕴含着深刻的宗教思想（表4-3）。七叶树夏初开直立密集型白花，极像一串串玉质小佛塔，因此使其蒙上了一层神秘色彩，成为寺庙的一种象征。如杭州灵隐寺内多栽植七叶树。在佛典里"青青翠竹，总是法身""竹径通幽处，禅房花木深""修重半度影，清馨几僧邻"，禅诗里，竹与禅高度融合。佛教始祖释迦牟尼有"竹林精舍"，大慈大悲的观音菩萨有"紫竹林"，竹的文化，与中国佛教结下了不解之缘。佛祖释迦牟尼的家乡盛产莲花，因此，佛教常以莲花自喻。佛国也指莲花所居之处，也称"莲界"，佛经称"莲经"，佛座称"莲座"或"莲台"，佛寺称"莲宇"，僧舍称"莲房"等。故而，荷花、睡莲等在佛寺能表达佛国净土之意境。

表 4-3　浙派佛寺中常见与佛教文化相关的植物名录

中文名	拉丁名	相关佛教文化
七叶树	*Aesculus chinensis*	花型似玉质佛塔，相传佛祖出生和圆寂于树下
罗汉松	*Podocarpus macrophyllus*	果型似坐禅罗汉，象征佛祖
无患子	*Sapindus mukorossi*	印度最早的念珠材料，南方寺庙中常用其代替菩提树
银杏	*Ginkgo biloba*	长寿树种，古时用以雕刻佛像，刻制符印
毛竹	*Phyllostachys heterocycla*	佛祖生前传道的地点，故成为佛祖传道的标识
香樟	*Cinnamomum camphora*	佛像沐浴的特定植物香料
苏铁	*Cycas revoluta*	禅林中以其无花果寓意无心、无作
荷花	*Nelumbo nucifera*	佛教中佛祖的宝座，佛教五树六花之一
吉祥草	*Reineckia carnea*	释迦牟尼在开悟时，铺吉祥草为座

（2）浙派佛寺园林植物配置的常用手法

浙派佛寺园林为营造不同的景观空间，表现不同的意境，常用群植、丛植、对植和孤植等手法来组织植物，以达到不同的景观效果。

①群植

由二三十株以上至数百株左右的乔、灌木成群配植时称为群植，这个群体称为树群。树群可由单一树种组成，亦可由数个树种组成，其中松、竹应用较多。如宁波天童寺，不仅寺建山中，被绿海吞淹，而且寺前有二十里引导松林，寺之气势范围随丛林植物而延伸扩大。杭州灵隐寺的"九里云松"也是松树群植的例子。杭州云栖寺的"云栖竹径"、杭州韬光寺前的紫竹林、莫干山石颐寺的"遍地修篁"等则是竹子群植的例子。普陀山的植被非常丰富，岛上植被以亚热带常绿阔叶林为主，也混杂着北方暖温带的落叶阔叶林，法雨寺周围的香樟、枫香、栓皮栎、马尾松等常绿、落叶针阔混交林，使寺庙藏隐于自然之中。普陀山在幽洞奇岩，海景变幻之外增加一道树木葱郁的风景，为海天佛国增色添彩。此外，天台山国清寺的朴树林，宁波天童寺的"东谷秋红"枫香林，以及杭州灵隐寺的香椿林都是有名的佛寺风景林。

②丛植

由两三株至十几株乔灌木较紧密地种植在一起，其树冠线彼此密接而形成一整体外轮廓线的称为丛植。丛植的目的主要是发挥集体的作用，它对环境有较强的抗逆性，在艺术上强调整体美。不同树种的相间杂植可以产生形态、季相等等变化对比和丰富多彩的审美效果。

③对植

在构图轴线两侧所栽植的、互相呼应的园林植物，称之为对植。对植可以是2株树、3株树，或2个树丛、树群。对植在园林艺术构图中只作配景，动势向轴线集中。对植的方式有两种，一是对称栽植，即树种相同、大小相近的乔灌木配置于中轴线两侧，如寺庙建筑大门两侧，与大门中轴线等距栽植两株大小相同的植物；二是非对称栽植，即树种相同，大小、姿态、数量稍有差异，距轴线距离大者近些、小者远些的栽植方式。非对称栽植常用于寺庙园林的自然式植物配置。

④孤植

孤植树又称为独赏树、标本树、赏形树或独植树。主要表现树木的形体美，可以独立成为景物供观赏。适宜作独赏树的树种，一般需树木高大雄伟，树形优美，且寿命较长，或具有美丽的花、果、树皮或叶色的种类。孤植的树木不是因姿态、花色和香气等出众，就是因久远高古而弥足珍贵，孤植名木使之更为突出醒目。寺庙与植物的关系，不是简单的建筑与植物的衬托、对比，而是生命与神灵的融合、升华，成为不可分割的整体。

（四）空间组织

1. 浙派佛寺园林空间的分类

浙派佛寺园林的空间按照功能和景观特点可分为宗教空间、庭园空间、独立附园空间和寺外园林空间4类。

（1）宗教空间

即供奉佛像和进行宗教活动的空间。其建筑个体空间，处在相对独立、规整单一和封闭静止的形态，以适应事佛修道的宗教活动需要，为信徒提供"收敛心神"的精神场所。宗教空间常采用宫廷式的基本格局，以显示神权的至高无上。布局特点是重点突出、对称规整、等级森严，表现出宗教神秘冷漠和压抑的气氛。

（2）庭园空间

其实质是宗教空间向园林空间的转化，为了满足宗教和旅游的双重需要，佛寺园林环境的空间布局，在尽力确保主殿的显赫地位，尽可能维持中轴对称布局的前提下，结合不同地形和景观条件，灵活地调整宗教和旅游功能的关系。庭园空间吸取世俗园林和庭园式民居的布局特色，打破了沉闷封闭、孤立和单一的寺观建筑空间形态。在构景上，除了采用亭、桥、廊以及楼阁等园林建筑形式外，还以放生池、塔、宗教圣迹、经幢等宗教小品点缀景观，并把构景范围从寺院庭院扩展到寺外的自然环境中。

（3）独立附园空间

有些佛寺在宗教空间以外另设游览观赏活动的空间，常结合景观，采用自由灵活、曲折幽深、层次丰富的空间布局，以渗透、连续和流动的空间形态，给人亲切开朗，活泼欢快的感受。

（4）寺外园林空间

城市型佛寺和山林型佛寺的寺外园林空间有各自特点。城市型佛寺一般位于交通发达的城镇街道上，寺外园林环境也多只是简单的市镇环境、城市公园或者城市绿化。但也有一些佛寺会在寺外设置园林空间或者处于城市园林的大环境之中。寺外园林环境作为城市与佛寺园林之间的连接体，起到空间过渡的作用。

山林型佛寺其寺外园林空间主要为园林化的寺前香道和寺院周围的自然环境空间。寺前香道是山林型佛寺园林外部环境的重点，通过自然环境结合景观处理，变朝山拜佛的香道为景观序幕，变自然景观为园林景观，从而使佛寺周围的自然环境空间，成为园林化的观赏空间，更丰富了佛寺园林环境。寺外自然环境空间一般多为未经人工经营开发的自然空间，为园林提供了构景的优美景观素材和山水骨架，有自然质朴、明朗清幽的特点，但其空间和景观往往显得杂乱无章。

2. 浙派佛寺园林空间组织

（1）变寺前香道为园林的序幕

由风景区的入口通向宗教圣地的主要寺观区，或者由山门通向佛寺的主体建筑群，一般安排有一个前导部分。就使用功能意义来说，前导部分既是佛寺区的一条主要交通路线，同时往往又是风景区的主要游览路线。而从佛寺宗教意义来说，这前导就是朝山拜佛的香道。佛寺作为朝拜佛祖或者尊神的圣地，而香道则是自"尘世凡界"通往"净土"的转化处，是环境和情绪过渡的阶梯。佛寺园林的前导部分正好满足了这种宗教要求。它是香客朝拜的前奏、是序幕，起着由俗至清、渐入佳境的妙用，也是佛寺园林的序幕。浙派佛寺园林环境重视景观序幕的作用，运用"因地制宜"原则，序幕的处理方式主要有以下几种：

①丛林引导式：一般位于山麓缓坡或者山脚部位的佛寺，较多用丛林作为前导，如宁波天童寺前的二十里松林，杭州灵隐寺前的"九里云松"。

②溪流引导式：位于山坳山谷的佛寺，因流水集注，近侧常有溪流环绕，利用潺潺溪流作为前导，给人以清新感，如杭州虎跑寺。

③丛林、溪流、山道综合引导式：利用景区内的丛林、溪流，再因地制宜地配置山道，综合引导。如杭州的韬光寺、杭州宝石山是丛林与蹬道的综合；杭州云栖寺是竹林、溪水、山道的综合，均有"景到随机"之巧（图4-28）。

图4-28 云栖寺前的云栖竹径

（2）空间的转折与收放

空间的动感和人流运动的方向及视线的运动有直接的关系。佛教寺院为了丰富空间的动感，营造幽静的佛寺园林环境，往往在一些主要的空间进行转折或收放处理。园林空间的转折与收放往往是同时发生的，其遵循的原则是"欲扬先抑"。佛寺园林环境中，为打破空间的静态，增强空间的运动感，常使游客随着建筑空间的转折而改变其行进方向，再利用景观对游客视线的吸引与诱导，使视线按景观的展开而流动。空间的转折与收放使得游人产生峰回路转、柳暗花明之空间变换的感觉。

此外，佛寺园林中常用一些遮挡、收束视线的方法来进行前后空间的分隔，以免整个园林空间的一览无余，同时也加强了宗教的神秘氛围。如杭州灵隐寺用照壁来收束视线，将正门障隐于照壁之后，增加了景色层次，扩大了空间容量（图4-29）；也有利用建筑或院墙来区分空间；还有利用植物或景观小品的遮挡来分隔空间。游人往往在空间的转折与收放中，不断地得到新的惊喜。

图 4-29 灵隐寺大门前照壁

（3）空间的渗透与层次

中国园林造景中常利用空间渗透的手法来形成纵深的空间，加深空间的层次感。佛寺园林的空间渗透一般是利用敞廊、漏花窗或者园门，使园林空间的景色渗透入宗教空间内，淡化宗教建筑程式化布局特点，取得园林化的效果。空间的渗透与层次处理体现在造园手法上，常采用借景和对景、框景等手法来实现空间的渗透。所谓"借景"指的是有意识地把园外的景物"借"到园内视景范围中来。园林中的借景有收无限于有限之中的妙用；所谓的"对景"，实际上就是景观轴线上布置景观节点，以丰富景观层次；或透过特意设置的门洞或窗口去看某一景物，从而使景物若似一幅图画嵌于框中，后者也叫"框景"。这些方式也属于空间的渗透。浙派佛寺园林环境也常以成片的漏花窗、隔扇、敞廊、敞厅等方式，使内外空间和景色互相渗透，形成更丰富的空间层次，把宗教建筑空间转化为园林化的建筑空间。

（五）意境营造

佛教以"无念为宗，无相为体，无住为本"。"无念"的本意为"于诸境上，心不染，曰无念。于自念上，常离诸境，不于境上生心"，即于境而不着境，离境而不舍境。意与境合在一起，表示心在一定的界域之内游履，由心而造并统摄于心。正所谓"曲径通幽处，禅房花木深；山光悦鸟性，潭影空人心。"佛寺园林作为传统园林中的一部分，借助自然山水，在建筑布局和植物配置上，让自然的灵逸之气充溢内心，抚平不宁，使之高拔，超脱尘俗，以实现"静故了群动，空故纳万境"的"大我"。使其与唯我独尊的皇家园林、文人墨客创造的私家园林相比更添一层宗教意境。

佛寺园林环境既有宗教功能，又有公共旅游功能。它的双重功能，使佛寺园林景观不但具有旅游的观赏游乐内容，同时也具有宗教内容。佛寺园林在意境营造上，一方面要体现宗教的特征，营造出肃穆神秘、佛法无边的宗教意境；另一方面，佛寺园林具有公共游览功能，浙江山水多胜境，浙派佛寺园林也注重山水景观意境的营造。

1. 浙派佛寺园林宗教意境的营造

佛寺园林宗教意境营造通常是通过规整的建筑布局，佛像、佛塔、经幢、摩崖造像、碑刻等佛教小品及佛教植物参与构景，楹联匾额直接点题等方式来实现。

佛教有"七堂伽蓝"之制，即一座寺院须基本具备七种主要堂宇：山门、天王殿、大雄宝殿、藏经楼、观音殿、罗汉堂和库房。我国建筑的营造法则，一般是把主要建筑安置在寺院的南北中轴线上，附属设施摆放于东西两侧。中国建筑将轴线理解为宇宙万物的主宰。寺院的配置也遵此法，通常由南往北，佛寺主体建筑为山门、天王殿、大雄宝殿、法堂、藏经阁，这些建筑均为坐北朝南的正殿，在一中轴线上。东西配殿则有伽蓝殿、祖师殿、观音殿、药师殿等。轴在佛教中被认为是生命无休止地轮回的极轴，它上接天堂，下达地狱，象征宇宙的秩序。

从诸佛、菩萨、天王、韦驮、诸天的组合安排上，很明显体现了佛教普度一切众生，利乐有情的广大胸怀。为了教化众生，诸佛菩萨应众生之根机而应现无量之化身，其形象肃穆庄严，慈祥可亲。有的佛像富于汉文化内容，如疯僧、济公、布袋和尚等，使参观者感到亲切、生动，富有地方特色，而具魅力。每一尊佛像都是弘法的艺术化教育，都有无限深广的佛法意蕴。佛寺内遍布的佛塔、经幢、摩崖造像、碑刻等宗教小品和佛教植物如七叶树、莲花等也引人进入佛的境界，为佛寺园林深化了宗教氛围、营造了宗教意境。

佛寺园林还通过对匾额、楹联文字的点题，引发天地悠悠的怀古幽思，产生"刹那成就永恒"的佛境，园林意境深远。楹联既能状物咏史，又能阐发佛理禅意，博大精深，包罗万象。有的能从心灵感悟而印证眼前之物，达到物我两忘的境界，如杭州云栖寺楹联："身比闲云，月影溪光堪证性；心同流水，松声竹声共玄机。"有的楹联从幽静环境中引入佛道，如杭州虎跑寺楹联："石涧泉喧仍定静，松荫路转入清凉。"

2. 浙派佛寺园林山水景观意境的营造

（1）以诗词点题

清代文人尤侗在《百城烟水·序》中说道："夫人情莫不好山水，而山水亦自爱文章。文章藉山水而发，山水得文章而传，交相须也。"诗词的题引增大了景观的人文价值和文化内涵，而且这些诗词对于揭示景观的意境所在做出了巨大的贡献。它成为欣赏者与山水环境景观之间对话的载体，而且将题引者的某种情绪以文字的形式传承了下来，使穿越时空的情怀得以保存，故景观中的诗词又可以被视为是人文环境中传统人文意识在景观中的流动与承载。

浙江丰富的历史文化和秀美的山水风景为佛寺园林意境创作提供了众多的灵感和源泉。文人的诗词颂咏，秀丽的景色，幽深的意境相互辉映，不少浙派佛寺园林景点成为"名因景成，景借名传"的佳例。如南宋杨万里《晓出净慈寺送林子方》："毕竟西湖六月中，风光不与四时同，接天莲叶无穷碧，映日荷花别样红"描述了净慈寺外西湖的秀丽风景，诗文脍炙人口，千古传唱。又如唐代宋之问《灵隐寺》一诗，是颂吟灵隐寺风景的名篇，为灵隐寺风景增添了无穷魅力，其诗云："鹫岭郁岧峣，龙宫锁寂寥。楼观沧海日，门对浙江潮。桂子月中落，天香去外飘。扪萝登塔远，刳木取泉遥。霜薄花更发，冰轻叶未凋。夙龄尚遐异，搜对涤烦器。待入天台路，看余度石桥。"

（2）以匾额、楹联点题

风景园林的意境往往是含蓄、朦胧的，它所蕴含的象征意味和寓意，一般游赏者难以把握和领悟，而匾额、楹联是将风景园林意蕴传达给游赏者的良好途径。浙派佛寺园林的匾额、楹联一部分是表达佛境、禅意，更多的是吟诵浙江山水的秀美风光。如净慈寺有楹联："云开树色千花满，竹里泉声百道飞"，描绘泉、竹的风景。如灵隐寺有楹联："山水多奇踪，二涧春涂一灵鹫；天地无凋换，百顷西湖十里源"。如宁波天童寺有楹联："绿水本无忧因风皱面，青山原不老为雪白头"，将"万重山抱一天童"如诗如画般美景展现在世人面前。

（3）历史遗迹与文化传说丰富园林意境

浙江不仅自然风光秀丽，还有丰富多彩的历史文化、名胜古迹和文化传说，为佛寺园林环境提供了丰富的构景条件。众多的历史遗迹与文化传说丰富了浙派佛寺园林的意境，拓展了佛寺园林的景观空间。众多的历史遗迹引起游人幽幽的怀古情思，扩展了园林的意境。如南宋高僧济公（1148～1209），原名李修缘，浙江省天台县永宁村人，后人尊称为"活佛济公"。他破帽破扇破鞋垢衲衣，貌似疯癫，初在国清寺出家，后到杭州灵隐寺居住，随后住净慈寺，不受戒律拘束，嗜好酒肉，举止似痴若狂，是一位学问渊博、行善积德的得道高僧，被列为禅宗第五十祖。济公懂中医医术，为百姓治愈了不少疑难杂症。他好打不平，息人之诤，救人之命。济公的一生富有传奇色彩，他既"颠"且"济"，他的扶危济困、除暴安良、彰善罚恶等种种美德，在人们的心目中留下了独特而美好的印象，人们怀念他、神化他，流传下很多脍炙人口的神话传说。

第三节　公共园林

中国传统园林无论是皇家园林或私家园林、寺观园林，基本上不对外开放或仅为少数人所用，甚少与城市的社会公共效益关联，呈现出鲜明的内向性与封闭性特点。公共园林的建设和游览活动，却伴随着古代园林发展始终，是浩瀚历史长河中的一抹亮色,体现了古人的文化精神传承和对美好生活的向往。从内涵来看,古代公共园林的含义与今相较差异不大。广义的公共园林,在现代指由政府或公共团体建设经营,作为自然或人文风景区,供公众游憩、观赏和娱乐用的一个区域。狭义的公共园林,即指包括在城市范围内的公共园林部分。古代公共园林,即指位于城市或城市近郊,由官方或个人修建,为满足城市居民休憩交往和提供公共娱乐、各类集会活动的场所。

公共园林是城市风景和城市生活的重要载体,是真正具有开放性的园林。大型公共园林显著发挥区域生态效益,同时也在不同程度上发挥着公共游览的功能,如杭州西湖、嘉兴南湖、北京什刹海、济南大明湖等。其中,杭州西湖作为世界闻名的风景湖泊,被誉为"杭州之眉目",在杭州市生产生活中具有极其重要的地位,历来受到当地管理者和百姓的重视和爱护。在杭州西湖的发展和变迁过程中,劳动人民倾注了极大的热情,并创造了璀璨的历史文化。古今中外大量游人的游赏,推动了西湖的声名远扬。一部西湖的发展变迁历史,就是人类不断地调整自身与周围环境关系的历史,也是一部西湖园林的建设变迁。因此,本节以杭州西湖园林为例,简要分析浙派公共园林的造园特色。

一、杭州西湖园林综述

杭州西湖,山水秀丽,是我国30多处以"西湖"命名的湖泊中最为引人入胜的一处。北宋柳永在《忘海潮》一词中写道:"东南形胜,三吴都会,钱塘自古繁华。烟柳画桥,风帘翠幕,参差十万人家。云树绕堤沙,怒涛卷霜雪,天堑无涯。市列珠玑,户盈罗绮,竞豪奢。重湖叠巘清嘉,有三秋桂子,十里荷花。羌管弄晴,菱歌泛夜,嬉嬉钓叟莲娃。千骑拥高牙,乘醉听萧鼓,吟赏烟霞。异日图将好景,归去凤池夸。"这首词写出了西湖美丽的极致,千百年来使得无数文人墨客、中外游人倾心不已,流连忘返。

西湖地处平原、丘陵、湖泊与江海相衔接的地带,三面环山,一面临城,全

湖面积 6.38km^2。在宝石山上放眼四望,孤山峙立水中,像是水面的绿色花冠;苏堤、白堤仿佛两条绿色缎带,飘逸于水面之上;小瀛洲、湖心亭、阮公墩 3 个小岛鼎立湖心,似乎是海上仙山(图 4-30)。沿湖四周,繁花似锦,缀成一个色彩缤纷的巨大花环。绿荫中时隐时现的是各式各样的亭台楼阁、轩榭馆舍,诗情画意之美尽显其中(图 4-31)。

图 4-30 民国时期杭州西湖全图

图 4-31 西湖全景图

2011 年 6 月，在法国巴黎召开的第 35 届世界遗产大会上，充满"诗情画意"的西湖文化景观作为中国唯一的提名项目获得大会全票通过，成功登录世界遗产名录，成为中国第 41 处世界遗产。杭州西湖风景名胜区总面积近 60km²，文化景观遗产区总面积 3322.88hm²，为西湖风景名胜区主体部分（图 4-32）。西湖文化景观由西湖自然山水、"三面云山一面城"的城湖空间特征、"两堤三岛"景观格局、"西湖十景"题名景观、西湖文化史迹、西湖特色植物 6 大要素组成。涉及面之广，要素性质之复杂为国内遗产所罕有。

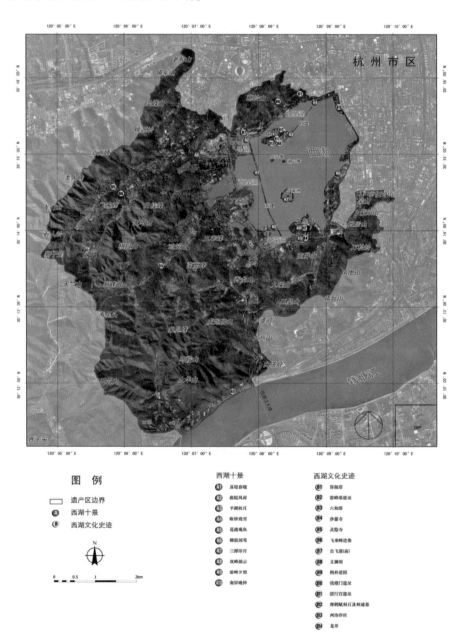

图 4-32　西湖文化景观遗产现状图

西湖的美不仅在湖，而且在于山。山水相映是西湖最美丽的特征。"水光潋滟""山色空濛"的西湖，山水映衬，相得益彰。环绕西湖，西南有龙井山、理安山、南高峰、烟霞岭、大慈山、灵石山、南屏山、凤凰山、吴山等，总称南山。北面有灵隐山、北高峰、仙姑山、栖霞岭、宝石山等，总称北山。它们像众星捧月一样，围绕着西湖这颗明珠。众山峰奇石秀，林泉优美。南北高峰遥相对峙，卓立如柱。在这群山中藏着虎跑、龙井、玉泉等名泉和烟霞洞、水乐洞、石屋洞等洞壑，给湖山平添风韵，吸引着人们前往寻幽探胜。

西湖不仅擅山水之胜，林壑之美，更因为众多的历史人物而使山水增色。历史上著名的民族英雄岳飞、于谦、张苍水、秋瑾等均埋骨于西子湖畔。他们的光辉事迹和浩然正气将与西湖山水一样，永远受到人们的敬仰。

西湖能够名扬天下，更与古今中外的画家和诗人是分不开的。唐宋以来，诗人白居易、苏东坡、林和靖、柳永等都留下了千古传颂的诗篇。"湖上春来似画图，乱峰围绕水平铺。松排山面千重翠，月点波心一颗珠……""水光潋滟晴方好，山色空濛雨亦奇。欲把西湖比西子，淡妆浓抹总相宜。"白居易、苏东坡这些名篇千百年来一直脍炙人口。闻名遐迩的"西湖十景"散布在西湖的山山水水、茂林修竹之间。"十景"的名目来源于南宋宫廷画家马远等人西湖画卷的题名，后来经过清朝康熙、乾隆两个皇帝的题字勒石，一直流传到现在。近代大画家吴昌硕、现代大画家黄宾虹、潘天寿等，都描绘过西湖的秀美风景。西湖正是由于古今诗人、画家的题咏和推动而逐渐变得家喻户晓起来。

西湖的美丽，也是与散布于群山万壑之间的古代石窟造像、碑刻、建筑等艺术瑰宝分不开的。飞来峰上的三百多尊摩崖石刻，是五代至宋、元时期的作品，线条流畅，栩栩如生。慈云岭的后晋造像，神情飘逸，雄浑自然。这些都具有很高的艺术价值。西泠印社珍藏的东汉"三老讳字忌日碑"，文庙的南宋石经，都是著名的古代碑刻。六和塔、白塔、保俶塔、灵隐寺和梵天寺经幢等建筑和雕塑艺术，是我国古代劳动人民智慧的结晶。孤山南麓的文澜阁，是我国清代珍藏《四库全书》的七大藏书阁之一。

"诗情画意"是对西湖明晦晨昏时时变幻的神奇景色的精妙概括。清晨，晓雾方散，旭日初升，湖水似乎还沉浸在睡梦里，一丝涟漪也没有，这时的西湖出落得分外柔美、恬静。薄暮，淡日西斜，烟云四合，近水远山溶入苍茫的暮霭之中，这时的西湖又使人感到如梦似幻。当月色溶溶之夜，看碧空万里、波光粼粼，周围青山、绿树、亭台、楼阁，在月华里依稀披上轻纱，西湖仿佛是一个童话世界。

倘在细雨霏霏的时刻，纵目湖山，云雨蒸腾，湖上景物若隐若现似有似无。等到云收雨霁，红日临空，此时西湖又波光潋滟，捧出千顷琉璃，山色青青，显得格外明净、秀美。西湖景色，季季不同。春天，垂柳含翠，红桃吐艳，沿湖四周，"十里香风花霭霭"（图 4–33）。夏日，"曲院风荷"和西里湖一带，莲叶接天，荷花映日，西湖水面上新绿一片，红白点点，宛如天然图画（图 4–34）。中秋时节，环湖一带和被称为"金雪世界"的满觉陇，三秋桂子香飘云外。冬天，在放鹤亭畔，寒梅斗雪，暗香浮动、疏影横斜，四周成了一片香雪海。瑞雪乍晴，西湖处处铺琼砌玉，明丽洁净，令人顿觉耳目清新，心脑豁达，别有一番情趣。

图 4-33　苏堤春晓

图 4-34　曲院风荷

二、杭州西湖园林的造园特点

（一）深刻的文化内涵

　　杭州西湖，美妙绝伦，是历代先贤与劳动人民按照中国传统文化的理念，结合其山水特性逐渐加工创造出来的中国山水文化的经典。将山水与文化紧密融合，浑然一体，是千百年来西湖建设的成功之处、经典之处。西湖有着典型、独特、完美的中国文化品质。西湖园林的每一处都有其深邃的文化内涵，凝聚了民族思想的精华，使园林获得了灵气，具有了永恒的生命力。园林通过题名、匾额、楹联、碑碣等，将山光水色、风物人情、生活哲理等留传给人们。园林题咏或言志，或抒情，或纪事，或写景，使观者感到寓意无穷，精神境界得到升华。如岳庙是一座陵墓园林（图 4-35），现存建筑为 1923 年重建。坟前有一对联："青山有幸埋忠骨，白铁无辜铸佞臣"，表达了历史公正的声音，使人读后引起无限的爱国激情。这些是西湖经久不衰的魅力所在，也是西湖不可取代的价值所在。

图 4-35　岳庙

（二）诗情画意的旨趣

中国山水画讲究结构开合，布局虚实，这是自然山水美的科学总结。凡自然山水或山水画，其结构只开不合，则气散；只合不开，则气塞。而有开有合，既聚气又透气，才显气韵生动。西湖"三面云山"相对高耸，是合处，又是实处；"一面城"原本低平，是开处，也是虚处。因此，西湖山水有开有合，开合得宜，虚实相生，既紧凑和合，又空灵大气。这是西湖虽不大，但亦不觉其小的妙趣所在。

无数的诗人画家不惜笔墨用诗画来描述西湖，从而使西湖山水与文人诗画相映成趣。诗画的流传也使得杭州西湖为更多的人所知。杭州西湖十景得名于画院山水画的题名就是一个明显的例子（图4-36）。

图4-36 清代画家黄鼎《西湖十景册》

现代著名作家郁达夫曾于 1935 年 7 月作诗《乙亥夏日楼外楼坐雨》："楼外楼头雨似酥，淡妆西子比西湖。江山也要文人捧，堤柳而今尚姓苏。"这首诗从苏堤得名的典故说明了文人与山水园林的关系。苏东坡对西湖园林的影响，最主要的就是通过诗歌对西湖的描述而使其声名远扬。

（三）人工与自然的完美和谐

西湖犹如一件巨大的艺术品，虽经人类加工，但仍不失自然。西湖远古为海湾，其后成泻湖，山水寻常自在，好比璞玉。当千百年来人们对其进行了成功的艺术加工之后，其虽美如明珠，但仍不失其自然真趣、自在天性。艺术贵真，真即自然。人们对西湖的加工，不显雕凿，不露斧痕，点缀、构筑之物，与环境协调，融于自然，故人们赞美西湖是"天然画图"。苏东坡把西湖比诸"西子""淡妆浓抹总相宜"，"相宜"者，自然而不造作。人们对西湖的艺术加工，崇尚自然，这是道家"道法自然""无为而治"理念的体现。特别是近代以前的西湖虽紧临城市，与城市仅一步之隔，但湖城关系融洽，房屋不过树顶，城与湖之间以碧树相隔，使人们在西湖之中或环湖林木中不见城市，但见青山绿水、飞鸟游鱼、碧树红花，因此极易忘却尘虑，放松身心，挥发天性，融入自然之中，获得回归自然、天人合一的愉悦与灵悟，获得身心的真正修复与精神升华。"船开便与世尘疏，飘若乘风度太虚"，便是这种功能品质的真实写照。这就是古今中外游客之所以酷爱西湖的根本原因。

1. 建筑美与自然美的高度融合

利用自然而不是模仿自然为西湖园林的一个特点。杭州湖山之美早已为古今中外人士所共识。日本建筑理论家冈大路曾称："西湖风光明媚实居天下之冠"。西湖及其周围重叠起伏的山峦，构成了一幅天然画卷，形成了一个勿需雕琢的大园林。在这个园林中，园林建筑将处于从属地位，很好地装点西湖这个大园林，使粉墙黛瓦隐现于山迹水边、绿树浓荫之中，使杭州园林建筑与周围环境取得最大限度的协调、渗透和融合。这正是其与苏州园林、岭南园林的不同之处。

园林贵在相地，西湖园林景在园外，相地是特别重要的一环。近代园林多将其置于湖畔等视野开阔且有对景的去处，如西泠印社、文澜阁、小曲园等，均选在孤山；蒋庄、刘庄、郭庄、汪庄等均选在湖西山林隐没处，与苏堤六桥成景，实为建园最佳之地。这些园林在与自然美的融合方面，自有其独到之处，依山之景应有水，依水之景当有石，且注重与水景相结合，多面水而建，或引水入园，或因水之曲折而曲折，因水之高低而高低，注重与山林相结合。依山而建的园林，充分尊重自然地势的起伏陡缓，因地制宜，或在峭壁之侧做半亭之景（图 4-37），或在悬崖之畔做吊脚之楼（图 4-38）。此外在园林与季相结合，园林与园外自然气韵相渗透等方面，均有独到之处。

图 4-37 孤山六一泉

图 4-38 西泠印社四照阁

2. 开敞、灵活、自由的布局特点

杭州西湖园林由于其借景的需要和自然气候的湿热等因素，常采用开敞式布局。许多园林不设围墙，使园外空间与园内空间融为一体。有的在临湖一侧敞开，引湖光帆影入园。这种开敞式布局，避免了局促的空间感，使人有一种不知园从何而起，至何而终的感觉，可谓余音绕梁，韵味无穷。

由于杭州西湖园林布局灵活、自由，没有造园"八股气"，没有矫揉造作、故作多情之嫌，不强调"障景""引景"；不强调中轴对称，甚至不拘泥朝向、高低和体量之大小，一切依地形而宜。如放鹤亭在孤山之阴，故其朝北，面湖而建；平湖秋月在孤山之阳，故其从南，也面湖而建。平面布局不拘一格，亭台楼阁该大则大，该小则小，该高则高，该低则低。其朝向更是随景而异，这在北方园林中是很少见的，充分体现了西湖园林的高度灵活性和技巧。我国著名建筑学家刘敦桢说："我国园林大都出乎文人、画家与匠工之合作，其布局以不对称为根本原则，故厅堂亭榭能与山池树石融为一体，成为世界上自然风景式园林之巨擘。"这一特点在西湖园林中尤其突出。

3. 朴实、清丽、淡雅的风格

杭州西湖园林具有统一的朴实、清丽、淡雅的风格。杭州湖山之美是一个大环境，而存在于这个大环境中的园林，任何的粉饰都是多余的。因此，即使康熙、乾隆的行宫，晚清达官显贵的私园别墅，也没有大肆铺张的体量与色彩，没有雕梁画栋、朱栏碧瓦的装修，而都是粉墙黛瓦，小巧玲珑，显得自然而纯真，朴实而无华，建筑与园林浑然一体。近代杭州西湖园林的这种风格一直延续至今，一脉相承，即使在现代公共园林大兴，极易失去山居寂静之情的时代，杭州园林仍保持着这一传统特色。

（四）景观集称文化

1. 集称文化和景观集称文化

中国的风景名胜地，"八景""十景"等称谓屡见不鲜。燕京八景、西湖十景、避暑山庄七十二景等更是闻名遐迩，吸引着历代文人墨客和百姓前来参观游览，一饱眼福。这种以数字称谓景观的表达方式，形成了中国所特有的一种文化。

中国人对数字有特殊的兴趣。用数字进行表达，在中国有着悠久的历史。天下第一泉、天下第一松、天下第一关、两宋、三国、三皇、东北三宝、四大美人、文房四宝、五行、五岭、五湖、五帝、六朝、禅宗六祖、竹林七贤、扬州八怪、龙生九子、十常侍、十恶不赦、十二生肖、十三经、十三行、明十三陵、十八罗汉、龙门十二品、三十六计、六十四卦、七十二候、一百零八条好汉等。以上的称谓都具有高度的概括力，通俗易懂。这种将一定时期、一定范围、一定条件之下类别相同或相似的人物、事件、风俗、物品等，用数字的集合称谓将其精确、通俗地表达出来，就形成一种集称文化。

用数字的集合称谓表述某时、某地、某一范围的景观，则形成景观集称文化。景观集称文化是集称文化的子文化，按其范围大小可分为自然山水景观集称文化、城市名胜景观集称文化、园林名胜景观集称文化和建筑名胜景观集称文化 4 个子系统。

2. 西湖十景——第一个园林名胜景观集称

历史上，杭州曾多次开展西湖十景评选活动，每次评选都极大地提高了西湖和杭州的知名度、美誉度。比如，南宋时评选产生的"西湖十景"，至今已流传了千年。宋本《方舆胜览》云："西湖，在州西，周回三十里，其涧出诸涧泉，山川秀发，四十画舫遨游，歌舞之声不绝。好事者尝命十题，有曰：平湖秋月、苏堤春晓、断桥残雪、雷峰落照、南屏晚钟、曲院风荷、花港观鱼、柳浪闻莺、三潭印月、两峰插云。"祝穆《方舆胜览》原本刻印于理宗嘉熙三年（1239），至迟在此前，西湖十景已经形成。

"西湖十景"形成于南宋时期，在南宋之后，又分别有元代"钱塘十景"、清代"西湖十八景"、清乾隆"杭州二十四景"、1985 年"新西湖十景"、2007 年三评"西湖十景"。

西湖又名钱塘湖，元代有"钱塘十景"的说法，景名为：六桥烟柳、九里云松、灵石樵歌、冷泉猿啸、葛岭朝暾、孤山霁雪、北关夜市、浙江秋涛、两峰白云、西湖夜月。其中"两峰白云""西湖夜月"两景目与南宋西湖十景中的"双峰插云""平湖秋月"意思相同，所以后人常称"钱塘八景"。

清代西湖十八景分别是：湖山春社、功德崇坊、玉带晴虹、海霞西爽、梅林归鹤、鱼沼秋蓉、莲池松舍、宝石凤亭、亭湾骑射、蕉石鸣琴、玉泉鱼跃、凤岭松涛、湖心平眺、吴山大观、天竺香市、云栖梵径、韬光观海、西溪探梅。其实有些景点已远离西湖，所以也有人称之为"杭州十八景"。

1984 年，《杭州日报》社、杭州市园林文物管理局、《园林与名胜》（现更名《风景名胜》）杂志、浙江电视台、杭州市旅游总公司 5 家单位联合发起举办新西湖十景评选活动。全国各地有 10 万余人参加，共提供 7400 余条西湖景点，最后评选出 10 处景点。1985 年 9 月起由杭州市园林文物管理局先后在 10 处景点竖立景碑或镌刻景名。这十景分别是：阮墩环碧、宝石流霞、黄龙吐翠、玉皇飞云、满陇桂雨、虎跑梦泉、九溪烟树、龙井问茶、云栖竹径、吴山天风。

从 1985 年到 2007 年，时间又过去了 22 年，这 22 年里，西湖的变化有目共睹，尤其是 2002 年启动综合保护工程以来，西湖可以说是一年一个样。为了能够更全面地反映西湖的美景，2007 年 6 月，杭州举行了三评"西湖十景"的活动，评选对象是自 20 世纪 80 年代以来西湖保护建设特别是 2002 年以来实施西湖综合保护工程期间恢复重建、修缮整治的 145 处景区（点），"西湖十景""西湖新十景"不再列入评选范围。共有 33.86 余万人参与评选，收到有效选票约 29.74 万张，评选结果在 2007 年 10 月 27 日举行的第九届西湖博览会开幕式上正式揭晓。这十景分别是：六和听涛、岳墓栖霞、湖滨晴雨、钱祠表忠、万松书缘、杨堤景行、三台云水、梅坞春早、北街寻梦、灵隐禅踪。

西湖十景固然绝好，何时游览又有讲究。古人云："晴湖不如雨湖，雨湖不如月湖，月湖不如雪湖"，西湖雪景尤为迷人。西湖原有雪景八处：鹫岭雪峰、冷泉雪涧、巢居雪阁、南屏雪钟、西陵（即西泠）雪樵、断桥雪棹、苏堤雪柳、孤山雪梅。这也是一个景观集称。

西湖园林的景观集称文化以其丰富的美学和哲学内涵，再加上各种宗教文化和山水文化的积淀，向世人呈现了一个举世无双的人间天堂。

（五）多种园林形式并存

杭州西湖风景名胜区作为一个整体，本身就是一个"大园林"，其所包含的各种园林形式也非常丰富，包括书院园林、皇家园林、私家园林、寺观园林等。这些园林数量都很丰富，彼此之间又互相协调和映衬，形成了良好的整体效应。这也是西湖广为大众喜爱的重要原因。西湖作为一个整体，有统一的艺术格调，即清新、自然、淡雅的特点。但西湖统一的风貌和艺术格调并不排斥各个公园、风景点、甚至各个局部都有自己的特色，它们是相辅相成的。西泠印社和小瀛洲（图4-39），都以精巧的园林布局见长，一个依山，一个傍水，它们和西湖山水风光格调并不悖逆，相反却成了西湖园林中的双璧。它们的格局和灵隐、虎跑的寺庙格局迥然不同。正是这些各具特色的风景点，才使游人目不暇接，才使西湖风景区多彩多姿。统一和多样变化始终是艺术美的基本规律，而人的审美趣味又从来是多种多样的。西湖园林正是符合了人们的审美规律，才得到千百年来人们的无限厚爱。

图4-39 西湖小瀛洲鸟瞰与实景图

（六）浓重的宗教氛围

在杭州的形成和发展过程中，宗教和宗教文化也随之产生和发展，并对西湖园林的发展变迁产生了重大影响。道教起源于中国，东汉末在国内兴起，不久就流传到杭州。被称为道教之大宗的张道陵，据传在天目山避绝尘世，修炼多年。不久发源于古印度的佛教，在东晋初由僧人慧理来杭州传播，并在灵隐开山结庐。到五代吴越国时，杭州佛教已很盛行，被誉为"东南佛国"。以后来自阿拉伯国家和欧洲的伊斯兰教、天主教和基督教也先后于盛唐和明朝在杭州这块土地上安家落户。一二千年来，各类宗教在杭州的发展几乎没有中断，开展宗教活动和反映宗教思想与文化的寺院教堂更是遍布全市各地。新中国成立初期，杭州市区还有寺院教堂680多座，可见宗教在杭州这块宝地上影响之大和生命力之强。

两千多年来，宗教对杭州文化产生了重要影响，在杭州社会发展中发挥过不少作用。"天下名山僧占多"，杭州秀美的湖山，自然成为佛、道两教聚集的地方。从某种意义上讲，佛教和道教的先人们甚至可以被称为西湖山水最早的开拓者。即使到现在，在西湖山水之间，佛、道两家的文化影响还无处不在。杭州众多寺院的宏伟建筑，造型美观的经幢、石塔，都是杭州古建筑中的宝贵财富，对杭州建筑的发展有很大的影响。分布于西湖山林中精美的佛教石窟造像是中华民族宝贵文化遗产的一部分。

中国的宗教文化是一座丰富多彩、瑰丽神奇的宝库，是中华民族博大精深文化的一个重要组成部分。杭州有不少寺院教堂在国内外有重要影响，正是这些宝贵的宗教遗产，丰富了杭州历史文化内涵。

1. 厚重璀璨的佛教文化

早在东晋，环西湖一带已有佛寺的建置，晋成帝咸和元年（326）建成的灵隐寺便是其中之一。隋唐时，各地僧侣慕名而来，一时围绕西湖南、北两山之寺庙林立。吴越国建都杭州的一段承平时期，寺庙的建置更多了，如著名的昭庆寺、净慈寺等均建成于此时。唐代及五代时期，佛教发展中也经历了一些波折。后周时期的斥佛毁寺，对佛教产生了重大影响。北宋初期一反后周时期对佛教的政策，转而对其进行保护。南宋迁都临安，本来佛教势力就大的江南地区，随着政治中心的南移而较前更为兴盛，逐渐发展成为佛教禅宗的中心，著名的"禅宗五山"都集中在江南地区。元朝时期，由于统治者大力推广佛教，杭州也再次成为江南佛教的中心。元初，江南释教（即佛教）都总统、色目人和尚杨琏真伽，下令在杭州恢复佛寺30余所，并在南宋皇宫（1277年毁于大火）遗址上新建5所佛寺。杭州各寺院僧侣为了"上答洪恩"，并扩大佛教影响，在灵隐飞来峰附近大肆开凿佛像。这些佛像分布在西湖的四周，至今还保留着120多尊（图4-40）。元代所雕凿的这些佛像，促进了我国石窟艺术的发展，是我国古代劳动人民辛勤劳动的结晶，它们显示了我国劳动人民的智慧，是我国古代艺术的宝贵遗产。

图 4-40　灵隐寺飞来峰石刻

2. 蓬瀛世界的道家仙境

中国传统文化的最高理想是道家所代表的终极目标：得道成仙，入住蓬莱世界。"蓬莱世界"在现实中是没有的，但是人们对"蓬莱世界"的境界仍然孜孜以求。西湖山水美如仙境，具有"蓬莱"品质，白居易曾喻湖中天然岛屿孤山为"蓬莱宫在水中央"。千百年来，人们在建设西湖时，极力维护与增强这种境界。湖中三个人工小岛（小瀛洲、湖心亭、阮公墩）虽建于不同朝代，但最后却在共同的文化追求下完成了这种境界的外化景观——"一池三山"的理想景观模式（图4-41）。人们在游览西湖时，也自然而然被导入这一境界，在忘我的氛围中陶醉在自我理想的观照之中，其乐融融，实现了传统文化的回归。人们把杭州誉为"天堂"，与西湖这种境界品质殊为有关。

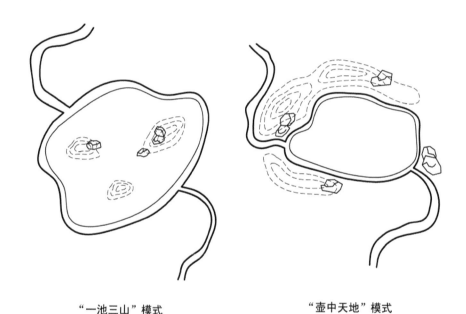

"一池三山"模式　　　　　　"壶中天地"模式

图4-41　传统园林里的"一池三山"与"壶中天地"模式

3. 中庸平和的儒家理想

西湖之山无大起大落。其水少大风大浪，常态下多风和日丽或微风细雨；西湖空间适度，令人观景不至于太实而一览无余、太虚而空洞无物；西湖景观尺度适当，勿需大俯大仰，视觉舒适平坦……这一切颇具中国儒家中庸素质，是儒家过无不及、不偏不倚生活态度与处世哲学的物化。因此，人们在西湖游观，面对平和的山水景观，心态自然也十分平和，久而久之，则陶冶人们的心性，令人彻悟人生。西湖山不高而圆润，水不广而多姿，堤岛玲珑，桥塔小巧，皆以曲线为要素。虽有"一株杨柳一株桃""映日荷花别样红"的点缀，但山"堆青黛"，湖"泻绿油"，山水以青绿为基调，整个西湖显得秀丽动人。湖内外的亭台楼阁、古寺画舫，使西湖雅意绵绵。西湖山水各组成部分造型丰富，但格调柔和，节奏轻缓，以阴柔为特征。西湖的这一美学品质，是基于其山水的本色及人们对这一本色的理解与尊重。

第四节 书院园林

在我国古代城市，学宫、府学、县学、书院、社学、义学、私塾等文教建筑都是必不可少的内容，而书院更是古代教育最重要的形式之一。书院或称精舍、书堂、讲舍，是名师宿儒学术研究、弘扬学术、创立学派的场所，对古代教育、人才培养及学术思想的产生和传播产生了重大的影响。书院起于唐、兴于宋、延续于元、全面普及于明清，汇集了各个历史时期的文化积淀，反映出千年来建筑、园林、书画、楹联等多方面的艺术，也折射出祭祀、讲学等诸多文化内涵。书院为士人聚居讲习之地，并多由士人参与其园林环境的建设经营。因此，书院在其选址、空间布局及景观意境营造等方面都深刻地体现了士文化的思想特色。

浙江山清水秀、人杰地灵，沉淀了深厚的文化底蕴，是我国古代文化教育重地，尤其在两宋时期，理学盛行，浙江地区文教事业蓬勃发展。浙江传统书院作为传统教育发展的历史产物，是非常宝贵的物质文化遗产，其园林环境不仅具有深厚的景观魅力和文化内涵，又具有鲜明的地域特色。诚然有的书院从创建到现在已有数百年甚至千年，并经过数次的自然灾害或人为灾害，早已面目全非，而现在看到的是修建或重建后的面貌，甚至是多次修建或重建后的面貌。但书院在不断修建和重建的过程中，基本保持原址、原貌，并在一定程度上体现出不同时期的文化背景和造园风格，因而并不影响对书院园林的研究。

一、书院的分布现状

浙江传统书院自出现以来，历经唐、五代、两宋、元、明、清多个时期，一直不断发展和进步着。据《中国书院史》不完全统计，全国各地书院共7525所，其中浙江625所，占全国书院总数的8.3%，位居第四。历史上浙江传统书院数量很多，但不是所有都被文献所记载。而且在乡土社会里，书院和学塾两种称谓的区别并不是很明确，明清时期也出现了许多教会书院、华侨书院，但都不能算是严格意义上的书院，因此在对浙江传统书院具体数量的统计上存在一定困难。

根据《中国书院辞典》《浙江教育志》以及各地的地方志、教育志，对历史上浙江传统书院建造资料进行整理与统计，共有书院809所。从浙江省各个地区书院分布情况来看，浙江传统书院分布范围广，几乎各个地区各个县市都建有书院；从各个地区建造书院的数量来看，浙江省11个地区中以金华、宁波、台州、杭州居位前列，数量在100所以上；其次是温州；舟山、湖州较少，其余地区书院数量相近（图4-42）。

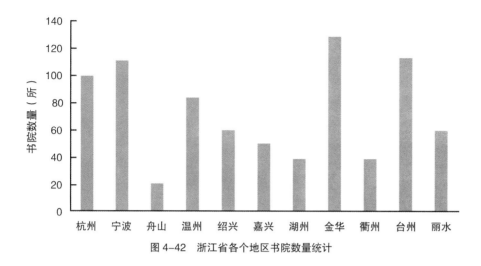

图 4-42　浙江省各个地区书院数量统计

受到社会、经济、文化等因素的多重影响，浙江大部分书院在其兴建之后未能一直沿用、修葺，因此保存至今的书院数量并不多。书院多是由民间自发创建，并与书院的创办人、讲学人关系密切，创办人的离世或是讲学人的搬迁等种种原因都可能导致书院荒废，且历史的变迁和战乱等因素也使得许多创办时间较早的书院在历史长河中消失殆尽、不复存在，现存书院大多初建于明清时期，或是在明清时期重建。

根据各地方志、教育志的记载以及通过实地调研，对浙江现存传统书院的遗存现状进行了整理。浙江省传统书院遗存共 41 处，其中国家级、省级文保单位的书院有 14 处，市县级文保单位的书院有 13 处（包括与其他建筑等一起被列入一个文保单位的书院）。其中，创建时间最早的是新昌的鼓山书院，北宋天禧间邑人石待旦建于西郊外鼓山；文保级别最高的是宁波的甬上证人书院（白云庄）、诸暨的笔峰书院（斯宅古民居建筑群）、浦江的东明书院（郑义门古建筑群），均为全国重点文物保护单位；书院及其园林环境保存较好的有余姚的龙山书院、嵊州的鹿门书院、永康的五峰书院、缙云的独峰书院。

此外，根据整理发现，浙江现存书院以杭州、金华、宁波地区居多，且保存状况较好；现存书院多数位于村镇，究其原因，主要是由于城市的变迁和书院教育功能的缺失，城市中的书院不得不遭受拆毁的命运，而村镇中的书院多被赋予了新的功能而得以保存。有些书院建于比较偏远的地方，人烟稀少，并少有文献记载、遗存现状不明，因而浙江传统书院遗存现状尚无法完全统计；仍需进一步发现与整理。

二、书院园林的类型

现存最早的书院记《陈氏书堂记》称："稽合同异，别是与非者，地不如人；

陶冶气质，渐润心灵者，人不若地"，所以"重人故觅师，重地故择胜"成为建书院的两个最主要条件。

　　浙江现存传统书院，或处于风景秀丽的景区之中，或处于乡村纷扰的市井之中，环境多已今非昔比。故本节介绍浙派传统书院园林的类型，主要是依据书院建造时的环境，而非现今的环境。以书院所处的外部环境特征为划分依据，将浙派传统书院园林分为三个类型：山林书院、城市书院、乡村书院。

1. 山林书院

　　山林藏书院，是中国古代书院的一大特征（图4-43）。宋代著名学者朱熹为白鹿洞书院所题的"泉清堪洗砚，山秀可藏书"，可谓是对山林书院的真实写照。计成在《园冶》中指出山林地："园地惟山林最胜，有高有凹，有曲有深，有峻而悬，有平而坦。自成天然之趣，不烦人事之工"。可以说山林之地是读书清修的最佳之地。古代学者们创办书院，是为求远离世俗、潜心钻研，选择山林环境为址与他们对避世隐居生活的追求不谋而合。因此，历来书院大多建于山林之中，如绍兴蕺山书院、杭州万松书院、永康五峰书院等，书院的文化精神与山林环境氛围能够互相融契、渗透，相得益彰。

图4-43　定海蓬山书院图

2. 城市书院

封建社会后期，书院受官学化影响渐深，出现了由山林逐渐向城镇靠拢的趋势。州、府、县各级设立书院作为官学的补充，多建于府学、县学一旁，近市不喧，书院规制、建筑布局与学宫类似，如兰溪的云山书院（图4-44）；也有一些将书院设在城市中风景较好的地方或城郊来缓解与喧嚣的城市环境之间的矛盾，如温州的东山书院、余姚的龙山书院等。城市书院在环境布局和建设上，或缩龙成寸、构筑庭园，或就原有园林改建、别辟幽境，多加以人工的干涉，来创造闹市中的幽静。

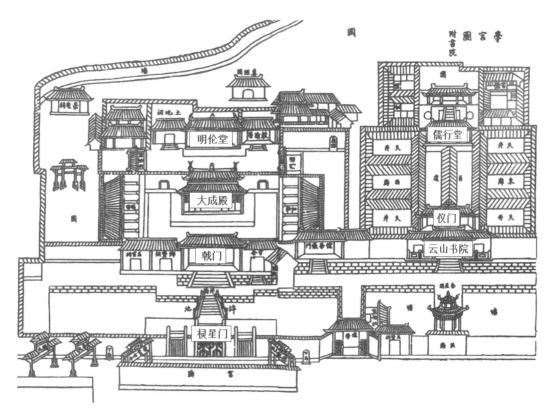

图4-44　兰溪学宫与云山书院

3. 乡村书院

乡村书院以社会教育功能为主，具有公共性和普遍性，起着传播儒家学术思想和普及文化知识的作用，如永嘉芙蓉书院、诸暨笔峰书院、嵊州鹿门书院。乡村书院受经济以及社会种种因素所限，不可能建造很大规模的或很规整型制的书院，有的还是在"舍宅为院"的基础上逐渐发展而成。它扎根于乡村社会，在环境上追求质朴的乡野风光，书院建筑具有民间地方特色，传统古朴，但在空间布局上又体现书院的规制，布局严谨；书院内栽植花木，清静素雅。同时，乡村书院的兴盛和衰弱也反映着村落的经济实力和文化意识的起伏。

历代的浙江传统书院，无论地处城市或山林，还是乡野山村，大都选择风景绮丽、人文荟萃的地方营建，即使处于闹市中也尽力以人造自然弥补环境不足。这也使得书院有别于官学的严肃刻板，更显生动活泼、富有书香气质。

三、书院园林的造园特点

书院园林环境主要涉及两个方面。一是书院基址的选择；二是在确定基址后，根据环境的特征和书院的特点，进一步营造书院内园林环境，从而使之与环境更好地融合，并满足书院"藏修息游"的需求。浙派传统书院园林在相地选址、叠山理水、园林建筑等方面与浙派传统私家园林类似：书院园林择址历来十分慎重，重自然环境的清幽之胜，重人文环境的名贤之迹，以营造一种利于讲学、读书的良好氛围，追求自然山水与人文环境的结合，以给人更深刻的教育影响；书院中园林建筑较为多样，在满足功能需求的基础上，为文人雅士提供赏景、冥想、感悟、吟诗诵读之处，为书院创造更加丰富的空间层次。

相对而言，浙派传统书院园林在植物景观和意境营造两方面更具特色，简述如下。

（一）寓教于景的植物景观

植物景观是浙派传统书院园林环境的重要构成要素。古有孔子杏坛讲学之说，"环植以杏"或堪称讲学环境绿化之始。由植物所构成的书院环境，为读书人的学习和生活起居提供了理想环境，因此植物是书院满足学、居与游等功能所必不可少的要素之一。

书院内部的院落形成多个具有通风采光效果的内部小环境，植物在其中起到美化作用，营造良好氛围；书院内的园地更是书院绿化的重要部分，其中花木扶疏、盆景曲池，充满生活情趣，形成适宜的读书和生活的环境。

1. 自然之趣

《礼记》曰："故君子之于学也，藏焉修焉，息焉游焉。"藏，得藏于僻静之处；修，得修于空灵之境；息，得息于宁静之所；游，得游于山水之间。文人追求"宁静致远"的心性境界，寻求幽雅的读书环境，能够满足其藏修息游、修身养性、成就人才的要求。因此，无论是书院的环境选择还是庭院景观的营造，都力求风景名胜之地，寻求自然朴素之所，并利用植物的自然习性和季相特征而使书院呈现出自然之趣。

（1）得自然植被之胜

古代书院重视环境对人的影响，讲究寄情于山川花木，强调在与自然环境的交流中陶冶情操。浙江省自然资源丰富、山区地形复杂，其书院建设基于得天独厚的山水地形和植被资源，依山就势，借景生境，形成自然朴素的书院外围环境。"地方依书院之名而昭显，书院亦得地方山水精神而愈荣"，置于山水之间的书院，外围环境的植物往往形成风景点，烘托书院整体氛围。杭州敷文书院又名万松书院，于凤凰山万松岭报恩寺遗址上改建而来（图4-45）。书院三面环山，怪石嶙峋，古藤虬结，泉水清冽，清丽静穆，因白居易《夜归》之"万株松树青山上，十里沙堤明月中"而得名。早在唐代万松岭上就有许多松树，山风过时，涛声一片，著名的西湖十八景之一"凤岭松涛"就在书院内。书院利用松树四季常青这一特征，得以藏书院于满山松林之中，而声声松涛更衬托出书院环境的安静。浙江省因地处亚热带季风湿润气候区，降水充沛，拥有大面积的常绿阔叶林和常绿针叶林。因此，浙江传统书院大多以自然植被为基底，建设在松科、柏科、樟科、壳斗科、冬青科等常绿树木繁茂的山林间，藏匿于参天树木之中，旨在营造出一种幽深静谧的氛围，有利于潜心学习、陶冶情操（图4-46）。

图4-45 敷文书院图

图 4-46 万松书院植物景观

此外，进入书院的山道也别有一番风景。山道是学子们前往书院求学的必经之路，沿途景观看似自然，其实是"刻意"而为。山中取道于秀美之处，故山道一般蜿蜒曲折，体现书院隐逸之风。两侧植被自然成为"引导者"，提前将人带入到书院的氛围中。例如，诸暨的笔峰书院就坐落于江南大宅千柱屋后的小山上，有一条用卵石铺成的古道通往笔峰书院。清光绪《诸暨县志·坊宅志》载："笔峰书屋，在松啸湾之麓。襟山带水，曲折幽邃，门前曲池，红莲盈亩，夹路皆植红白杜鹃，月季玫瑰，桃杏梅柳，灿烂如锦，山上杂种松竹。"书院利用其外部自然条件，形成幽深曲折的入院通道，近似于佛教的"香道"，引人入胜，以显书院之幽深。

从书院的选址可以看出，一开始书院为追求远离世俗而选择形胜之区，周围环境的植物以自然质朴为特色，使书院深深融入自然环境中。这种环境一直深受儒家士人的认同和钦羡，因此，后世书院的建设纷纷效仿，利用自然植被的野趣凸显书院整体环境的幽静与生机。

（2）衬四季变化之美

书院园林作为中国传统园林的一部分，其植物配植同样遵循中国传统园林的风格特征，注重植物的色、香、韵。浙江书院内花草果木众多（表4-4）：春有桃花、杏花、梅花；夏有荷花、睡莲、紫薇；秋有木芙蓉、桂花、银杏；冬有蜡梅、山茶等。随着季节的变化，垂柳展其形，荷花展其色，桂花展其味，雨打芭蕉展其声，书院植物以自己独有的形式，演绎着自然与生命之美。

表4-4 文献所记载的浙派传统书院植物

地区	书院	年代	文献所记载植物	地区	书院	年代	文献所记载植物
湖州	箬溪书院	明代	梧桐、桂、紫薇	衢州	清献书院	南宋	竹
	爱山书院	清代	梅、杏、槐、桂		正谊书院	清代	莲
嘉兴	传贻书院	南宋	银杏		天香书院	清代	桂
	崇文书院	清代	竹		钟峰书院	清代	竹
	仰山书院	清代	梧桐、桂花、紫薇、竹、连理细叶檀、紫藤、蜡梅	金华	池亭书院	南宋	荷
杭州	瀛山书院	北宋	枫、柏、桂		东明书院	元代	梅、松、柏
	敷文书院	明代	松、桂、竹		荷亭书院	明代	荷
	紫阳书院	清代	竹		东湖书院	清代	桃、荷
绍兴	鼓山书院	北宋	柏		绣湖书院	清代	竹、芭蕉、柳、松
	戢山书院	明代	竹		鳌峰书院	清代	竹、松
	笔峰书院	清代	杜鹃、月季、玫瑰、桃、杏、梅、柳、松、竹	丽水	美化书院	南宋	柏
宁波	菊坡书院	南宋	菊		雅峰书院	清代	桂
	石镜精舍	明代	柏		仁山书院	南宋	樟、梅、荷
	辨志书院	清代	竹	温州	芙蓉书院	南宋	竹、芙蓉
台州	桐江书院	南宋	苦槠		中山书院	清代	松

《题子侄书院双松》提到："自种双松费几钱，顿令院落似秋天。"可见，植物的花开花落、叶展叶落、叶色变化、盛衰枯荣等不同的季相景观特色，使原本单调的书院呈现出不同的四季之美，表现出书院园林环境的季节性特征。正是四季所赋予植物的特征变化，造就了龙泉仁山书院的"老梅欺雪""半堵秋山"，使书院富有诗意；而书院中的人们，更是通过观察植物的季相变化来感知四季的更替。

植物作为书院内唯一有生命的构园要素，正是由于它的存在，使得书院充满着生机和变化。因此，浙派传统书院注重植物的春华秋实、四季变化，并以此来呈现书院色彩绚烂而富有变化的园林景象。

2. 人工之巧

浙江传统书院在建造过程中，不仅从大环境角度寻求绝俗的自然美，同时也在小环境上力求重塑自然的美。《全唐诗》中，题咏书院的诗文不少，多称颂其松、竹、泉、石之美，反映出士人对于读书环境的重视、对于自然的钦慕之情。这一特征与私家园林的造园思想较为类似，通过营造近似自然的环境，以人造的自然弥补天然环境的不足，为学子提供游憩之所。

书院以建筑为主体，在由建筑围合的院落内部，庭院或天井空间自成一个个内部小环境，常借助植物形成过渡空间，使园林空间与建筑空间相互交融、契合，形成具有书香气质的景致，使整个书院焕发生机。海宁的仰山书院，盛时规模颇大，内庭院中蜡梅繁茂，修廊环绕；过桃李门，左为小狮林，湖石玲珑，植丛竹、紫藤和连理细叶檀等；讲堂院内植桂花、梧桐等。整个书院周以修廊，中辟小园，以植物景观布置由建筑所围合的空间，颇具园林之胜。例如桂花，因其花香气扑鼻与叶四季常青而倍受青睐，常孤植或对植于书院庭院中。天香书院庭院植有桂花，"高可六七仞，色赤于丹"，且每到秋天香气浓郁，书院也因此命名为"天香"。此外，浙江地区夏季素来降雨充沛，书院中多有泉、池、井等水体，如杭州紫阳书院的春草池、衢州正谊书院的白莲池，荷花、睡莲等水生植物为书院中的水体增添几分生机，更富自然之趣、更显书院之雅。

书院围墙内的花园被称为"园地"，或处于书院建筑轴线的末端，或平行于建筑轴线位于一侧，紧邻讲堂或学舍，虽面积不大，却另有一番天地。在这小小天地中，栽花、植木、移竹、运湖石以改善书院环境，塑造层次分明的书院空间环境。例如永嘉的中山书院就于讲堂之后开辟一片园地，"后筑亭池，长松檐盖，绕径阴森，以为息游等眺之地"。书院的建造者运用松、柳、竹等植物结合园林假山、亭子等园林要素塑造庭院空间，作为书院内休憩、游玩之所（图4-47）。其景致精巧如私家园林，亭阁相望，古松云盖，美不胜收。永嘉的芙蓉书院则顺南墙开辟一处花园，宽约18m，园中花木扶疏，浓荫遮天。在这原本狭小的空间内，假山与花木虽不多，但在这咫尺方寸之园中创造了意蕴丰富的自然景观，体现出对人与自然和谐相处的美好诉求（图4-48）。

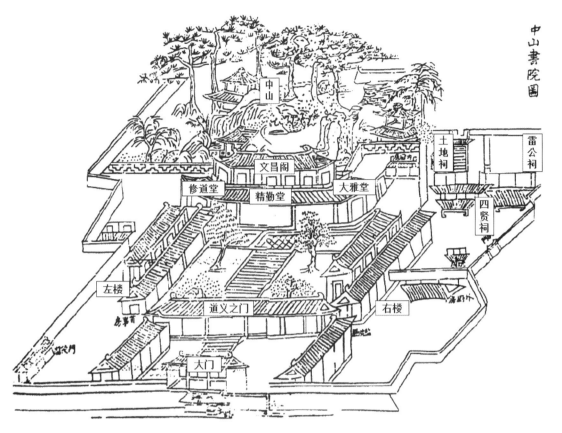

图 4-47　永嘉中山书院图

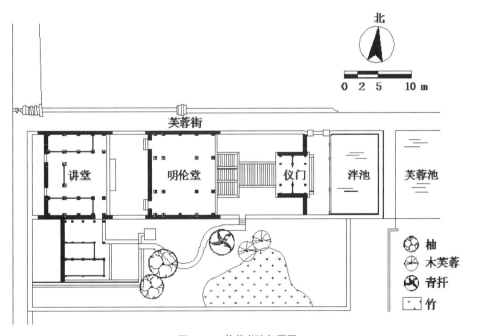

图 4-48　芙蓉书院复原图

书院庭院空间多以植物营造景观，特别是中心庭院和后庭，形成了一个个充满自然气息和生活情趣的内部小环境。浙江传统书院在有限的空间内，以小见大，塑造出丰富而精致的植物景观，不仅再现了自然的美，创造出尺度适宜的园林空间，也体现出书院特有的审美情趣和价值追求。所谓"餐翠腹可饱，饮绿身须轻"，由植物所营造的书院园林环境以赏心悦目的景色，为儒家士人们创造了良好的读书氛围和游赏之处。

3. 文化之雅

书院植物的选择很大程度取决于植物所被赋予的文化内涵。书院植物被赋予的文化内涵一方面来源于植物自身所表现的品格特征，另一方面是基于植物在书院这一特定环境中所蕴含的文化寓意。这两者的结合，是为求得一种潜移默化的文化环境。

（1）抒君子比德之志

儒家思想要求士大夫在欣赏植物之美时注重发掘、领悟植物所体现的人类美德，把欣赏植物美当作修身养性的手段，借以培养高尚的道德情操，即植物审美中的"比德"观。受到这种"君子比德"思想的影响，书院之人观察自然界的一切事物，往往赋予了自己的某种感情和信念，这种情感追求反映在对书院植物的选配上。

松柏在书院中尤为常见，其苍劲耐寒比德于君子坚忍不拔的个性。松柏寿命极长，往往是百年书院的见证者，历经风霜雨雪，万古长青。例如在宁海石镜精舍的后山，明代方孝孺亲手种植的6株柏树至今生机盎然，姿态傲然。

竹因其竹节，被用来比喻文人的气节，又象征虚心谦卑、节高清雅的内涵。《全唐诗》中就有诗云："此地本无竹，远从山寺移。"因爱竹"经寒不动，静处养性"的秉性，书院主人远从山寺移来小竹，装点书院环境。例如宁波的甬上证人书院（图4-49）、永嘉的芙蓉书院、椒江的东瓯书院、桐乡的崇文书院等均以竹来布置庭院。

桂自古被视作吉祥之木，仕途得志、飞黄腾达称为"折桂"。书院主厅前庭院对植两株，古谓："两桂（贵）当庭""双桂（贵）流芳"。淳安瀛山书院双桂堂前旧有两株桂木，与"双桂堂"之名相得益彰，寓意深远（图4-50）。

荷亦称为"莲"，亭亭玉立，香远益清，被称为"花中之君子"。东阳的卢格于居室东凿池引水植荷，创荷亭书院；兰溪的池亭书院"悠然独占闲中趣，一枕荷花午睡醒"，可见其最得士人喜爱。

植物的象征意义是千百年来中国传统文化的经典体现。书院之人把植物之"美"和人格之"善"完美地结合在一起，是植物的人格化；同时要求学子在欣赏自然花木之时，把植物的品行与自己的内在品格联系对比，从而实现人格的升华。

图 4-49　甬上证人书院的竹

图 4-50　瀛山书院图

（2）营书院文化之境

书院文境，指的是书院的文化意向。植物景观不能脱离环境而独立存在，而书院这一特定的环境赋予了植物特定的文化寓意，使之区别于皇家园林、私家园林、寺庙园林等而蕴藏深意。

入书院者，或潜心求学，或追求功名，志存高远。湖州的爱山书院就以树明志，激励学生不断求学奋进，规定"童生入泮者，各于书院前种树一株，以志不忘。梅、杏、槐、桂，各从其便。"自此，植物作为一种载体，被学子们寄托以远大理想，传承书院奋进与坚韧的精神。

书院虽最初从补官学不足到纠官学之弊发展而来，不以科举为主要目的，但发展到后世，书院确是因科举才得以繁荣发展而得到普及。在这种因素的影响下，书院植物的选择也与科举有着密切的关系，尤以明清书院为典型。"二月会试，八月乡试"的规制始于明代，一直传到清代，因此常有书院楹联写到"二月杏花八月桂"。其中，二月杏花指的就是会试，而八月桂花指的是乡试。浙江书院多建池植莲，"莲"与"连"谐音，古时科考称连续考中为"连科"，暗祝仕途遂意。由此可见，科举制度对浙江传统书院文境的营造及植物景观的塑造颇具影响。

自古以来，书院就有着尊师重教的传统美德和良好氛围。先生所植之树有教化育人的作用，是学子们在奋发读书时最好的精神食粮和人生指引。当年朱熹亲手在桐江书院门前植下5棵苦槠，蕴含孟子"天将降大任于斯人也，必先苦其心志，劳其筋骨，饿其体肤"之意，鞭策求学的学子们甘于寂寞，吃苦耐劳，奋发向上。现今书院前仍保留有朱熹当年手植的苦槠（图4-51），其存在对古今学子来说意义非凡，于无形之中勉励万千学子，并得以流传百年。

图4-51　桐江书院朱熹手植苦槠

总而言之，浙派传统书院历史积淀深厚，从书院选址到内部环境的营造都十分重视植物景观的生态性、景观性以及与建筑的协调性。其特征可归纳为以下3点：其一，书院在外围环境上多选择以常绿植物群落为主的自然环境背景，并利用植物的季节性特征体现自然变化的魅力；其二，书院胜于运用松、柏、桂、竹、荷等植物，通过植物的多种配置方式形成层次丰富的书院空间环境；其三，书院植物被赋予丰富的文化寓意，因其强大的生命力成为书院文化与精神的传承者。

也许对书院来说，植物并不是最重要的构成要素，但却是不可或缺的。书院植物作为富有特定意义的精神符号，在物质与精神层面赋予了书院独特的空间环境和文化氛围。浙派传统书院植物景观需要保护与传承，其"寓教于景，环境育人"的设计思想对现代校园环境的建设有着深远影响。

（二）情景交融的意境追求

园林意境是思想情趣与景象的统一、景象与园居方式的统一所产生的效果，是园林艺术的最高境界。可以身临其境、耳闻目睹、娱乐其中的景象是园林意境的基础，换言之，园林意境是依赖景象而存在的。园林意境是通过眼前的具体景象，而暗示更为深广的幽美境界，是所谓景有尽而意无穷。浙派传统书院园林的意境追求实质就是一种"情景交融"的思想境界。书院园林环境中有自然的，也有人工建造的，一物一景，都是为衬托书院之人恬淡、平和的心境。

所谓触景生情，园林意境的追求实际就是由景生情的过程。书院历经岁月变迁，而历代士人对于书院园林环境的追求一直都未停止过。浦江东明书院原名东明精舍，建于元初，庭院内清泉一泓，老梅横斜，四周苍松翠柏，葱郁掩映。清乾隆二十八年（1762）书院重建，门前溪水如带，大门北向与东明山相望，周筑以墙，墙内合抱之豫樟荫复满院，并注石池、植花木，以供游憩。还有长兴的箬溪书院，沿院内荷花池石岸绕至南侧过单孔石桥有小书厅一所，小书厅明窗净几，凭窗俯瞰，清波游鱼，荷花映水，赏心悦目，趣味横生。庭楼处处，树木葱葱，花草果木，点缀全院，景色幽雅。亭楼房屋之间互有回廊沟通，雨无湿路。浙派传统书院园林内的一花一草、一水一石、一处小品、一组建筑、不同的光影变化等都赋予书院以独特的意境。

书院的楹联匾额也是浙派传统书院园林意境营造不可缺少的一部分。书院楹联表现了书院文人的审美角度和审美方式，言辞优美意境深远，且和建筑、环境相得益彰，以更加精妙的方式渲染了意境的空间。五峰书院有楹联云："学则数言，矩矱遥承鹿洞；心传一脉，渊源近溯姚江。"又有联曰："学术启良知，悦示鸢飞鱼跃；讲堂开胜地，何殊鹿洞鹅湖。"永康灵岩书院文会堂内有楹联，文曰："日月两轮天地眼，诗书万卷圣贤心"，传为朱熹手笔。

除了山水，自然中的动物、植物以及日月星辰、风雨雾霞等气象元素都可以成为营造书院园林环境意境的重要元素。龙泉的仁山书院古有八景：奎阁凌云、讲堂化雨、古樟翻风、老梅欺雪、石桥鸣鸟、曲沼观鱼、一勾春水、半堵秋山，与气象元素相关的就有四景，还有两景与动物相关、两景与季节相关。浙江地区因植物而命名的书院不少，衢州正谊书院原为普润庵，因庵内有白莲池，初名爱莲书院；缙云金莲书院以鼎湖金莲花之意命名；开化天香书院因院中有巨桂，色赤香浓，乃以"天香"命名。浙江传统书院取名也常用动物的意象，其中以鹿、鹤、凤最为频繁，如鹤鸣书院、鹤庭书院、鹿鸣书院、凤池书院等。武义县郭洞村的凤池书院，古语说"家有梧桐树，招得凤凰来""凤凰非梧桐不栖，非竹实不食"，郭洞附近的宝泉寺正好有一棵梧桐树，而水口的书院里正有一口池塘，塘边有一片竹林。传说落在梧桐树上的凤凰口渴了，就飞来书院的池塘边喝水，因而引出了"凤池"这个动人的名字。

　　浙派传统书院园林环境中这种无穷的园林意境乃是建造者们倾注了主观的理想、感情和趣味的结果，是书院园林环境"情景交融"的思想体现（表4-5）。

表4-5　浙派传统书院园林环境的主要景观意象

书院	所在地	记载描述	景观意向
朝阳书院	平阳	其地濒东江，"每一晨兴，日光滉漾"，因取名朝阳书院	气象
清献书院	衢州	邵宝《清献书院诗二首》：像留土木真如石，奠采频繁只在溪。一鹤曾随巫峡远，万峰还觉楚云低。吾道百年闲白日，公心千古映青溪。鹤留旧态何妨瘠，松长新枝尚恨低	动物
箬溪书院	长兴	胡虔《佥山大令招集箬溪书院，因绘为图，书此以识别》云："绕郭清溪流，濯手鱼可数。蝉声咽高枝，岩峦润宿雨。"程际尧《题箬溪书院雅集阁》云："文教迈熊游，初筵意更优。百城南面拥，一榻北窗幽。座挹松风爽，门迎箬水流。景光时正好，把酒共油油"	动物、气象
万松书院	杭州	（清）赵学辙题："山川佳色澄悬镜，松桂清香静读书"	植物
包山书院	开化	（宋）张道洽《题包山书院》："衔命龙荒万里余，归寻水竹与同居。早承洙泗传心学，晚辟包山教子书。细草幽花香笔砚，清风明月满庭除。一生宇宙皆春意，此乐颜曾亦自如"	气象
天香书院	开化	因院中有巨桂，色赤香浓，乃以"天香"命名	植物
重乐书院	兰溪	（元）柳贯："山高残雪冻云根，笋轿呷呀村复村。莫道山中无乐事，梅花洞水月黄昏"	气象
菊坡书院	宁波	（元）袁桷《菊坡书院》："清敏公家有讲堂，堂前遗菊满坡黄。一庭晚节风霜古，三径秋芳雨露香。诗礼相传追阙里。壶觞独酌仰柴桑。我来不是谈经客，笑把清芬坐夕阳"	气象
五峰书院	永康	楹联曰："学术启良知，恍示鸢飞鱼跃；讲堂开胜地，何殊鹿洞鹅湖"	动物
灵岩书院	永康	文会堂楹联曰："日月两轮天地眼，诗书万卷圣贤心"	气象
仁山书院	龙泉	书院八景：奎阁凌云、讲堂化雨、古樟翻风、老梅欺雪、石桥鸣鸟、曲沼观鱼、一勾春水、半堵秋山	气象、动物、植物、季节
甬上证人书院	宁波	楹联曰："水痕犹记旧池塘，径转暂添新竹柏"	植物

第 五 章

浙派传统园林的造园意匠

意匠，按《辞海》的解释："谓作文、绘画等事的精心构思。语出陆机《文赋》'意司契而为匠'。契犹言图样；匠，工匠。杜甫《丹青引——赠曹将军霸》'诏谓将军拂绢素，意匠惨淡经营中'。"中国诗画同源，充盈着诗情画意的浙派传统园林亦然，均重意境。意境，犹如灵魂，意立而情出，融情于景，景情相生。景由匠做出，统领匠心的是意，景是意的载体，犹如躯壳，无此，则灵魂无所着落，由此而言，浙派传统园林之意匠，是艺术和技术的有机结合，完美统一，体现了自然之美、空间之美和人文之美。

第一节　浙派园林的造园特色

明清时期的杭州私家园林是浙派传统园林最重要的组成部分，展现了中国风景式园林艺术的最高水平，荟萃了我国园林的精华，本节以明清杭州私家园林为例，通过杭州与苏州传统园林造园背景、造园手法和造园要素的对比，展现浙派传统园林的艺术特色。

童寯先生在《江南园林志》中写道："南宋以来，园林之盛，首推四州，即湖、杭、苏、扬也。"苏州、杭州作为明清江南园林的重要组成部分，私家园林发展极为兴盛。苏州私家园林凭借其写意山水的高超艺术手法，享有"江南园林甲天下，苏州园林甲江南"之美誉，体现出"秀、精、雅"的风格特点；杭州私家园林传承了南宋园林的特点，融合私家园林、江南民居和风景园林于一体，借助于自然山水景色，体现出"幽、雅、闲"的意境。

现有的研究多将苏杭私家园林归于江南园林统一论述，两者之间的对比研究也少之又少。虽然在造园背景、造园手法、造园要素等方面，两者有着众多相似之处，但深入挖掘、细细品味，可发现其中差异之所在。如果说明清苏州私家园林的精华在于人工之中见自然，那么杭州私家园林则是自然之中缀人工做得更为精妙，苏州私家园林大多是内向的，杭州私家园林则是局部外向的，外向的部分即是接纳湖山的部分，而正是由于这种差异的形成，造就了两地各具特色的地域园林体系。

一、造园背景对比分析

纵观古今中外，不同的地域和时代所形成的社会风气、政治经济及人文环境都是不同的，在不同的环境中，所形成的园林风格也必然各有特点。要探讨明清苏杭私家园林的差异，必须溯本求源，分析明清时期苏州与杭州城所在的不同地域、社会背景。

1. 地理环境

（1）河港交错的苏州

苏州，古称吴，位于江苏省南部，古城内地形平坦，低山丘陵零星散布在城郊；境内河港交错，湖荡密布，长江和京杭大运河贯穿市区，据统计，苏州全市水域面积占总面积的42.5%，是名副其实的"东方威尼斯"（图5-1）。与此同时，苏州城内人口众多，密度较大，明清时期被称为全国人口第一府。苏州的私家园林多建于古城之内，一般面积较小，四周高墙围合，呈内向封闭的特征（图5-2）。

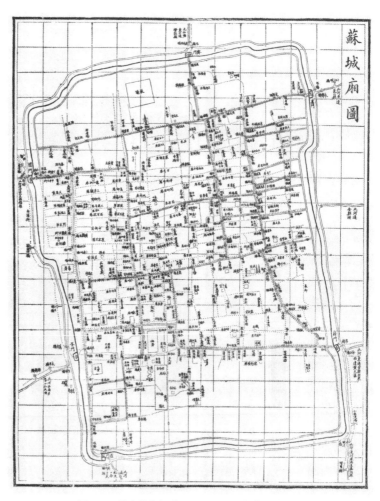

图5-1 清光绪年间（1888～1903）苏州城厢图

图 5-2　清康熙二十八年（1689）苏州府城图

（2）湖山环绕的杭州

杭州，位于浙江省北部，地势整体西高东低，山林和平原地貌相互耦合。杭州古城三面环山，一面临湖——西湖，京杭大运河穿城而过，钱塘江水系在城南外自西向东奔腾而去；西湖群山之中树木资源丰富，植物种类繁多，山泉遍布、怪石嶙峋，构成了独特的"三面云山一面城"的自然景观（图 5-3）。清代李斗在《扬州画舫录》中写道："杭州以湖山胜，苏州以市肆胜，扬州以园亭胜，三者鼎峙，不分轩轾。"由此可见，就自然风景而言，杭州的湖光山色较之苏州更胜一筹，且杭州的私家园林多散布于西湖之畔、群山之中，接纳自然山水景色，有着得天独厚的优势。

图 5-3　乾隆年间（1736～1795）杭州府境图

2. 经济环境

（1）士绅集中的苏州

据相关数据表明，无论是明代的"南直隶"，还是清代的"江南省"，皆为当时全国最富裕的省份之一，清初时，江南一省的赋税占了全国的三分之一。苏州作为江南省的江南巡抚驻地，经济更是繁荣昌盛，有着"鱼米之乡""天下粮仓"的美誉。此外，明清时期稳定的社会环境让苏州人口猛增，资本主义萌芽的出现，更加促进了苏州手工业的发展，如刺绣业、雕刻业、棉纺织业等都在全国位列前茅，优渥的经济条件为苏州私家园林的繁荣奠定了基础。与此同时，苏州文人士大夫众多，每期科考，江南一省的上榜人数就占了全国的近一半，于是有"天下英才，半数尽出江南"一说，而苏州又位居江南各府第一。据统计，自隋代开始科举考试以来至清末废除科举制度，苏州地区有记载的获得文、武进士科第一名（俗称"状元"）的人物，共计文状元 55 位、武状元 5 位，合 60 位，数量之多遥居全国各城市首位，苏州也因此被称为"状元之乡"。在中国历史上，一朝之中产生状元人数最多的府，是清代的苏州府（辖境相当于今苏州市及吴县、常熟、昆山、吴江等县市），共有状元 24 人。这些文人宦游辞官返归故里后，带回了大量财力物力，实现了他们自身营建园林的需求。

（2）外客云集的杭州

明清时期的杭州与苏州并称江南地区两大都会，杭州是明清时期浙江省的首府，经济同样繁荣昌盛，以杭州为中心，把来自全省的商品"湖之丝，嘉之绢，绍之茶之酒，宁之海错，处之磁，严之漆，衢之橘，温之漆器，金（华）之酒，通过京杭大运河、对外贸易口岸输送到全国乃至东南亚各地。正如明万历《歙志》卷十《货殖》所说，杭州是与两京、广州等并列的全国大都会之一，而苏、扬等则列为次等都会。除了富庶的商品经济，明清时期的杭州还有繁盛的旅游业，大批的文人骚客、商贾等不同社会阶层的人游历、经商至此，被这里的湖山美景和良好的社会环境所吸引，选择在此定居，从而形成了杭州外客云集的局面，这为杭州私家园林发展提供了充足的人力物力基础。

3. 人文环境

（1）精雅宁静的苏州

明清时期的苏州在全国文化领域处于中心地位，人文荟萃，名贤雅士辈出，绘画、书法、篆刻流派纷呈，各有千秋，戏曲、医学、建筑自成一家，独树一帜，苏绣、木刻闻名中外，手工业极为发达，技艺精巧至极。其中兴于明中后期的吴门画派在长达 150 多年的时间内占据了当时画坛的主位，其风格重传统，文人气息浓重，温和、平静、雅致，一如明清苏州私家园林的粉黛色彩，淡雅、清丽、意境深远；而吴学以专、精而著称，有"无吴、皖之专精，则清学不能胜利"之说，与苏州私家园林的纯粹性与精致性息息相关，成为孕育和构成园林风格和审美趋向的隐性土壤。

另一方面，苏州文风甚炽，文人众多，这些文人作为私家园林园主人的重要组成部分，思想上深受儒、道、释三家的影响，具备"修身、齐家、治国、平天下"

的儒家意念，"虚静、恬淡、寂寞、无为"的道家义理，以及"圆融通达"的释家宗旨，综合而成"仕隐齐一"的中隐情怀，他们将这种隐逸思想寄托于城市山水园林，寄情于景，借景抒情，从而收获精雅而宁静的生活。

（2）大气自然的杭州

作为南宋的都城，杭州的文化在南宋时期到达了顶峰，明清时期延续了繁荣发展的状态。浙派绘画、书法、盆景、古琴等都各具特色、影响深远，阳明"心"学、浙东学派、永嘉学派等百花齐放。其中作为明前中期中国画坛重要的流派——浙派绘画，题材以山水画为主，风格雄健、简远，与擅长用真山真水来丰富园林景色的杭州私家园林一脉相承，再加上南宋园林风格的影响，杭州私家园林较之苏州多了份源自自然的朴实。

此外，杭州直至明清时期还深受南宋理学的影响。宋代以朱熹、程颐为主导的理学思想提倡"客观唯心主义"，认为理是世界的本质，主张"格物致知"。到了明代，王阳明延续了陆九渊"心即是理"的思想，提倡"致良知"，鼓励人们从自己的内心出发去寻找真理。无论是程朱理学还是阳明心学，都注重一个"理"字，受这种思想的影响，杭州的私家园林也有了更多理性的思维，整体风格精致与大气并存。

在良好的政治、经济环境下，明清杭州还出现了商人侨寓、定居化的趋势，如杭州的望族汪氏，祖上为徽商，出了众多进士，反映了杭州多寄籍进士的特点；再如杭州崇文书院，专供商籍生员读书会文，为其教育科举开辟道路，从侧面反映出杭州包容、大气的城市品性。

4. 历史环境

（1）源远流长的苏州

苏州历史上是春秋时期吴国的都城，吴文化发展兴盛，私家园林起步较早，东汉年间吴大夫笮融的居所——笮家园是已知最早的私家园林。魏晋时期，随着江南地区生产力的发展以及北方士族南迁，吴地民风的渐变，由原来的"尚武"转变为"尚文"，士大夫阶层发现了江南的自然山水之美，以辟疆园为例证的苏州私家园林由此兴起。到了隋唐，苏州私家园林基本仍承袭六朝以来的遗风，形成城内私园与城郊别业两种形式。宋元时期，中国经济、文化重心完全南移至江南一带，吴地"尚文重教"的文化精神自此形成，文人造园风气渐长，将隐逸山居的纯朴、雅致引入城市宅院，为明清苏州文人园林的全面发展奠定了基础。

（2）积淀深厚的杭州

由于苏杭地理位置相近，且吴越文化同源同根，同受吴越文化影响的杭州私家园林发展历程与苏州相似。但自东晋灵隐寺的修建拉开了西湖园林营建的序幕，这一山水园林的营造方式一直被传承下来，又有白居易、苏轼等人留下了众多脍炙人口、描写西湖美景的诗文，紧挨着杭州城的西湖就成为杭州私家园林营造的不二场所。尤其是南宋时期，杭州作为都城，造园异常兴盛，各类园林均沿西湖及西湖周边群山中建造，形成自然、清丽、雅致的风格，这其中的造园手法对明清杭州私家园林的营造产生了深远的影响。

二、造园要素对比分析

1. 选址

计成在《园冶》中将园林选址分为 6 类，即山林地、江湖地、城市地、村庄地、郊野地和傍宅地。苏杭两地私家园林在选址上各不相同，苏州私家园林多选址于城市地，而杭州私家园林多选址于山林地和江湖地。

（1）明清苏州私家园林的选址

苏州城区内地势平坦、水系众多，人口密集，车马喧嚣，为了适应这样的城市地现状，造园者通常将园林造于城中偏僻处或是在园林四面竖立高高的围墙，再辅以茂林修竹，以此闹中取静，同时利用现有水系，园内设置各类水景。苏州四大园林中的沧浪亭、狮子林、拙政园，以及网师园、艺圃、环秀山庄等皆采用如此做法（图 5-4）。如艺圃就位于苏州古城西北文衙弄，穿过街巷才可以到达；苏州现存诸园中历史最为悠久的沧浪亭，选址于苏州城南，原址高爽静僻，野水环绕，于清代重建，把临水的沧浪亭移建土山之上，环山建厅堂轩廊等建筑物，东北两面临水建复廊，北面俯瞰水景，南望则山林野趣横呈眼前，立意不俗；又如苏州存在最大的传统园林拙政园，在建造之初，直接选址于苏州城内原有水系之上，形成一个以水为中心，山水萦绕，厅榭精美，花木繁茂的优美园林。

图 5-4 明清时期苏州私家园林分布图

（2）明清杭州私家园林的选址

杭州西湖风景区举世闻名，优美的湖光山色吸引人们在此定居造园。自唐宋以来，杭州私家园林的选址大多于西湖边的江湖地，或者是周边的山林地，明清时期延续这一做法。这其中江湖地最为讨巧，计成在《园冶·相地》篇中写道："江干湖畔，柳深疏芦之际，略成小筑，足徵大观"，杭州西湖边的私家园林即是如此，借西湖的山水之姿，只需稍加雕琢，即可塑造丰富的园林景观；山林地是园林选址的最佳选择，杭州私家园林依西湖群山而建，力求园林本身与外部自然环境相契合，园内园外浑然一体。据不完全统计，清代西湖周边私家园林有不下 40 处（图5-5），如被誉为西湖池馆中最富古趣者的郭庄，位于西湖西岸卧龙桥畔，东濒西湖，临湖筑榭，最大限度将西湖美景纳入园内；又如清乾隆西湖二十四景之一小有天园，顺应地势筑于南屏山北麓慧日峰下，背山面湖，西临净慈寺，北临夕照山雷峰塔，将西湖十景"南屏晚钟""雷峰夕照"尽收其中。

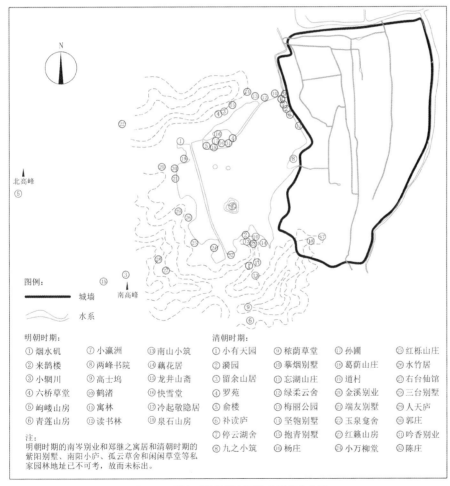

图例：

━━━━ 城墙

〜〜〜 水系

明朝时期：
①烟水矶
②来鹤楼
③小辋川
④六桥草堂
⑤峋嵝山房
⑥青莲山房
⑦小瀛洲
⑧两峰书院
⑨高士坞
⑩鹤渚
⑪寓林
⑫读书林
⑬南山小筑
⑭藕花居
⑮龙井山斋
⑯快雪堂
⑰冷起敬隐居
⑱泉石山房

清朝时期：
①小有天园
②漪园
③留余山居
④罗苑
⑤俞楼
⑥补读庐
⑦停云湖舍
⑧九之小筑
⑨秾荫草堂
⑩慕烟别墅
⑪忘湖山庄
⑫绿柔云舍
⑬梅丽公园
⑭坚匏别墅
⑮抱青别墅
⑯杨庄
⑬孙闸
⑭葛荫山庄
⑮道村
⑳金溪别业
㉑端友别墅
㉒玉泉龛舍
㉓红籁山房
㉔小万柳堂
㉕红栎山庄
㉖水竹居
㉗右台仙馆
㉘三台别墅
㉙人天庐
㉚郭庄
㉛吟香别业
㉜陈庄

注：
明朝时期的南岑别业和郑继之寓居和清朝时期的紫阳别墅、南阳小庐、孤云草舍和闲闲草堂等私家园林地址已不可考，故而未标出。

图 5-5　明清时期杭州主要私家园林分布图

2. 筑山

中国传统园林的筑山讲究的是以自然为师，再现真山的艺术性。明清苏杭私家园林在筑山手法上大体相同，且在筑山的过程也都注重因地制宜，但是在筑山所用的石料、筑山的规模和形式上还是存在诸多差异。

（1）明清苏州私家园林石材的选择与筑山特色

苏州紧邻太湖，而太湖盛产太湖石，因此，苏州私家园林中假山所选的石料通常以太湖石为主。太湖石的选择条件极其严苛，除了按照通常所说的"瘦""皱""露""透"的标准来选以外，还要求形态优雅，气宇非凡。除了太湖石，苏州私家园林还偶以黄石作为点缀，除此以外，几乎不用其他种类的石材，这样单一的用石特色使得苏州私家园林具有一种整体感，显得十分纯粹。如被称为假山王国的狮子林，就选取形态各异的太湖石，组合成趣味横生的假山群，显得雄壮有气势，又不失细节，值得玩味。

苏州私家园林中筑山形式比较丰富，常见的有堆山、叠石、石峰、点石等形式，其中，石峰和叠石假山运用尤其之多。一般而言，最为上等的太湖石料常用来作为石峰，如著名的留园三峰，主峰"冠云峰"刚柔并济，形神兼具；"岫云峰"孔洞密集，形似蜂巢；"瑞云峰"轻巧灵动，纹理明晰。较为普通的太湖石则用来叠成石假山，可大可小，造型各异，如环秀山庄中的石假山，采用"拼镶对缝"的叠山手法，石缝间用灰浆填补，形成的假山整体性强，浑然天成。

（2）明清杭州私家园林石材的选择与筑山特色

杭州距离太湖相对较远，私家园林中所用的石材品种则更加丰富，除太湖石外，还有广东的英石、安徽的宣石等，更加因地制宜，直接运用山中原有的石头进行造景。这也体现出杭州包容的城市氛围。如郭庄、芝园、红栎山庄等多采用太湖石掇山叠石，而岣嵝山房、小有天园、吟香别业等将山中的怪石、崖壁直接纳入园中。

在筑山方面，杭州私家园林内石峰较少，除了"绉云峰"外（图5-6），少见大型的具有整体感的独块石料，而是多采用太湖石等小块石料堆叠而成假山，或是用"点石"的手法，结合植物配置零散布置一些石块，这类筑山手法与苏州私家园林类似，而不同之处在于部分杭州私家园林直接借助山林地内的山石群、洞穴、深岩、峭壁，稍加整理便作为园林内的山石景观，自然而富有野趣，这也是杭州私家园林的独特之处。如芝园的大假山是目前国内最大的人工假山溶洞，假山上有三座楼阁，下有"悬碧""皱青""滴翠""颦黛"四个小溶洞，四通八达的小道，忽明忽暗、弯弯曲曲，有灵隐飞来峰之意象。而位于呼猿洞旁的青莲山房，背倚莲花峰，架于曲涧之上，峭壁掩映，无丝毫人工掇山叠石，却将真山真石景观尽数纳入园中，风格各不相同。另有丁家山上李卫所筑的蕉石山房，房前天然奇石林立，状类芭蕉，泉从石罅中涌出，隆隆作响，清澈澄碧。

图 5-6　曲院风荷绉云峰

3. 理水

园林无水不活，水是园林中的灵魂，故造园就离不开"理水"。理水一般有两种形式，一种是对原有自然水体进行利用和改造，另一种是在没有水的情况下引泉凿池，人工开挖水体。苏杭私家园林的理水方式也不外乎于此，但在细节处理上还是存在诸多不同。

（1）明清苏州私家园林中的理水

苏州全城水网密布，丰沛的降水形成了苏州较高的地下水位，这样的地理条件给私家园林凿池引水创造了良好的条件，因此，造园者通常利用原有水系，采用大面积水体营造开阔的空间形态，弥补高墙围合所带来的沉闷氛围，形成一股自由清爽的气息。同时，水的形态被设计成涌泉、溪流、瀑布、静水面等多种类型，水体四周布置各式建筑、假山、花草树木，形成山水环绕的画面，使园林格局散中有聚，变化多样，营造宁静安稳的意境。拙政园的理水堪称经典（图 5-7），水池部分景致是全园核心，造园者充分利用了苏州多积水的特点，模仿自然山水，挖池疏浚，堆土成山，形成两座池中岛山，岛上以亭桥点缀，又辅以茂林芳草，由主池分流出去的支流串通园中各处景点，支流水面时而广阔，时而收敛，几乎在园中任何一处角落都可以看见流水潺潺，听见泉水叮咚，形成一处处风格别致的院落，与主景风格高度统一，浑然天成。在池岸处理上，苏州私家园林讲究师法自然，以石岸为主，土岸为辅，选石多用太湖石，在叠石过程中，十分注重石纹、石理的衔接。如留园冠云峰前的石岸，与冠云峰采用相同的太湖石石料，风格统一，石块间衔接自然，石缝间以花草填补，浑然天成。

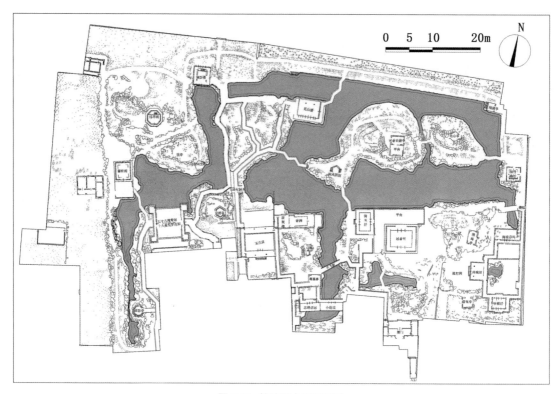

图 5-7　拙政园水系平面图

（2）明清杭州私家园林中的理水

明清杭州部分私家园林理水方式与苏州相似，但喜好最大限度借用西湖的真山真水，且驳岸类型更加多样化、带有当地特色。如郭庄（图 5-8），园林东面整体面向西湖开放，临湖处有码头，布置了乘风邀月轩、景苏阁等平台休憩空间，又引西湖水入园，由"两宜轩"分为南北两片水体，南面是模仿自然形态而建的"浣池"，池曲折蜿蜒，池边太湖石堆砌，与苏州私家园林理水形式十分相似；北面则是形态规则的"镜池"，池岸由石板堆砌，规则整齐，干净大气，陈从周老先生称之为绍兴风格，实为延续了南宋的理水特点，水面更加开阔。

还有部分私家园林建在西湖周围山林之中，理水的过程中常会用到山泉和溪流，由于地势的局限性和出于保留自然的原真性，一般不会进行人工大水面的开挖，水景的设计也就不同于苏州私家园林，没有起到统领全园的作用。古籍《西湖梦寻》中有许多相关记载，如描写青莲山房时，书中写道："山房多修竹古梅，倚莲花峰，跨曲涧，深岩峭壁，掩映林麓间。……台榭之美，冠绝一时"，又如对岣嵝山房的描写："明李元昭用晦，架山房于回溪绝壑之上，溪声出阁下，高崖插天，古木蓊郁"。还有《湖山便览》中写到留余山居的水景为泉，泉水自山北侧疏石中流出，经石壁而下，高数丈许，飞珠散玉，滴水成音。从这些描写中，可以想象当时这些园林隐于山林溪涧之间，不惹凡尘的绝美精致。

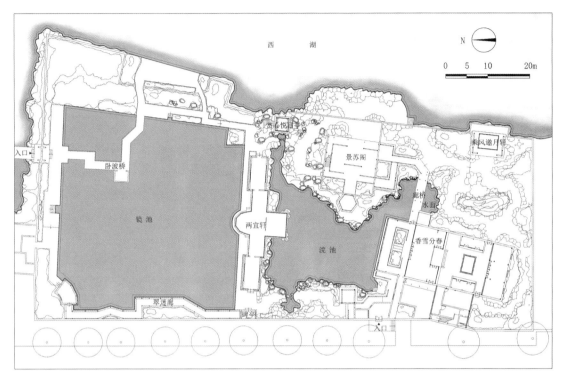

图5-8　郭庄水系平面图

4. 建筑

园林中的建筑常常作为景观节点，既可作为景观被人观赏，又可在此欣赏建筑之外的风景，因此园林建筑自身不仅要具有美观性，还要具有一定的实用性。明清苏杭私家园林中的建筑都为典型的江南园林建筑风格，但在布局、色彩等方面存在一定差异。

（1）明清苏州私家园林的建筑布局

明清苏州私家园林建筑布局的一个典型风格为自由散逸，尤其是在规模比较大的私家园林中，往往会采用这种平面布局形式，大多数的建筑分散布置在水池边、假山树林中，每一处建筑都是一个独立的景点，相互之间却形成一个有机的整体；而在规模较小的园林中，向心式的建筑布局更为多见。以留园为例（图5-9），造园者在主景周围环绕布置建筑，形成一条环绕全园的游园路线，每一处建筑的观景角度都不同，看到的园林景致也完全不同，使小园的园林景观更加丰富。

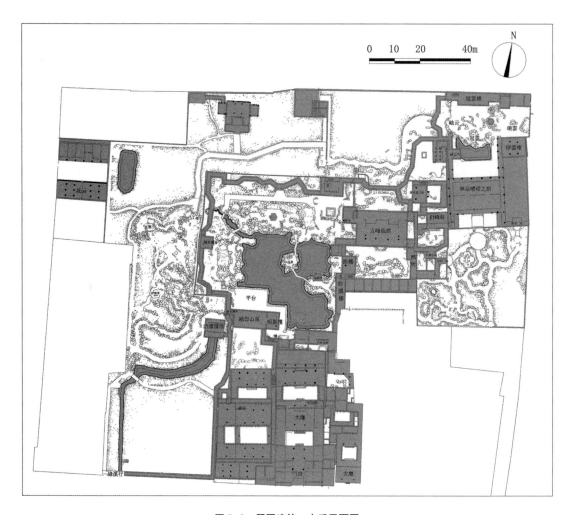

图 5-9 留园建筑、水系平面图

（2）明清杭州私家园林的建筑布局

杭州私家园林中的建筑也存在向心式布局形式，如郭庄浣池区域，但相对苏州私家园林而言，杭州私家园林大多不分布在城中，用地较为宽裕，故建筑布局也较为疏朗，又有选址于山林地中的私家园林，由于原有地形较为丰富，故建筑多顺应地形，采用高低错落、自由分散的布局方式，多是哪处景色优美、视野佳，便布置在何处，并不一定围绕着水系而分布，如明代的快雪堂，清代的小有天园、留余山居、俞楼、紫阳别墅等皆是如此。特别是吟香别业，位于孤山东部，园林东面临水，又挖方池引西湖水入园内，通透的水榭长廊筑于方池与西湖水之间，既沟通了园林内外空间，更将园景由园内引向园外，园林范围被无限扩大，园内建筑布置较为自由，散置于平坦地形处，隐约形成南北两个院落空间，南院落接方池，点缀有几株古树，疏朗开阔，北院落以竹林为背景，安静舒适，又有小路通往后山，山腰处又筑有亭，既可纵览全园，又可赏西湖东侧美景（图5-10）；

又如留余山居，亭、楼、长廊依山势而建，在山最高处设望湖楼、望江亭，以纳西湖、钱塘江之景。

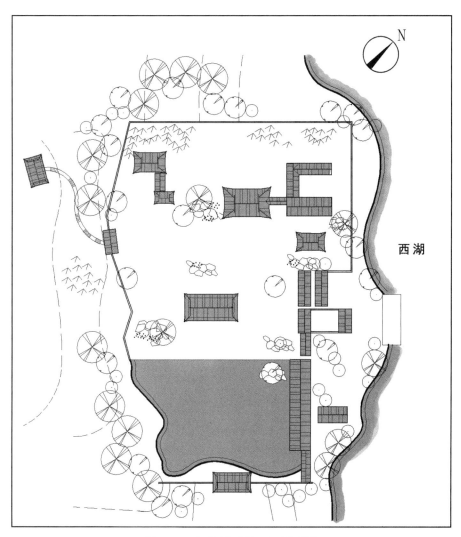

图5-10　吟香别业建筑、水系平面图

（3）明清苏州私家园林的建筑色彩

明清苏州私家园林园主人受儒家"中隐"理论、道家"清静无为，道法自然"思想以及当时吴门画派"墨到为实，飞白为虚"作画风格的影响，园林中建筑的色彩为典型的"粉墙黛瓦"，建筑和围墙墙面通常为纯白色，瓦片、房梁皆为青黑色，木柱也被漆上深色的漆，来营造纯粹的黑白色彩，他们认为黑与白是最为清高脱俗的两种颜色，以这两种颜色来粉饰建筑，才能营造出他们心中恬静悠闲，适合修身养性的理想宅院。

（4）明清杭州私家园林的建筑色彩

明清时期杭州私家园林建筑的整体色调亦是以黑白两色为主，形成原因与苏州私家园林基本一致，但是杭州私家园林的建筑并不会追求纯粹的黑白，多会保留一抹自然的颜色。一方面，这是因为杭州私家园林始终受西湖自然山水的影响，更多呈现出自然山水园的质朴面貌；另一方面，明清时期的杭州受南宋及浙派绘画的影响，讲求雄浑大气，质朴天然，少了一些人为艺术的加工。

5. 植物配置

古人说："山借树而为衣，树借山而为骨，树不可繁，要见山之秀丽；山不可乱，须显树之光辉"。明清苏杭私家园林植物配置都体现师法自然，遵从适地适树、植物多样性和景观艺术性的原则，但配置手法上有细微的差别。

（1）明清苏州私家园林中的植物配置

苏州私家园林中的植物配置讲究繁而精，一草一木，皆追求精致完美。在苏州的大型私家园林中，树木、花草、藤蔓类植物加起来一般会有200种以上，中小型私家园林中植物种类也会达到40～80种。而且这些绿色植物并不是简单堆叠在一起，而是基于高水准审美上的艺术配置，造园者需要考虑植物的生长规律和季相特点，搭配出的植物景观要做到高低错落，疏密有致，四时之景各有千秋。

另外，苏州私家园林植物配置方式与吴门画派息息相关。吴门画派在山水画上成就突出，作画时强调笔触表达的情感，有时用枯墨的形式表现一棵枝干苍虬的老树，有时用细腻的笔法来表现一株山中兰花，这种作画风格运用到园林植物配置中，当以植物作为主要景点时，可以采用孤植手法，这是最能体现植物本身形态的一种配置方式；当植物作为衬景存在时，常常采用丛植的配置手法；当植物作为主题景观的背景时，会用到群植的手法，同种植物的群植可以将植物的自然景观发挥到极致，多种植物的群植则可以展现各类植物的不同姿态，营造出类似自然山林的景色，就像一幅泼墨山水画，飘逸自然。

（2）明清杭州私家园林中的植物配置

相比苏州而言，杭州西面山林遍布，植物资源丰富，奇花异草繁多，在植物配置上存在得天独厚的优势，可就地取材，多用乡土树种。另外，杭州自唐宋起，园林的营造多重视植物造景，尤其是南宋时期，作为南宋园林精华的所在地，其园林内部多以植物为主要内容，讲求种类多样、成片栽植、形式自然。明清杭州私家园林承袭南宋的植物营造手法，园中的植物种类与苏州私家园林相比有过之而无不及，基本的配置手法如孤植、丛植、群植等都与苏州私家园林大体一致，但尤为关注片植，由于私家园林面积的局限性，这些片植的植物不一定位于园林内部，多是在园林周边，且不多加修饰，追求的是整体效果，成片植物景观又被借入园林内，使得园外与园内景色浑然一体，园中景致被无限放大，营造出了宁静深邃的意境。如西湖湖畔的私家园林，常借景西湖内的大片荷花，无形之中增加了园内景观的丰富性，而山林中的私家园林常常直接利用周围成片的山林景观，在林中筑亭、廊等游憩建筑，似乎整片山林都被纳入了园中，园林的范围被极大拓展开去。

三、浙派园林造园特色总结

明清苏杭私家园林的差异来源最主要是地理环境不同，从而直接造成两地园林选址不同，进而影响到两地的造园手法产生互异（表5-1），其中选址于山林地的杭州私家园林造园手法可谓自成体系，极具特色，凸显了天人合一的生态观和价值观。但是，由于保留至今的明清苏州私家园林数量较多，保存较为完整，研究对象也较为直观，而明清杭州私家园林则所存无几，大部分园林描述来源于古籍，这就使得研究结论可能存在一定偏差，需要继续深入调查，发掘新的内容，从而完善两地园林的造园特点和文化内涵。

表 5-1 明清苏杭私家园林对比汇总表

对比内容		苏州私家园林	杭州私家园林
造园背景	地理环境	地形平坦；河港交错，湖荡密布	地势整体西高东低，湖山环绕；植物资源丰富；山中多泉水、多怪石
	经济环境	经济极为繁荣；手工业发达；士绅集中	经济极为繁荣，全国性的大都会；旅游业发达；外客云集
	人文环境	在全国文化领域处于中心地位；吴门画派占据了画坛主位，风格宁静、雅致，文风甚炽；有"仕隐齐一"的情怀	文化极为繁荣；受南宋影响深远；浙派绘画风格雄健、简远；注重理性思维；多寄籍进士
	历史环境	文人造园兴起	自然山水园林营造方式积淀深厚
造园要素	选址	多城市地	多山林地、江湖地
	筑山	用石风格单一，以太湖石为主，黄石为辅；筑山形式丰富；筑山规模可大可小，可零可整	善于就地取材，选用的石材种类丰富；石峰较少，"点石"运用较多；常用山中自然山石来营造景观
	理水	利用原有水系进行人工营造；以聚合的水体为主景，水面形态有聚有散；以湖石驳岸为主	常借西湖或山泉、溪流之水，山林中的私家园林水景多保留原真性，少人工痕迹；驳岸自然式与规整式并存
	建筑	大园以自由散逸的布局形式为主，小园以向心式的布局为主；色彩为纯粹的黑白色	布局讲究因地制宜、高低错落、自由分散、舒朗开阔；色彩除了黑白色，还有木头的自然色
	植物配置	讲究繁而精；与吴门画派息息相关	就地取材，种类多样，风格秀雅；园林周边多片植、形式自然；注重借景

从上面的分析可知，浙派传统园林大多依托于浙江美丽的自然山水，以丰富的文化艺术为内涵，不同的生态环境为骨架，融合绿水青山，彰显地域文化，形成"包容大气、生态自然、雅致清丽、意境深邃"的造园特色（图5-11），凸显了天人合一的生态观和价值观。

图 5-11 浙派传统园林造园特色

第二节　浙派园林的造园意匠

一、相地合宜，因借自然

　　相地原是中国古代造园选址的通俗用语，明末造园家计成所著《园冶》卷一的相地专篇中，对相地做出了精辟的描述："相地合宜，构园得体"。计成根据他的造园经验，把造园用地归纳为山林地、城市地、村庄地、郊野地、傍宅地、江湖地六大类，并在对于造园的利弊上，分别进行了客观的评述。相地即通过精心观察，勘测山水、土地、植被的质地、外观形象和状态等，对园址的环境和自然条件进行评价，设想地形、地势和造景构图关系，考虑营造的内容和意境，直至基址的选择确定。

　　相地作为造园的首要步骤显得格外重要，浙江古代的造园家十分重视园址的作用，园林的选址都讲究利用天然环境，山清水秀，幽曲有情，能体现"自成天然之趣，不烦人事之工"的特点。通过对场地本身和其所在的周边环境，进行细致的踏查和分析，从场地的特性出发，展开空间的合理布局与艺术创作，同时结合借景手法，摒俗收佳，将周边场地外的优美自然之景纳入园中，为我所用。从而实现园林虽立于自然之中，却能"高于自然"的艺术效果。以"真山真水"为依托的浙派传统园林，其意其韵往往出其不意而巧夺天工，为游观者所钟情。

　　我国传统园林大多属于人工造园，为了营造园林景观，让人入园便可欣赏到园林之美，于是大兴土木，范山模水，挖湖堆山，然而过多人工营建，总不免留下人工的痕迹，对园林意境的形成产生了一定程度的"负面效应"。而浙江尤其是浙北一带山体的尺度较小，加上有很多孤丘都分布在城郊或城内。地理上的优越性，为构筑园林提供了天然条件，众多园林利用真山真水，依山而建。山水本身就充满着园林韵味，何必再另造人工园林呢？杭州西湖园林，嘉兴南湖、鸳鸯湖畔的园林，明末祁彪佳在《越中园亭记》中所列291处绍兴一带的园林，基本上都是以真山真水为依托而建的，共同借助公共大园林的景色，营造自身优美景观。

浙派传统园林处处依山而建，傍水而设，根据不同的选址可分为水边园林、山麓园林、山巅园林，以及以整座小山为依托的孤丘园林。水边园林如杭州郭庄、吟香别业，以及绍兴天镜园，水天一碧，山容水色，水泛山光，"远山入座，奇石当门，为堂为亭，为台为沼，每转一境界，辄自有丘壑，斗胜簇奇，游人往往迷所入。"庭院内水系与外面开阔水面连为一体，湖泊之景，纳入园中，可谓妙哉！山麓园林如杭州小有天园、绍兴兰亭，置身园中，既可远揽崇山峻岭、茂林修竹的园外之景；又可近玩一脉贯通，带来全园生动的园外之水。这种引水入园、借山入景的造园手法，使山麓园林的环境更为开阔，意韵更为幽深，令人回味无穷。山巅园林如孤山四照亭，于山顶建亭，登高而望，但见山下绿水环绕，山间白鹭飞翔。另有孤丘园林寓山园，明末越中文学家祁彪佳所构，寓山园依寓山而建，借助寓山自然之美，共建成49景，寓山园可谓集越中园林之大成。总而言之，以浙江山水之"佳"，无论山麓山巅、水中水边，其皆可辟而为园，营而成景。

二、得水为上，山水筑园

浙江境内大小城市如杭州、绍兴、嘉兴、湖州等皆依水建城，城内河流纵横。郦道元在《水经注》中曾有一段描述："万流所凑、涛湖泛决、触地成川、枝津变渠"。河网密布的自然环境使浙江与水有了不解之缘。在本书第二章中，已经分析了浙江整体的地理环境，在丘陵众多的浙江地区，多以溪涧为中心构建园林。如会稽山"三十六源"清澈泉水在经历了九曲十八转之后，汇聚鉴湖。其中最为著名的为若耶溪（图5–12）。若耶溪在越民族发展的历史上占有重要地位，被称为越民族的母亲河。从越王无余之旧都，到勾践迁都平阳，又迁都到至今城址未变的绍兴城，均在若耶溪边，越族政治经济一直以若耶溪为中轴发展。若耶溪风光秀丽，以清幽著称。当时著名的美人宫、乐野均依溪而建。在嘉兴、湖州等平原地区，以湖泊为中心，营建园林。如东汉会稽太守马臻兴建的鉴湖，不仅带动了绍兴当地农业经济的发展，而且为园林的兴建提供了良好的自然条件。文人士大夫在鉴湖畔建墅立园，兴建庄园，纵情佳山佳水之间。还有丘陵与湖泊两者相结合的杭州，更是尽显湖山之胜，西湖核心区域形成"一山、二塔、三岛、三堤"的景观格局，以及自南宋起对中国传统造园产生深远影响的西湖十景。

图 5-12　若耶溪绘画与实景

　　人们择水而居、遇河建桥，创建了精美的园林式宅园。水成为浙派传统园林中举足轻重的一个造景元素。正由于浙江人对水的钟爱，造园之时必然会对水有一番精心的设计与利用，借助自然之水面、山泉或人工开凿水池、水井，营建园林景点，并赋予其精神内涵。如郭庄（亦称汾阳别墅）是杭州山水园林的典范，其选址与水景布置均顺应场地地势结构，并借西湖之水，倚西湖而建。"园外有湖、湖外有堤、堤外有山、山外有塔，西湖之胜汾阳别墅得之矣。"此四句山园湖堤之词将郭庄山水之景呈现得淋漓尽致。西湖小瀛洲，是人工疏浚西湖，用挖出的泥沙堆积成的湖中小岛。其利用场地之便利，以横向纵向的曲桥和柳堤将湖区划分为规整的四个水面，形成田字形，增添了极强的景观空间层次感。明代徐渭在其住处青藤书屋的书房前靠屋营建了一方形小池，称其为"天池"。池周边有精致古朴浑厚石栏，近北横卧石梁。池面面积仅约 5.5m^2，池水往北延至屋下。池中立一石柱，下抵池底，上承屋基，上书四字"砥柱中流"，意境深远，道出了园主人之气魄，令人赞叹不已。一潭小池，确实不足以托胸中之志。但正是这方整，显示出园主人之直率豪迈。著名的兰亭景区中的曲水流觞，其特殊的人文情怀与水体形态，对后世国内外园林理水手法产生了深远影响。正因有水才能感受镜中之游，才能尽流觞之欢，才能成就柯岩、东湖之景。

三、注重植物，意境深远

　　植物是中国传统园林极其重要的组成部分，植物景观由于色彩、季相、立面的丰富变化，往往成为风景中最吸引人注意的一点，也成为勾起文人墨客思绪的触发点。他们把内心的感情和审美情趣都寄托于大自然的花草之中，使植物具有了丰富的文化内涵。植物景观和植物文化相辅相成，两者密不可分。好的植物景观自然而然演变成植物文化，成为一种模式或者一种符号，伴随着历史延续传承下去。同时，植物文化也是植物景观的重要组成部分，对植物景观有很大的提升作用，使其富有诗情画意。

植物景观的营造理论自古就有，《园冶》是我国第一部园林艺术理论专著，论述了宅园、别墅营建的原理和具体手法，虽无单独的花木篇，却在园说、相地等章节零星地提及了植物配置，虽少却精；《长物志》卷二"花木篇"在前言概述了总体的植物配置理论，后文列有约50种花木，具体论述了各种植物的种植要点，系统而全面；《闲情偶寄》中的"种植部"同样列了诸多花木，以轻快的口吻述说作者养花的经验之谈；《花镜》详细地记述了观赏植物栽培原理和管理方法，其中的"种植位置法"更直接地提出了相关的植物配置设计原则，堪称中国园林发展史上有关园林植物配置的最高论著，有着极大的参考价值与指导意义。另外，还有诸如《群芳谱》《浮生六记》《履园丛话》《遵生八笺》等古籍也有述及植物配置。

浙派传统园林历来注重植物季相景观的营造。浙江地处亚热带季风气候区，四季分明，春有桃杏，夏观荷花，秋赏桂花，冬又有梅花、蜡梅双梅斗寒。一年四季，浙江的观花植物争相开放，装点着浙江的山山水水。又加之晨暮与雨、雪、晴、风、雾等气候条件的变化，植物的四季景观显得越加耐人寻味。

如杭州西湖历来是植物景观营造的典范，南宋时有"西湖十景"，元代有"钱塘十景"，清代又有"西湖十八景""西湖二十四景"，现在又有"新西湖十景"。从这些景名中可以看出西湖季相植物景观的丰富程度，有些直接点名某个季节的特色植物，有些则只是含蓄地说明是某个季节的景观，对于具体植物并未直接点名。前者，体现春景的有：六桥烟柳、柳浪闻莺、龙井问茶；夏景有：曲院风荷、莲池松舍；秋景有：满陇桂雨、雨沼秋蓉；冬景有：梅林归鹤、西溪探梅；四季可观有：花港观鱼、九里云松、云栖竹径、凤岭松涛。后者如苏堤春晓、湖山春社、云栖梵径、海霞秋爽等。梅花、柳、荷花等植物的叶色、花色本身就有强烈的视觉效果，时配上莺、鹤、鱼等动物，时融入风、雨、雪、月等自然景观，西湖的植物景观显得更为灵动、更为飘逸。

又如清初孤山园林植物景观的营造则更为全面，侧重体现植物的色彩美、姿态美、香味美、声音美和光影美，且注重四季有景。如"竹凉处"，以竹子、松树为造景要素，种植了万竿绿竹，夹杂着苍松、怪石，形成清阴茂密的环境，其中夏季竹林雨后初晴的景色尤为让人心动，日光从竹叶的缝隙中漏射下来，留下几处斑驳光影，竹叶上挂落的水滴隐藏着翠竹的清香，鸟语山幽，清凉如玉的夏景扑面而来。又如"绿云径"，园路遗址修筑于孤山山岗之上，两侧花木繁茂，古藤攀援于古木之上，青苔嵌于石坡之间，于枝条叶片的空隙处可以隐约欣赏到西湖南、北两侧的景色，清风拂过，人语声隐隐约约，营造出远离嚣纷的世外之境。又如"鹫香庭"，取自唐宋之问《灵隐寺》中的"桂子月中落，天香云外飘"，而月中桂唯灵鹫山中有之，故名"鹫香"，又有御制诗"山水清晖蕴，挺生仙木芳。徒观叶蔚绿，因忆粟堆黄。雅契惟期月，敷荣却待凉。何当秋宇下，满意领天香"等诗文描绘这一处的美景，园景的营造与诗文的撰写相辅相成，既将诗文作为园林构图之本，又利用文学品题将园林景观诗化。鹫香庭遗址以孤山山岗为背景，房前遍植桂花，金秋时节桂花飘香，若恰逢中秋，赏花与赏月兼得，花香因夜间花露更加沁人心脾，营造出芬芳喜悦的秋景；再如"玉兰馆"，遗址与鹫香庭相近，堂前多植白玉兰，花开时节，远望如琼枝玉树，营造出清新雅致的春景。

浙江植物种类丰富，品种繁多。《花镜》一书记载园林植物就有305种，《闲情偶寄》有73种，《遵生八笺》也有132种开花植物的记载。如垂柳、香樟、桂花、梅花、桃花、马尾松、木芙蓉、荷花、杜鹃等都是杭州乡土植物，现在依然广泛应用于西湖景区当中。

浙江植物景观同样具有悠久的历史，在这里有唐宋元明清各朝代的名胜古迹，众多景点已经成为浙江特有的植物文化景观。如谈到杭州西湖的梅花，必然会想到林和靖的梅妻鹤子，想到"疏影横斜水清浅，暗香浮动月黄昏"的咏梅名句。谈到林和靖，自然而然也会联想到西湖的梅花和他的咏梅诗。林和靖和梅花，人和植物，两者之间已经融合在一起，组合成西湖独特的植物景观文化。其他典型的还有苏东坡和苏堤的桃红柳绿、杨万里和西湖的荷花、乾隆和十株御茶、袁仁敬和九里云松、白居易和西湖的桂花等。

同时，浙江传统园林的植物景观也注重对历史文脉的传承和发展，如九里云松、孤山梅花、灵峰探梅、万松岭的松林、苏白二堤的桃柳等植物景观，都经历了历史的兴衰变化，但不同时期都有人补植相应的树种以恢复历史上的植物景观，这些都是西湖植物景观历史延续性良好的见证。新中国成立后的人工造林也注意西湖历史植物名胜的恢复，如云栖竹径的毛竹林、满觉陇的桂花，延续了西湖的历史文脉。21世纪初开展的西湖综合保护工程也传承了历史文脉，南山路、北山路、湖滨路、杨公堤一带植物景观各具特色（图5-13～图5-16）。

图5-13　杭州西湖南山路植物景观

图 5-14　杭州西湖北山路植物景观

图 5-15　杭州西湖湖滨路植物景观

图 5-16　杭州西湖杨公堤植物景观

四、建筑点景，精在体宜

　　浙派传统园林崇尚自然美，人工化的建筑在园子中占的比重较小。它们是作为园景不可或缺的重要组成部分，除了满足游观、休憩、品茗、聚会等实用功能外，对其他景观同时起着点缀、引连等作用，甚或以"点睛"之笔为全园长精神。而一些位扼形胜的主体建筑，又常常成为凝聚、转换、辐射全园景色的枢纽。诚如沈元禄《记猗园》中说："奠一园之体势者，莫如堂，据一园之形胜者，莫如山。"

　　园林中的亭、台、楼、阁、厅、堂、轩、榭、斋、馆、廊、舫等建筑，都是构成园林的重要因素。浙派传统园林以雅致、自然为特色，故其中建筑物的造型、布局结构乃至装修与之相配，建筑物的布局、选址、朝向方位、平面结构、体量尺度以及外观形式无不精心推敲，求其得体。这其中亭是园林建筑中最为活泼自由的单元。亭无所不在，样式不拘，童寯在《江南园林志》中云："惟园林亭榭，可以随意安排，结构亦不拘定式……"，又云"盖除受气候、材料、取景及地形限制外，无任何拘束。布置既无定格，建筑物又尽伸缩变幻之能事。"同时，浙派传统园林中建亭处，往往凝聚着丰富的风景信息，需要用亭去点破、点醒、点缀。亭子就处于内外"气"的汇聚流动之中，可以让人吸纳大自然无限空间的景色，给人以无限丰富的美感。

　　如曲院风荷中点缀着十几座风格迥异的景亭，形成不同的风景。最北边的是御碑亭（图 5-17），此亭位于岳湖区中，是一座碑亭，其中放置着御笔题写的石碑，经过时间和历史的冲刷，当年的亭子已不复存在，如今现存的是之后重新修建的。往南是风荷区，此处有两座景亭，由北到南分别是风徽亭（图 5-18）和波香亭（图 5-19），两座亭子形式各异，分别环于水面四周，并且能够相互眺望，形成视线互通之势。与风荷区相邻的是曲院区，在这里有三座景亭，其中一座名为觞咏亭（图5-20），位于靠北的地方，旁边紧靠曲水流觞的水池，相互配搭别有风味；在此区南岸湖边的地方有一座赏荷的亭子，伸出水面，立于水中，周围荷花遍布，景色优美；除此之外，也有一座桥亭，此桥名为玉带桥，其上设有景亭（图5-21），本为雍正时期建造，后在民国时期损毁，1980年代重新建造。而在南边的密林区中，零零散散地矗立着许多景亭，大多为现代形式，与周围的水杉密林相结合，并且水流伴随其中，使得景致别有韵味。在郭庄这个曾经的私人宅院中也有景亭，一座名赏心悦目亭，一座名浣藻亭。咫尺山水之间，景亭设立于其中，和周围的建筑景物融为一体。

图5-17　曲院风荷御碑亭

图5-18　曲院风荷风徽亭

图 5-19　曲院风荷波香亭

图 5-20　曲院风荷觞咏亭

图 5-21　曲院风荷玉带桥亭

同时，园林建筑不仅仅本身用作品赏对象，它还让人驻足室内，进行观望，因此诸凡建筑都或多或少开设窗户，《园冶》所谓："轩楹高爽，窗户虚邻，纳千顷之汪洋，收四时之烂漫。"杜甫诗云："山川俯绣户，日月近雕梁。"又云："窗含西岭千秋雪，门泊东吴万里船。"可见无窗就无景，而有了窗户，人与物，内与外就发生交流、渗透，将窗外大自然的美感和空间的畅达、深远，揽入襟怀，同时窗户本身也构成了建筑的虚实对比，使园林建筑更具观赏性。如杭州孤山之上"四照亭"，遗址位于孤山最高处，与北面葛岭遥相呼应，迎四面之风，看山光塔影，长堤卧波，倒映明湖，领略"面面有情，环水抱山山抱水"的情趣；又如"瞰碧楼"，位于孤山南麓山腰，以竹林为背景营建小楼，近可看绿树繁花，远可眺湖光山色，雨天晴天皆可在此赏景，仰视俯视俱有不同景致；再如"海霞西爽"，遗址位于孤山西麓山腰之上，取自古人所云"西山朝来，致有爽气"，此处曾有望海阁，可赏海上霞光，后在此建西爽亭，这里清风拂面，凉爽宜人，既可远眺西湖西山，又宜赏晚霞满天。

五、借景巧妙，小中见大

人们常用"小中见大，步移景换"来概括中国园林空间艺术的特色。即园林用地面积虽有限，景观内涵却非常丰富，令人感受到大自然的千丘万壑、清溪碧潭、风花雪月、光景常新。诚如明代造园名家计成《园冶》所言："咫尺山林，多方胜景。"

其中借景是浙派传统园林值得大书一笔的造园手法。它似乎让人在不经意处偶得妙景，然而这"不经意"可能恰恰就是造园家必须反复推敲、着意经营的点睛之笔，故《园冶》有言："构园无格，借景有因。"当然也存在心有灵犀、信手拈来的情况，所谓"因借无由，触情俱是"，但这里面也正是因为有了厚积薄发，因情生景的底蕴，方能"蓦然回首，那人却在灯火阑珊处。"那为何要称作"因借"呢？其中还包涵着因物而借和因地制宜两层意思，这就强调了造园家必须具有既实事求是又主观能动的创造精神。《园冶》对于"巧于因借"的范围、机缘、原则、方法等也都有简约凝练的形象描绘。如："园虽别内外，得景则无拘远近，晴峦耸秀，绀宇凌空极目所至，俗则屏之，嘉则收之，不分町畽，尽为烟景，斯所谓巧而得体者也"；"萧寺可以卜邻，梵音到耳；远峰偏宜借景，秀色可餐"；"轩楹高爽，窗户虚邻，纳千顷之汪洋，收四时之烂漫"；"江干湖畔，深柳疏芦之际，略成小筑，足征大观也"；"佳境宜收，俗尘安到"；"夫借景，林园之最要者也。如远借、邻借、仰借、俯借，应时而借。然物情所逗，目寄心期，似意在笔先，庶几描写之尽哉"。

浙派传统园林就善于运用"借景"手法，突破园墙的局限，将园外之景纳入园中观赏范围，以起缩地扩基之妙，同时，园内之景亦可相互借资，通过视点、视角的切换，使同一景物发生景观的种种变化，以达到成倍地丰富园景的效果。如杭州西湖、嘉兴鸳鸯湖、绍兴鉴湖等公共大园林内的小园林，都是因势造园，将真山、真水纳入园中，共同借公共大园林的景色，营造自身优美景观。

又有借大自然的光、影、天象之景，将这些外在自然要素与园林要素一起欣赏，从而提升园林内涵，深化园林意境，如"平湖秋月"（图5-22），筑亭于孤山最东端，恰是湖面最宽广处，此处赏月将月光、月影、四季之秋景与媒介物西湖水相结合，形成月印水中，水月相溶，"一色湖光万顷秋"之景。又如"贮月泉"（图5-23），遗址位于山崖凹地中，三面为崖壁石景，一面为宫苑围墙，整体环境较为幽闭，有泉自崖间出，汇为曲池，池面不大，水清且浅，旁植松树、梅花，月光、树影倒映于水中，更显静谧氛围。同是借景月光、月影，此处所营造的景观与平湖秋月截然不同，一为"奥"，一为"旷"，一适合独玩，一适合众赏，从而游赏心境也各不相同。

图 5-22　杭州西湖平湖秋月

图 5-23　杭州孤山贮月泉

其次在园林的结构布局上，浙派传统园林常用粉墙、曲廊、花坛等将一个园子分隔成若干小的景区，并赋予这些小景区以特定的风景主题，以此来增加园景的层次，使欣赏内容多样化。人行其间，则峰回路转，幅幅成图，柳暗花明，意趣无穷。陈从周《说园》有言："园林的大小是相对的，无大便无小，无小也无大。园林的空间越分隔，感到越大，越有变化，以有限面积，造无限的空间，因此大园包小园，即基此理。""小中见大"与"大中有小"，揭示了两者相辅相成，互为因果，造就了浙派传统园林以有限面积得丰富景观的特点。然游人置身园中，却能感受"空灵"二字，这正是"虚中实，实中虚"的手法，传统园林受山水画影响至深，清郑绩《梦幻居画学简明》说，"凡布置要明虚实……以一幅而论，如一处聚密，必间一处放疏以舒其气，此虚实相生法也。"这是画理，也是造园之理。惟其如此，方能在园林中做到"常倚曲阑贪看水，不安四壁怕遮山"，"目既往还，心亦吐纳，情往似赠，兴来如答"，使园林中流动着生动的气韵，让游人扩大了心理上的空间感。

如西湖小瀛洲即是如此，呈现出湖中有岛，岛中有湖，园中有园，曲回多变，步移景异的江南水上园林的艺术特色。又如杭州孤山园林"述古堂"，坐北朝南，南面临水设置码头，虽仅前后两进院落，但建筑间距较大，一方面有利于扩大庭院面积，将建筑融于山林之中；另一方面易于形成层次感，从而获得不同高度的视野体验。第一进院落地形较为平坦，形式较为规整，第二进院落地形复杂，为将原有六一泉及周边岩壁、怪石纳入其中，故形式自由，不拘一格。主体建筑间以蜿蜒曲折的爬山廊相连接，爬山廊的布置也是因山就势，逢高则高，逢低则低，整体富有变化。再如"梅林归鹤（林和靖故居）"，位于孤山北麓，面向葛岭，居于此保俶塔景、宝石流霞尽收眼底，园林同样将西湖之水引入园内，于水中筑台置放鹤亭，以赏湖光山色，而巢居阁位于与放鹤亭同一地势高度的院落中，需要由湖边小径拾级而上入园门而至，院内建筑因地形限制分散布局，但巢居阁的位置恰与放鹤亭、御碑亭错开，既隐于山林之中，又对着园中水体，更面向西湖，视野较为通透。

第三节　浙派园林造园意匠典型案例分析

一、杭州小有天园园林艺术探析

小有天园，人称"赛西湖"，曾是杭州西湖南线一处著名的私家园林，位于南屏山北麓慧日峰下，为清乾隆杭州二十四景之一，梁章钜在《浪迹续谈》中称"窃谓南北山亭馆之美，古迹之多，无有出此园之右者"，乾隆皇帝六次南巡均来此处游赏，并赐名"小有天园"。清代文人也留下了较多有关描绘该园林美景的诗文。

小有天园与南京的瞻园、海宁的安澜园、苏州的狮子林，并称清乾隆时期"江南四大名园"，并在北京皇家园林长春园思永斋内仿建。这四园中的后三园皆属于人工山水园，营建于城镇之中平坦地带，人工开挖水体，堆筑假山，营造"咫尺山林"的微缩环境。唯独小有天园是天然山水园，基于原有地形环境，将真山、真石、真水纳入其中，因势利导进行调整、加工，尽显清幽野趣之真味。

然而当前学界关于小有天园的系统研究较为缺乏，贾珺在《长春园之小有天园与杭州汪氏园》中依据时间顺序列举了一些有关小有天园的文献，并总结了其造园特色，但整体较为笼统、简略。其他有关小有天园的文章，多为概要性描述，造园研究方面几近空白。究其原因，可能是现今园林已毁，仅留有少许遗址，且未修复重建，世人难以直观地欣赏到全盛时园林的全貌，且相关文献记载较为零散，给系统研究带来了一定难度。本书首次在多次实地调研的基础上，查阅各类文献典籍，析出相关内容，并进行整合推敲，旨在还原一个真实的小有天园，从而探析其造园艺术和应用价值。

1. 历史变迁

小有天园，宋代时为兴教寺所在，元末兴教寺毁被弃，明洪武年间重建，后改为壑庵。据《清波小志》中记载，壑庵是虞山李氏子道衡出家所在之地，道衡亲自修葺茅屋独处于内。壑庵门外有水，横以独木为桥，人渡过后就将独木撤去，宛若此处没有人烟，后来这里被道衡的仇家所占。到清代时，安徽歙县人汪之萼因向往西湖的名山胜水，来此结庐。期间，因父母逝去，汪孝子在墓旁搭建小屋居住，守护坟墓，没过多久，也去逝安葬于此。汪氏子孙以壑庵为别业，拓荒整地，修葺屋宅，引溪挖池，栽植美树，筑南山亭于慧日峰上，汪园逐渐成为西子湖畔一处小有名气的园林。

但小有天园最终名气大振，成为江南四大名园之一，还得益于乾隆皇帝的六次造访。乾隆十六年，天子南巡，汪氏后人新建堂屋，疏浚池塘，增植花木，为西湖山水增色。乾隆皇帝在去净慈寺的途中路过壑庵，得知此处乃汪氏后人累世同居，敦睦好善，甚是欣喜，就停留游赏，周览池馆，对此处景色赞不绝口，亲自赐名"小有天园"，三日后，再次来到这里，亲自作《小有天园》诗一首赐予汪氏后人，后乾隆二十二年（1757）、二十七年（1762）、三十年（1765）、四十五年（1780）、四十九年（1784），乾隆皇帝五次到访，每次皆留下诗文，并御书"胜阁""入云"两匾额悬挂园内。自此，小有天园当之无愧成为清代江南著名的私家园林。

嘉庆年间，汪氏后人出售此园，后园林逐渐衰败，至道光年间已杂草塞道，荒芜不堪，20世纪90年代，陈述在《南山绝胜》中记叙了寻觅小有天园的过程，"旧筑已荡然无存，四周的汩汩清泉也无处寻觅"，遗址仅存司马光"家人卦"摩崖石刻、"南山亭"三字和幽居洞。作者曾依据文献记载前往，但见遗址靠近山下南山路旁已兴建了商业用房和办公用房，山上怪石林立，树木荫蔽，园林遗迹再难寻觅（图5-24）。

图 5-24　小有天园遗址现状

2. 园林艺术

（1）园林选址——巧于因借，构园得体

全祖望在《鲒埼亭集外编》中描述"杭之佳丽以西湖，西湖之胜，莫如南屏，南屏之列峰环峙，而'慧日'为之尤。"南屏山缘于天目，千里蜿蜒向东，苏轼称之为"龙飞凤舞，萃于临安"。小有天园恰在南屏山慧日峰下。作者通过实地调研发现，这里峰峦耸秀，怪石玲珑，丹崖翠壁，宛如屏障。另据《清代园林图录》中记载，当时园内"清泉周流，若环若玦"。由此可见，其背山面湖的园址，极符合《园冶》相地篇中描绘的"山林地""江湖地"之特点，既"有高有凹，有曲有深，有峻而悬，有平而坦，自成天然之趣，不烦人事之工"，又具备"悠悠烟水，澹澹云山"之胜境，选址不可谓不精妙。但更甚的是，小有天园西临净慈寺，北临夕照山雷峰塔，将西湖十景"南屏晚钟""雷峰夕照"尽收其中，另有幽居洞、摩崖石刻、琴台等古迹位于园子后山之上，虽无围墙与外界分隔，但无形之中已附属于小有天园，全园主体面积虽小，但手法自然，体量合宜，内涵丰富（图5-25）。

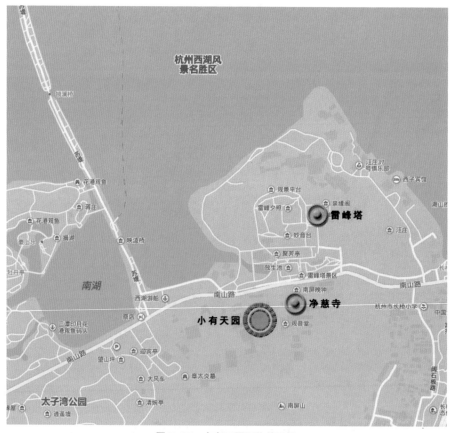

图5-25 小有天园区位关系图

（2）人文内涵——名迹古韵，帝皇六访

中国传统园林的精髓即为"文人园林"，文人的思想和行为对园林产生了深远影响。文人好访古，小有天园原有名迹多处，如幽居洞、欢喜岩、琴台及司马光的"家人卦"，其中最著名的为"琴台"二字，为米芾摩崖楷书，径三尺，据悉旁边有北宋书法家苏舜元、蔡襄题字数处，虽有剥蚀但模糊存在。又有司马光的摩崖隶书《家人卦》《乐记》《中庸》共三十四行，字径八寸，卦旁有篆书"三生石"三字，其右又有"叱石崩云"四字。幽居洞，即仙人洞，相传为东晋道教学者、著名炼丹家、医药学家葛洪修炼之所，洞中可布两席，有摩崖《艮》卦及《损》卦辞，皆隶书，字径六寸，左有小石门，伛偻而上，可登琴台。丹崖，在幽居洞左，崖高八尺到一丈之间，石皆赤色，有青松遮蔽。另据苏东坡诗《访南屏臻师》中记载，小有天园是杭州金鱼最早发现之处，园内池沼即是金鱼池遗址，这些名迹都客观吸引了文人来此赏游，并留下诗词歌赋，正如《鲒琦亭集外编》中描述"荐绅先生游湖上者，未有不过是园，感叹旧德，留连光景，其题咏盛见于前人别集。"而这些诗文的流传又进一步地促进了小有天园声名远播，从而吸引更多文人墨客驻足，当然这其中便包括了乾隆皇帝。乾隆皇帝好游山玩水，六次到访此园，并留下了御制诗八首，诗中形象地描绘了小有天园明净深秀的美景，如"蔚然深秀而娟，宛识名园小有天。新笋紫苞雷后埭，落花红织涧边泉。清幽最喜树皆古，点缀微嫌景胜前。新构御书楼固好，挥毫却愧米家颠。""南屏峰下圣师隈，小有天园清跸来。了识曰门及曰径，依然为榭复为台。山多古意鸟忘去，水有清音鱼喜陪。昔写斜枝红杏在，恰同庭树一时开。""花木昌如候，名园小有天。面湖澄净影，背岭蔚晴烟。何碍高楼起，翻成一览全。兴心尚龙井，诗就便鸣鞭。""最爱南屏小有天，登峰原揽大无边。易诠藉用还司马，琴趣那能效米颠。百卉都知斗春节，千林乍欲敛朝烟。菁葱峭茜间妙探，比似仇池然不然。"这无疑再一次丰富了该园林的人文内涵，园以文传，虽现今园林已不存在，但通过诗文可以让后人驰骋想象，品味它往日的风采神韵。

（3）空间布局——错落有致，清幽真趣

张学礼在《清代琉球纪录集辑（下）》中称："西湖之山石，以飞来峰为最；水石，以龙井、三生石为最；竹，以云栖、韬光为最；邱壑，以小有天园为最"。《南巡盛典名胜图录》的界画和众多文献都形象地描绘了小有天园依山就势营建园林（图5-26），全园布局共分3个部分：园林入口、园林主体和后山部分（图5-27、图5-28）。张仁美在《西湖纪游》中记载小有天园的入口设置别出心裁，先是园外西湖畔设码头，以船入园，然后于门外溪流处横卧小桥，作为引导，再往前，忽然出现一小径，小径尽头，豁然有门，门内别有洞天，既暗合了《桃花源记》中世外桃源的特征，又将欲扬先抑的手法发挥到了极致。现今遗址现场虽已无码头、溪流、小桥，但园林整体地形犹在，与周边的关系也与文献记录相吻合。

图 5-26　小有天园界画

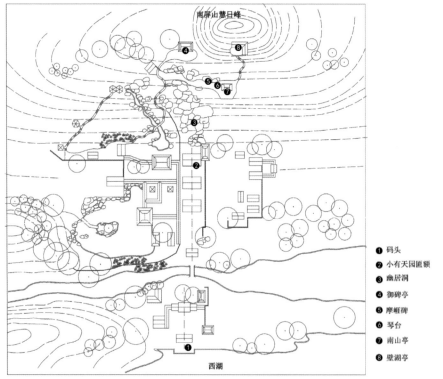

❶ 码头

❷ 小有天园匾额

❸ 幽居洞

❹ 御碑亭

❺ 摩崖碑

❻ 琴台

❼ 南山亭

❽ 壁湖亭

图 5-27　小有天园复原平面图

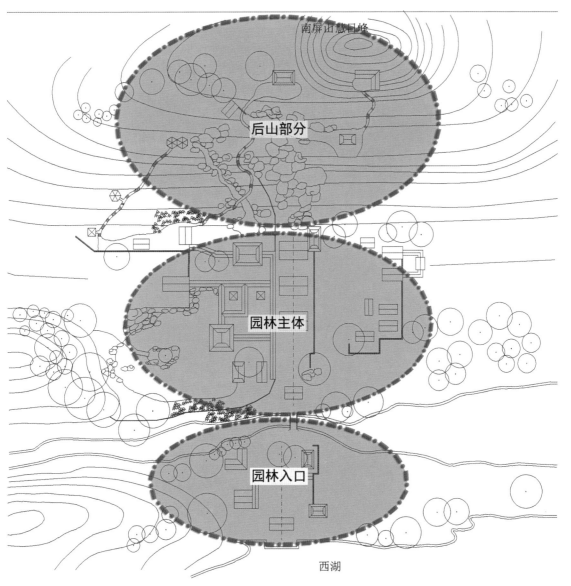

南屏山慧日峰

后山部分

园林主体

园林入口

西湖

图 5-28 小有天园分区图

　　园林主体部分，依据界画中描绘园内中路有三进建筑，"小有天园"的匾额悬挂在最南面的厅堂，结合地形可以推测这三进建筑地势渐高，层层叠起，错落有致。园林主要布置在西侧，与中路建筑之间以长廊分割空间，隔而不断。园林正中有池沼，汇集山中高处蜿蜒而下的清泉，呈自然式，有收有放。池中有岛，分隔水面，以石板曲桥相通，岛上花木倚石，若是文献所述之"玉梅"，恰是"疏影横斜水清浅，暗香浮动月黄昏"的美好画面，池畔西侧有假山，用当地奇石堆砌而成，虽规模不大，但有重峦叠嶂之势，与东侧水榭形成对景，另有阁楼、亭廊等多种院落组合散布池沼周边，或倚水，或挑出，或有高台与水相接，形态各不相同，进而形成疏密有致的空间布局。长廊或直，或曲，或折，将各处主体建筑联系在一起，宛若一个有机整体。文献中还形象地刻画了院落内点缀有参天古树,让园林愈显清幽古朴,错杂的紫藤交织在廊架上,使得建筑整体形态生动且活泼起来。池沼周边还栽植有碧柳红桃、芙蓉红杏、苍松翠竹,池沼内有荷花、红莲,这些植物与水体相结合,呈现出时空的美感。可惜这一园林盛况现今荡然无存,仅留散落的怪石、干涸的溪流和茂密的树林幽幽述说着历史的沧桑。

然而,依据相关文献记载,小有天园的空间布局并不局限于围墙之内,还有蹬道通往后山,界画中一条蹬道分别在山脚、山腰、山顶处修筑景亭,供游憩、赏景所用,另一条溯溪而上,或至御碑亭,或过幽居洞至琴台、南山亭等处,依据现场推测,琴台、南山亭大约在山腰一座规模较大的怪石群处,此地现今虽被树木遮挡,视野不够通透,但隐约可见西湖全貌,可以想象当时应是极为豁然开朗之处,西湖之景尽收眼底;再拾级而上,为壁湖亭(一说为文昌祠、准提阁),推测为山顶,《清代园林图录》生动描绘了登山至此的美景和感受,"山径至此,石益奇,地益高,所见益远,左江右湖,如在几席矣",通过借景江湖的手法,小有天园空间被无限扩大,与此前幽闭环境形成鲜明对比,给人以心旷神怡之感。

(4)主题特色——仙家府地,别有洞天

"小有天"的称谓首见《太平御览》卷四十引《太素真人王君内传》:"王屋山有小天,号曰小有天,周迴一万里,三十六洞天之第一焉。"洞天又称洞天福地,是道教仙境的称谓,神仙居住的地方,即山中有洞可通上天。乾隆皇帝在第一次游览此园后赐名小有天园,即寓意该园为仙境之地。后又有众多诗文点题,深化园林的仙境氛围。如"如倚妙鬟云中住,便是超尘劫外仙。""游钓昔年频试屐,户随此日欲凌仙。""玉梅倚石如高士,斑鹿穿林见古仙。""山瞰江湖分左右,地添楼观乐神仙。"而这一主题的呈现,还在于造园要素、造园手法的表达。通过遗址现场的考证和园林界画、相关诗文的推测,在造园手法上,全园藏于林峦绿树之中,入口采用庭院深深、密林通幽的形式,园内空间变换丰富;造园要素上,园内古树参天,花木昌盛,清泉周流,奇石遍布,建筑精巧,烟霞弥漫,斑鹿白鹤自由活动于园中,无形之中,仙家的气息扑面而来。

(5)园林要素——奇石曲水,古树繁花

小有天园的造园要素山石、水体、植物也是各有特色。遗址调研发现,南屏山多奇石,高低参差,疏密相间,极具特色。小有天园的山石即因地制宜,来源于此,"石皆瘦削玲珑,似经洗剔而出",可以想象这些山石用来堆叠假山,砌筑驳岸,也就形成了富有当地特色的景观效果。另从界画和遗址现场发现,有大量的山石自然存在于后山之上,石笋林立,自成一景,可以想象蹬道穿过其间,更显山之险峻,增添登山的趣味性。还有摩崖石刻、幽居洞、欢喜岩等人文石景,将自然与人文气息相互交织,丰富了园林景观形式。

"无水不园,园因水活",界画中描绘小有天园内水的形态多姿多样,有山石缝中沁出的清泉,有顺应地势潺潺流淌的溪流,有泉水汇集的池沼,有幽居洞中飞洒的瀑布,全园的主景皆围绕水体布置,建筑、绿树、繁花倒影在水中,形成了明瑟的光影变换,可谓全园最为灵动之所在。

另据相关史料记载，小有天园内的花木有松、竹、梅、柳、桃、青桐、黄榆、丹桂、白蔷薇、紫藤、红杏、芙蓉、红莲、荷花、柏树、茶花等，古树参天、百花争艳，且花木与山石、水体、建筑搭配合宜，如"紫藤覆架""玉梅倚石""碧藻浮波""涧泉落花""潭临杂树""红莲水榭"，尽显全园自然美景，形成了春赏桃红柳绿，夏赏荷花婀娜，秋赏芙蓉丹桂，冬赏松竹傲雪的四季植物景观效果。

此外，小有天园内还有斑鹿、鸢鱼（即锦鲤）、白鹤、飞鸟等动物，为园林增添了生机，活跃了园林景色和氛围。

3. 结语

1757 年，乾隆皇帝在第二次南巡回京后在长春园思永斋的东部小院中仿建小有天园，面积仅 1/4 亩左右，采用微缩的手法再现杭州小有天园周边的山峦环境及园内的山池亭阁，只可坐观静赏而无法登临，现今此园也毁，且遗址尚未系统发掘，相关资料记载极少。

200 余年间，历史的沧桑已几近抹平了一代名园，许多重要的信息失落大半，如园林建筑的题名、园林植物的具体布局、园林营建的具体技术都从文献中难以寻觅。在撰写过程中，本书虽尽可能地描绘小有天园真实之面貌，但由于资料所限，众多园林内容只能整理和推测，其中谬误恐怕难以避免，期望能起到抛砖引玉的作用，让广大园林爱好者关注此园，并期望当地政府大力支持园林遗产的可持续发展，进行遗址发掘和园林重建，让一代名园重新呈现于世。与此同时，在人们愈加追求真山真水、世外桃源的今天，该园的造园手法也更具有现实指导意义，对各类风景名胜区、旅游度假区的规划设计都有借鉴、参考的价值。

二、杭州虎跑园林禅境空间探析

杭州历史文化悠久，曾有"东南佛国"的赞誉。据《西湖志·寺观》（卷八）记载："杭州佛教，始于东晋，兴于五代，盛于南宋。五代吴越时，杭州已寺观林立，宝塔遍布，梵音不绝，钟磬相续。"北宋神宗年间，杭州城内与西湖湖畔、群山之中有佛教寺院 360 所，至宋室南渡后又增至 480 多所。如今杭州西湖风景名胜区内现存的寺观园林约有 30 所，灵隐寺、净慈寺、抱朴道院、虎跑寺等寺观林立，因地制宜，景观多样，意境非凡，使寺观园林成为杭州园林中的一朵奇葩。

虎跑园林作为杭州寺观园林的典型代表，以园中的名泉，即虎跑泉而著称。清康熙、乾隆下江南，来到杭州，必以虎跑泉水泡茶，虎跑泉被乾隆皇帝誉为"天下第三泉"，同时性空、济公、弘一这三位名僧又给古老的园林增添了传奇色彩，1984 年"虎跑梦泉"被评选为新西湖十景之一。虎跑园林追求禅境空间和园林审美的同时，巧妙地将自然风景、造园艺术和人文思想融糅为一体。

在现有的文献中，单仁红选取虎跑园林的山地景区植物群落，运用 AHP 层次分析法对其进行了综合景观评价，得出虎跑植物群落物种丰富、疏密有致等结论；朱静宜以西湖寺观园林前导空间的形成、作用和营造为脉络，分析和比较了黄龙洞、灵隐寺、云溪竹径、虎跑寺和紫云洞等西湖寺观园林；胡霜霜通过对虎跑理水设计意匠及审美意境进行剖析与研究，总结出虎跑相地独特、因地制宜、人文意境入胜这三大理水艺术特征。通过文献分析可以看出，目前有关西湖寺观园林的研究中，多以灵隐寺、净慈寺、黄龙洞等为例，而虎跑却提及较少，在涉及虎跑的少量文献中，亦少有描述虎跑的禅学意境。本节从虎跑园林的空间序列、山水意境及园林植物着手，分析其禅境空间，阐述其利用山地营造寺庙园林的精妙之处。

1. 虎跑公园概况

（1）地理位置

虎跑园林位于杭州西湖风景名胜区西南隅，虎跑路之西，坐落在大慈山白鹤峰麓，三面环山，地势东低西高，与东侧玉皇山遥相呼应，北临杭州动物园和满陇桂雨公园，南有六和塔，西有九溪十八涧等景区，四周古树参天，环境清幽，可谓是"深山藏古寺"（图5-29、图5-30）。

图5-29 虎跑园林区位图

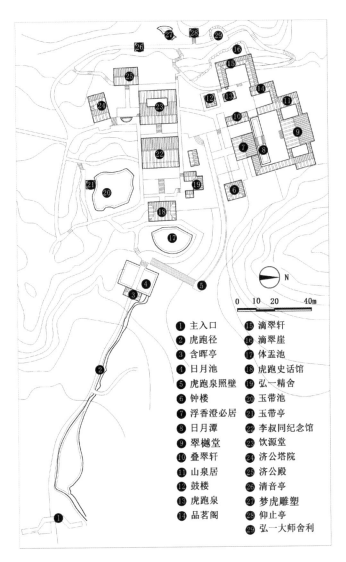

图 5-30 虎跑园林总平面图

图例：
① 主入口　　⑮ 滴翠轩
② 虎跑径　　⑯ 滴翠崖
③ 含晖亭　　⑰ 体盂池
④ 日月池　　⑱ 虎跑史话馆
⑤ 虎跑泉照壁　⑲ 弘一精舍
⑥ 钟楼　　　⑳ 玉带池
⑦ 浮香澄必居　㉑ 玉带亭
⑧ 日月潭　　㉒ 李叔同纪念馆
⑨ 翠樾堂　　㉓ 饮源堂
⑩ 叠翠轩　　㉔ 济公塔院
⑪ 山泉居　　㉕ 济公殿
⑫ 鼓楼　　　㉖ 清音亭
⑬ 虎跑泉　　㉗ 梦虎雕塑
⑭ 品茗阁　　㉘ 仰止亭
　　　　　　㉙ 弘一大师舍利

（2）历史沿革

虎跑园林具有悠久的历史，创建于唐元和十四年（819），由性空禅师所建，初名广福院。咸通三年（862），性空逝，弟子为其建定慧塔（即其墓），到僖宗时（874～888）乃以其塔之名名寺，即所谓"大慈定慧寺"，后晋开运二年（945），改额"仁寿"。宋太平兴国三年（978），又改为法云祖塔院。宋末毁。元大德年间重建，复唐旧额，又毁。明正德十四年（1519），宝峰和尚重建。嘉靖十九年（1540）又毁；二十四年（1545），山西和尚永果重建。清朝时，康熙皇帝分别于康熙二十八年（1689）、康熙三十八年（1699）两次南巡，均来此寺，题诗有"似恐被人频汲取，一泓清迴出山坳"之句。雍正九年（1731），浙督李卫重修。后乾隆皇帝来虎跑，亦有题诗，封虎跑泉为"天下第三泉"。咸丰辛酉年（1861），寺毁。同治十一年（1885），普缘和尚募建观音殿五楹。光绪十四年至三十四年间（1888～1908），品照和尚修缮老定慧寺，后其弟子法轮筹建佛祖藏殿（新殿）。民国十三年（1924），济祖塔院于佛祖藏殿右下角建造，以铭记济颠和尚神异之事。1918年，李叔同在虎跑出家，号弘一，世人称之为弘一法师。1953年，大师逝世十周年之际，丰子恺约旧友钱君匋、叶圣陶等集资修建"弘一大师舍利塔"，于1954年1月正式落成。虎跑现已无僧人居住，1981年杭州市园林文物局对虎跑进行全面整修，形成了现在的虎跑公园。

2. 虎跑园林禅境空间研究

（1）空间序列

空间序列组织是关系到园林整体结构和布局的全局性问题，把个别的景连贯成为完整的空间序列，能够获得良好的动观效果。虎跑园林按照游览顺序，可划分为初始、发展、高潮、尾声4个部分（图5-31）。

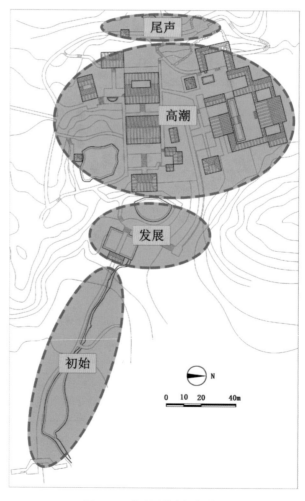

图5-31　虎跑园林空间序列图

①初始

　　虎跑园林山门面向虎跑路而开，山谷的V地形让"虎跑"山门将喧哗的尘世与清幽的寺观园林分隔开来。由此，世人便带着一颗意欲净去世俗纷尘的心境，开启了虎跑的禅境之旅。

　　进门伊始，有一处较开阔的园林入口空间，宽敞明亮，既方便游人集散又与狭长、绿荫蔽日的虎跑径形成强烈的视觉对比。场地右侧有一座舍利塔，作为寺观园林的序曲。连接入口空间与虎跑庭院的是一条宽约3m的石板小径——虎跑径（图5-32），据《虎跑志·古今体诗偶钞》记载："曲径通幽，长松叠翠。听泉声澎湃，鸟语间关，令人尘念尽蠲。故藏殿景致，以'虎跑径长松夹道'冠首。"虎跑径幽静、秀丽的景致，可让人放下心中的尘念，无形之中从红尘过渡到礼佛的禅意空间。虎跑径中段，有一较为开阔明亮的空间，空间尽端放置着老虎雕像，逸趣横生，令人驻足。老虎雕像与虎跑的传说相互呼应，在佛文化中，老虎为金刚的坐骑，寺外有虎，岂不说明寺内有神僧？隐喻的内涵引起游客的遐思，唤起人内心的敬意。虎跑径初起地形较缓，坡度不大，仰角小，而后越来越陡，仰角变大，于虎跑径尽头仰望，隐约看见高耸的林木和藏于其中的含晖亭，这一变化，把游人逐渐平静的心绪转换成对佛祖的敬仰之心，先抑后扬，藏而不露，禅意十足。

图5-32　虎跑径实景照片

②发展

　　虎跑园林正门乃朴素的含晖亭。含晖亭正对玉皇山，晨曦之时，阳光映照，有朝暾散彩之景致，犹如乌云散去，寓意来到虎跑，即拥有光明，虽谓之正门，却无门扉，体现了佛家心中自有门楣的思想境界。含晖亭与虎跑园林的核心建筑群以泊云桥和长阶梯连接，泊云桥跨过日月池，日月池左池有山泉出水口，右池与虎跑径溪流水系相连，虽为动态之水，却展现静态之感。传说旧时有济公所放的断尾螺蛳，这个古老的传说让日月池更加神秘。另外在佛教中，"日"表世间俗智，"月"表世间真智，踏过日月，即能感悟世间真理之玄妙（图5-33）。泊云桥右侧为通向老定慧寺的长石阶，石阶梯长约有27m，宽约3.6m，高约5m，两侧无栏杆，石阶尽头是一面背景白色、刻有"虎跑泉"三个大字的照壁，步行在长长的石阶上，便是虔诚礼佛的第一步（图5-34）。古人礼佛讲究三跪九叩，每一步台阶，每一次仰望，都让游人对佛祖的敬仰越发深厚。石阶尽头是一条通向老定慧寺的小道，小道左侧是垂直、险峻的岩壁。突兀的石阶与陡峭的岩壁小路，都突出了老定慧寺的险与藏，体现出寻寻觅觅、令人神往的意境。

图5-33　泊云桥与日月池

图5-34 长石阶实景照片

③高潮

虎跑庭院乃整个园林的高潮部分，有两条中轴线，究其原因，是历史上两座寺庙的叠加，一是品照和尚修葺的老定慧寺；另一是法轮和尚修建的新殿（图5-35）。老定慧寺整体建筑布局较为平缓，坐北朝南，核心建筑为传统的一进式合院形式，东西对称，钟楼位于老寺东侧，西侧与周边山体围合而成较为自由的院落空间，整体空间形态有静有动，静者以位于中轴线的来杖桥、日月潭、古时的大雄宝殿和天王殿为主景空间，方形规整，藤蔓植物爬满了来杖石桥，越发显现出寺庙的隽永、静谧，适于参佛、祈福；动者以西侧虎跑泉源头和滴翠崖为主景空间，由滴翠轩、品泉阁等建筑围合而成，适于品茗、休憩。试想三两高僧、文人雅士参佛完毕，小憩于此，以虎跑泉泡茶，共同探讨佛理，分享心中所得所感，岂不乐哉！

新殿整体建筑布局坐西朝东，顺应山势，错落有致，核心建筑为传统的三进式院落形式，南北对称，虎跑史话馆（原天王殿）、李叔同纪念馆（原大雄宝殿）、饮源堂（原观音殿）位于中轴线上。饮源堂现辟为茶室，但其庭院空间与老定慧寺的以虎跑泉为主景的品茗空间有所区别，南面种植了蜡梅、桂花、金橘、柚等植物，花果香味与茶香交织在一起，兼顾了四季景色，两者相互对比，前者以静态植物景观取胜，后者以动态山泉环境取胜，各有特色。济公殿与济祖塔院在新殿右侧偏安一隅，这或许跟济公狂放不羁的性格、似痴若狂的举止和怡然飘逸的一生有关。新殿这一布局形式保留了山林胜地的自然景色，又与老定慧寺形成鲜明对比，两种不同的轴线交织在一起，更加凸显出园林建筑布局的自由、生动、活泼。

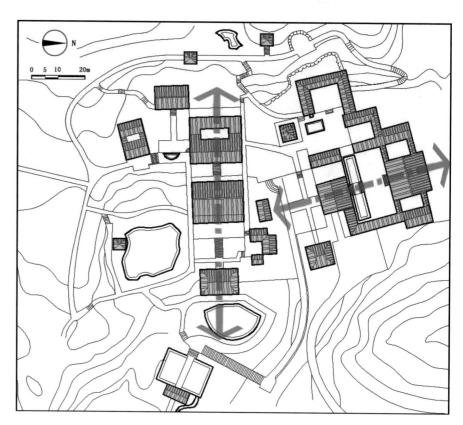

图 5-35　虎跑庭院建筑轴线图

④尾声

　　虎跑后山空间，是全园的最高处，由清音亭、"梦虎"雕塑、弘一大师舍利塔和仰止亭组成。低空间到高空间的转换运用折线型的石阶呈现，石阶旁杂草丛生，野趣十足。整个空间背靠山势，面向东方。山上古木参天，竹叶沙沙作响，晨曦穿过林荫，光影斑驳，甚为怡人。清音亭和仰止亭均由石筑成，清音亭应是取"山水有清音"之意，大慈山的清秀与虎跑泉的灵动，两者结合形成了宁静、灵秀的氛围。仰止亭取自《诗经·小雅》中的"高山仰止，景行行止"，以赞颂李叔同之高尚品德。通过仰止亭终结礼佛，在青翠欲滴的竹林中，俯瞰山腰的虎跑庭院，萌发出超然物外之感。而弘一大师舍利塔犹如高僧位于虎跑最高处，俯瞰众生，守护着虎跑。经过初始、发展、高潮对禅境的讲述，由此收尾，所谓"言有尽而意无穷"，园林向世人的阐述已经完毕，而游人的思绪却是没有限制的，于仰止亭小坐，触景生情，情景交融，品味佛家禅学奥妙，感悟世间人生真谛。

（2）山水意境

子曰："智者乐山，仁者乐水。"面对大自然的千山万水，人们在有形的物质和无形的心中探索人生、宇宙、世界，感受虎跑的山水意境，可以领悟自然之玄妙，让人在嚣烦尘世中获得心灵的慰藉。

①山之境

一千多年前，性空禅师慧眼识珠，建寺于大慈山白鹤峰麓，这里群山环抱，有山色无尽之意。虎跑巧用地形，利用山林掩映，这藏匿于山体的格局，充满了"妙入幽微"的禅意和"无尽含藏"的禅趣，而"无尽含藏"的幽深境界又与"山深悦道心"的禅道相符合。除其山势，人工掇山叠石方面，古人云："一拳则太华千寻，一勺则江湖万里"，含晖亭东面，虎跑径溪畔上以太湖石筑假山，嶙峋有致，苔藓成斑，藤萝掩映，水从其间流淌而过，以小见大，寓意山泉流过凡世千山，并且，此处假山作为通往山上餐馆的入口标识，从山而下，遮挡视线，使得山下景物不得一览无余，亦可修饰跨经小溪之石板桥，层次起伏，增加立面之韵律，更有直接将真山纳入其中。滴翠崖位于滴翠轩西侧，悬崖犹如人工凿成，崖下有老虎雕像（图5-36），而崖下的水池乃虎跑泉源头，生动形象地还原了古时老虎刨地的故事，周围山色苍翠，岩壁滴沥，清风习习，甚是清凉。

图5-36　虎跑泉旁老虎雕像

②水之境

宋代画家郭熙在《林泉高致》中说："水，活物也，其形欲深静，欲柔滑，欲汪洋，欲迴环，欲肥腻，欲喷薄……"极为详细地描述了水多种多样的情态，禅家可以从中悟得修习禅学的趣旨。虎跑园林地处群山环抱之中，背倚大慈山，成一马蹄形洼地，泉自大慈山后断层、陡壁的砂岩、石英砂中渗出，终年不息，进而汇聚成溪流、池塘。园内共有8个放生池，静水面虽多，但由于山地建园的限制，水体面积较小；动水虽少，且少有大瀑布之类景观，却缓缓流淌，源源不绝（图5-37）。

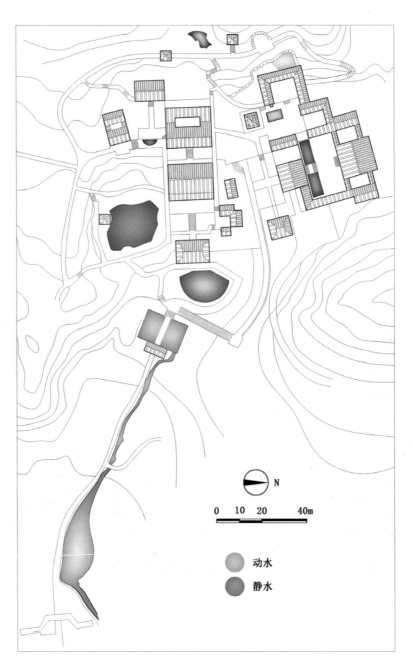

图5-37　虎跑园林动静水系示意图

静水如钵盂池，位于泊云桥尽头、虎跑史话馆东侧，由山石垒成驳岸，从平面上看，像和尚化缘时用的钵，故名钵盂池。游人走到岸边，第一眼看见的便是水中虎跑史话馆的倒影。历史与倒影的结合，既起到视线引导的作用，也蕴含了虎跑园林的源远流长。玉带池为一自然型水面，青石驳岸，位于新殿前右侧，旁边有玉带亭，不由让人想起古时苏东坡与佛印的玉带奇缘，并且历史上苏东坡曾多次到访虎跑，留下了多首赞颂虎跑美景的诗篇。

动水如虎跑泉，位于老定慧寺西侧院落的中庭之中，其出水口用石板砌筑的池子上盖玻璃加以围合保护，天然泉水的形态已难呈现。但据史料记载，古时虎跑泉水量较大，由自然岩壁流淌而下汇集成池，水愈动则山愈静，深山古寺的意境也更为悠远，同时又满足了寺内僧人日常用水需求。虎跑泉顺应地势流淌汇为溪流，途经几处放生池，至虎跑径处运用多级跌水的处理手法，更显动感和趣味性，自然之美在园林中体现得淋漓尽致。

③园林植物

寺观与植物的关系是相互的，寺因木而古，木因寺而神。采用适宜的配置手法，选择有禅学文化内涵的植物种类来设计植物景观，进而体现禅学意境是虎跑园林的特色。虎跑园林内庭院植物以丛植为主，多采用树形优美的高大乔木来烘托建筑、点缀空间，强化了"禅房花木深"的氛围。四周山林以片植为主，郁郁葱葱，将寺庙融于其中。整体植物以七叶树为基调树种，结合罗汉松、合欢、竹类等骨干树种，通过植物自身的佛教文化内涵，烘托出虎跑园林的禅境空间。纵观全园观花植物，多为玉兰、桂花、蜡梅、杜若等颜色素雅、香气宜人的花卉，少大红大紫的色彩，这与寺观园林静谧素雅的氛围相协调，同时，香气亦能隐喻高僧的高尚品德（表 5-2）。

表 5-2　虎跑园林内富有佛教文化内涵的植物列表

植物	拉丁学名	佛教文化	种植方式	景观作用
七叶树	*Aesculus chinensis*	每至花开，如手掌般的叶子托起宝塔，又如供奉烛台。佛教四圣树之一	作为全园的基调树种；丛植	渲染全园静穆的气氛
罗汉松	*Podocarpus macrophyllus*	造型优雅，如罗汉盘坐；其球果独特，种托和种子合在一起就像一个穿着红色袈裟的光头和尚	作为罗汉堂的骨干树种；丛植	与罗汉堂中雕刻的罗汉相呼应
香樟	*Cinnamomum camphora*	香樟作为特定的为佛像沐浴的植物香料	多处孤植几株几百年的香樟	展现了深厚的历史积淀，气味清新，符合佛教氛围
合欢	*Albizia julibrissin*	在印度的梵语中叫尸利沙树，为吉祥之意。为产于印度的一种香木（阔叶合欢），其树胶可制成香药	于日月池旁；孤植	倒影于日月池里，树影斑驳，可观花可遮阴，渲染了安谧恬静的氛围
毛竹	*Phyllostachys heterocycla*	竹意、竹境、竹趣在禅诗中多有体现	仰止亭后及山林其他处；片植	烘托李叔同的高风亮节；也传达了远离世俗之意
吉祥草	*Reineckia carnea*	释迦牟尼在菩提树下开悟时，铺吉祥草为座，寓意"一切世间皆以此为吉祥"，便被视为神圣的草	入口处，配以高大的水杉、落羽杉，片植在湿地间	与山石相配，很好地修饰了植被下层空间，形成独特的入口空间序列

3. 结语

寺观园林发展到明清时期已逐渐衰退，其禅学韵味逐渐淡化，风格趋向于私家园林，甚至两者之间已相差无几。但虎跑园林从唐代延续至今，依旧保留着较为浓郁的禅意氛围，且空间营造极为丰富，这相对于其他寺观园林而言极为难得。另外，如今生活在大城市中的人们，由于生活压力大、节奏快，内心总有焦虑和疲惫，类似虎跑园林这样的场所，将自然山水与园林艺术、禅学意境融合在一起，可以让人们放松心情，静心休憩，无疑更适于当代社会的需求。本书探讨虎跑园林的禅境空间，以期对当代园林营造，特别是寺观园林的修复或重建，起到借鉴和参考作用。

三、杭州湖山春社民俗活动及其园林营造研究

公共园林是浙派传统园林不可或缺的一部分，其优美的自然风光和深厚的人文内涵是城市核心公共空间的精髓所在。历史上，在地方政府的引导下，公共园林逐渐融合了多种城市功能，具备公共开放性、可参与性和娱乐休闲性等特点，成为服务各阶层市民生活的开放空间。民俗文化是大多数公共园林的核心内涵所在，它源于社会民众对于生活的感悟，经过提炼与加工，逐渐衍生出各式各样的民俗习惯与民俗活动。杭州湖山春社就是将花神文化、花朝节和公共园林结合在一起，同时具备了私家园林和寺观园林的特点，体现出清代独具特色的园林式民俗活动方式。

据文献分析，现有对传统公共园林的研究多关注于文化内涵和造园手法，而对其所承载的民俗活动空间研究较少，为数不多的相关文献如王欣的《从民俗活动走向园林游赏——曲水流觞演变初探》研究了曲水流觞活动从民俗活动走向园林游赏的发展过程；王凤阳的《浅谈民俗文化与园林活动》阐述了园林活动与民俗文化之间的联系，以及民俗传统对园林设计的影响，但分析得不够深入。本书首次在查阅古籍和实地调查的基础上，复原清代杭州湖山春社平面图，并结合民俗活动花朝节的特点研究湖山春社的造园手法，从而继承浙派传统文化精髓。

1. 湖山春社历史沿革及其民俗活动

（1）湖山春社历史沿革

湖山春社，清西湖十八景之一，包括湖山神庙与竹素园两大部分，始建于清雍正九年（1731），景点坐落在栖霞岭南麓，濒临金沙涧。清雍正时期浙江总督李卫认为，凡是上等的、拥有美好景色的山川河流，都对应着天上的星宿，那么如此看来，西湖肯定也有上天对应的宿主，这其中的精华，显现在西湖的一草一木上。西湖自正月到十二月，每月都有盛开的植物，这样看来，这些植物一定也有上天的庇佑。所以他仔细调研了西湖周边的环境，决定在曲院旁兴建湖山神庙来祭祀湖山之神，当中供奉湖山正神，旁列十二花神加之闰月花神，故而湖山神庙也称花神庙。李卫虽胸无点墨，但很尊重文人，他依照曲水流觞的意境，在庙宇旁修建了一个"竹素园"（图5-38）。"竹素"之意为"浩瀚的典籍"，所以在建造之时

李卫花费了不少心思，希望文人雅士们面对这诗情画意的园林佳境能够文思泉涌、畅饮赛诗。咸丰年间，湖山春社毁于兵乱，光绪年间被改建为蚕学馆，1991 年由杭州市园文局复建竹素园部分（图 5-39、图 5-40），1996 年正式对外开放。

图 5-38　1911 年弗利尔拍摄的流觞亭

图 5-39　修复后的聚景楼

图 5-40 修复后的竹素园

（2）花朝节与花神文化

清代秦味芸《月令粹编》中记载"《陶朱公书》云：'二月十二日'为百花生日。无雨，百花熟。"这是春秋末期对中国传统花朝节的最早记载。杭州的花朝节是在农历二月十五，同样位于春季，它始于唐代，在南宋时达到巅峰，是杭州地区深受老百姓喜爱的节日之一。清代花朝节延续南宋盛况，依旧保持它的繁荣，湖山春社便是在这样的背景下建造的。

与花朝节相伴而生的花神文化，是中国花卉文化的核心与精髓，弘扬"真、善、美"等传统美德，其起源于人类与植物漫长的交流过程之中，随着历史的变迁不断丰富着自身的内涵。各地民俗中，将十二个农历月份分别用一种特定花卉来代表，而掌管这些月令花卉的花神，统称为十二花神。正因为十二花神跟各地民俗紧密相连，因此各地花神人物形象不一，版本很多，史料当中也缺乏对于十二花神版本的正统解释，而杭州亦有自己的十二花神。根据湖山春社《杭州十二令花神赋》可知当时湖山春社中供奉的十二花神（表5-3）。

表5-3 清代湖山春社十二花神

农历	月令花卉	花神	农历	月令花卉	花神
正月	梅花	林逋	七月	蜀葵	李夫人
二月	兰花	屈原	八月	桂花	苏轼
三月	桃花	唐寅	九月	菊花	陶渊明
四月	牡丹	杨玉环	十月	芙蓉	洛神
五月	石榴	王昭君	十一月	茶花	西施
六月	荷花	白居易	十二月	水仙花	娥皇女英

（3）湖山春社的民俗活动

历史文献中对于湖山春社举办的民俗活动记载较少，但是关于杭州地区民俗活动花朝节的记载却是有据可循，以此可以推测清代杭州地区湖山春社开展的一系列花朝节民俗活动。

①集会祭神

祭神是中国古代民俗当中的重要部分，寄托了古人对神仙生活的美好向往。湖山春社亦有祭祀的功能，祭祀的是湖山神庙当中的湖山正神与十二花神。

②乞求年成

囿于当时社会生产力的实际条件，古人会将自己的未来期望寄托于一些自然变化上，如花朝节是古代农人认为与生产收成密切相关的一天，这天的天气预示着这一年的收成。清代杭州地区流传的一些谚语表明了当时农民对于花朝节这天天气的重视，例如"有利无利，但看二月十二""雷打百花心，百样无收成"。

③游春扑蝶

据《梦粱录》记载，花朝节当天人们皆外出赏玩奇花异木，扑蝶是其中的节日活动（图5-41）。清代杭州诗人龚百药在《桃源忆故人·春愁》中写道："花朝扑蝶谁家会，点点飞花轻坠"，表明了扑蝶是花朝节当天盛行的民俗活动。

图5-41 谢之光画作《扑蝶图》

④簪花打扮

簪花是古代上流社会女性打扮自己的一种方式，流行于唐代宫廷之中。这一习俗流传到民间之后，老百姓大多在花朝节当日佩戴普通花草或者布帛，以契合节日气氛。

⑤花木挂红

花朝节时，人们到郊外游览赏花，用红色绸布条挂在花枝上，叫作"挂红"，湖山春社作为公共园林，供奉的又是花神，植物景观自然成为极为重要的一部分。据此可以推测游人在游玩时为湖山春社中的花木挂红，或系于木棒上插在花盆中，以示庆贺，入夜又在花木上张挂"花神灯"。

⑥吟诗作对

花朝时节，百花盛开，怎可少了文人墨客的诗词歌赋？历代文人雅士常于此际赋文题诗，使得花朝节有着浓酽的诗意。李卫精心建造的竹素园就是为了便于文人吟诗作对。如沈德潜的"觞咏群贤地，亭台四季春"，王昶的"云作衣裳月作钿，蕙帏春暖更清妍"，皆是对湖山春社花朝节的动人描绘。

2. 湖山春社园林营造特色研究

现今湖山春社虽部分修复，但与全盛时期相差甚远，想要一睹其园林盛况，唯有从文献古籍中细细探寻。雍正时李卫主编的《西湖志》乾隆时沈德潜主编的《西湖志纂》中都有湖山春社的界画（图5-42、图5-43），能够较为直观地反映出清代湖山春社全盛时期的样貌，另有大量的诗词文章，为研究湖山春社园林营造提供了依据。

图 5-42 《西湖志》中的湖山春社界画

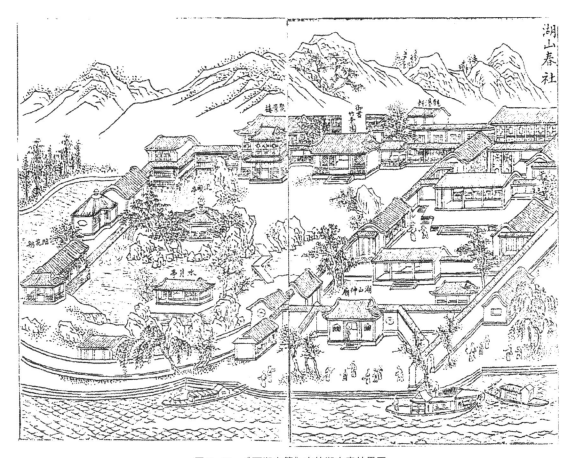

图 5-43 《西湖志纂》中的湖山春社界画

（1）园林选址——相地合宜，可达性好

《西湖志》中记载"湖山神庙在岳鄂王祠西南"，即园林位于杭州西湖西北方向的栖霞山脚下，背山面湖，坐北朝南，借由地势，有源源不断的山中活水流经。这样的选址条件既保证了园林有良好的朝向，舒适的小气候，利于游人游赏和植物生长，又可利用水源营造水景。同时，湖山春社周边还遍布各类庙宇和公共园林，如曲院风荷、关帝庙、岳庙、凤林寺等，是公共园林与寺观园林相对集中的区域（图5-44），故从不缺乏游人和香客，而曲院风荷是著名的观荷景点，夏季西湖畔荷花竞相开放，香远益清，湖山春社既可直接借其景，也能借其香。此外，湖山春社的交通条件十分便利，靠近杭州古城，位于苏堤与北山路的交界处，城中居民从钱塘门出城，穿过白堤步行40分钟左右即可到达。可见，湖山春社在地理区位、水源、交通上都有得天独厚的优势，符合公共园林选址的需求。

（2）空间布局——旷奥有度，宜于活动

根据《湖山便览》《西湖志》等历史文献对于湖山春社的描绘，可知湖山春社主要分为两部分：以寺观园林为主的东部区块，即湖山神庙；以私家园林风格为主的西部区块，即竹素园（图5-45）。

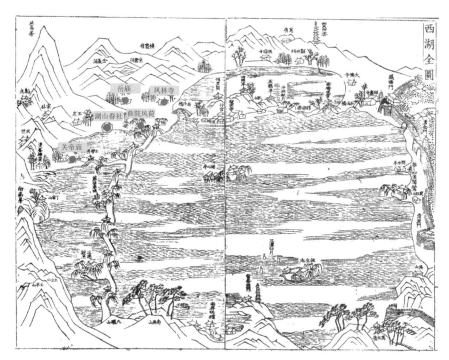

图 5-44　湖山春社区位图

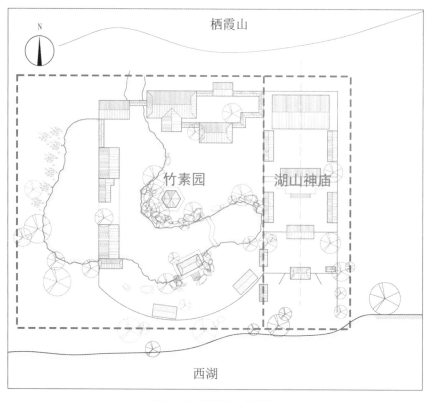

图 5-45　湖山神庙布局图

湖山神庙是传统的三进式院落，主体建筑呈东西对称，是常见的庙宇建筑布局。位于湖山神庙中轴线最末端的是湖山正神庙，当中供奉湖山正神，两侧为十二花神廊。四栋建筑通过围墙围合形成 3 个四合院空间，每个合院空地面积 50 ~ 80m² 不等，给前来祭拜花神、祈祷岁稔年丰的人留下足够的场地。庙宇东侧围墙处设有一门亭，穿过门亭即可进到竹素园。竹素园的布局具有江南私家园林的特点，回廊曲折，小桥流水，以水为中心，沿水修建了临花舫、流觞亭、水月亭等园林建筑，规模不大，精致典雅。流觞亭位于最中心位置，周边奇石林立，草木旺盛，是文人雅客吟诗作赋的场所。北部的聚景楼是园内最高的建筑，可将西湖风景尽收眼底，楼前有约 500m² 的空地，是游客集中活动，如赏红簪花、游春扑蝶的场所。西面建筑位于水中间，既将园林与外界分隔，又借景于水，形成隔而不断的效果（图 5-46）。

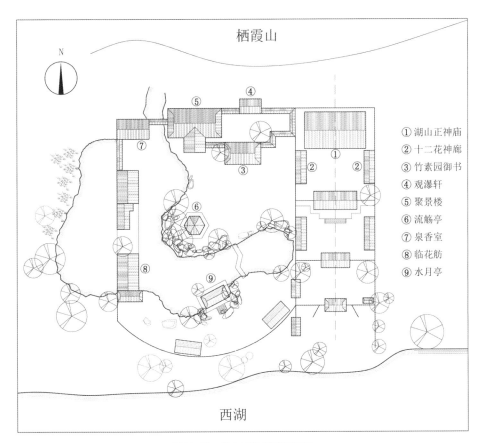

图 5-46　湖山春社复原平面图

从平面布局来看，湖山神庙呈规则式，而竹素园呈自然式；从内部空间看，湖山神庙四面皆是围墙，空间形态是内向的、封闭的，营造出静谧、庄严的庙宇氛围，衬托出花神的神圣；而竹素园东南面通过粉墙与园外人群隔开，具有一定的私密性，西北面没有围墙与外界分隔，能够将西侧和北侧的景物纳入园中，具有一定开放性，整体空间形态较为适中，兼具私家园林和公共园林的双重特点。两种空间布局形态糅合在一起，对比合宜，富有变化。

（3）园林要素——曲水流觞，奇花异木

湖山春社的水景是一大特色，典籍中对此有诸多描述，如《西湖志》所写的"花枝入户水浸阶，人称湖上流泉之胜，此最为者"，《湖山春社》中评价"湖上泉流之胜，以此为著，乃素竹园也"。此处水景引北面栖霞山之桃溪水入园，先经石阶形成跌水，一部分汇入西侧的大水面，另一部分形成蜿蜒曲折的溪流，仿照古人流觞之意，最终汇入西湖。这种理水手法将动水与静水相互对比，设计了水塘、溪流、瀑布、湖泊等形态，既彰显了湖山春社水体的灵动、多样，又将曲水流觞之意纳入其中，将水景与园林建筑流觞亭、植物、置石等相互搭配，营造出山林野趣、兰亭曲水的深远意境，富有人文内涵，也显示出造园者李卫对文人雅士的尊重。同时通过观察界画发现，湖山春社的置石造景，所用的石材不一定是太湖石，且运输太湖石劳民伤财，与李卫体察民间疾苦的性格不相符，由此可以推测，湖山春社中的假山有可能是从周边，如从栖霞山中开采山石拿来造景。

从湖山春社的界画上看，为了烘托寺庙环境的肃穆氛围，湖山神庙内植物的栽植方式多以孤植和对植为主，整体植物数量较少，硬质铺装场地较多。植物造景精华是在竹素园。据古籍和诗词中记载，"名园新辟竹茂密，杂木交莳花缤纷……绯桃素李竞颜色，沿溪招客香无言"，足以说明竹素园内茂林修竹，奇花异木数量之多，花开时节极为壮观。另有诗句"秋菊春兰各一时，凌波来往载云游""人社不招林外客，司花正放雨余莲""几树梅花数竿竹，半潭秋水一房山""海棠开后、燕子来时，良辰美景奈何天"，可知湖山春社春季有桃花、海棠、李花、兰花，夏季有荷花，秋季有菊花、桂花、芙蓉，冬季有梅花，四季有花有景，其中大部分是代表十二花神的植物，与花朝节、花神文化高度契合，并且这些植物是文人墨客和普通老百姓喜闻乐见的植物，也是杭州的乡土植物，选用这些植物来造景，既切合了园林主题，又遵循了生态原则。同时，绚丽的花木能够引来蝴蝶，花木既能挂红也能赏红，普通百姓挂红、赏红，小孩在一边扑蝶，文人则聚于流觞亭内吟诗作乐，此情此景，岂不乐哉？

3. 小结

湖山春社的造园思想和造园手法是浙派传统园林文化与民俗文化融合的产物，反映了当时公共园林的特点与造园者的智慧，它的出现代表了当时社会对于活动、自然、人三者关系的深刻探究，也体现出民俗活动在当时的巨大影响力。在功能方面，有别于其他园林类型服务对象针对性强的特点，湖山春社面对的是各个阶层，如文人雅士、普通市民等都可参与，具有突出的城市公共服务、休闲游憩功能。在布局方面，湖山春社有别于其他类型园林封闭、内向的布局形态，预留了大面积空地用以进行群众活动与游览。景观方面，湖山春社以自然山水元素为景观特色，有别于私家园林"堆山造水"的小尺度景观，将寺观园林、私家园林的造园方式融入公共园林，营造出一个兼具外向和内向的空间。

由于清代湖山春社已经不复存在，囿于资料的全面性，本书对于湖山春社民俗活动及园林营造的研究可能存在不足之处，希望能够起到抛砖引玉的作用，以期通过后续研究得到更多富有价值的结论。同时，在弘扬和传承浙派优秀传统文化的今天，民俗文化越来越多地融入各地园林建设当中，这样既能加深园林内涵，又能增加园林的趣味性，提高公众的参与度，如杭州西溪国家湿地公园延续了杭州花朝节传统，自 2011 年开始举办花朝节（图 5-47），至今已成功举办了 7 届，吸引了众多游人前往。湖山春社作为一个传统民俗活动与公共园林结合的优秀案例，真正体现了以人为本的原则，能够为各地园林、旅游景区的营造提供借鉴。

图 5-47　杭州西溪花朝节

第 六 章

浙派传统园林的保护传承

浙江历史悠久、文化发达，古代的园林营建也起源甚早，影响较大，在中国传统园林的发展历史上占有重要地位。由于自然影响及世事变迁，诸多名园或湮废、或改易、或归并、或重建，浙江省现存的传统园林已为数不多，殊为可惜。对浙派传统园林的发展状况和重要价值，学术界尚缺乏认真的探索和深研。由此而带来的名园毁损、荒废，古园随意改建，新园缺乏神韵等令人痛惜的现象也屡见不鲜。一定的文化，是一定社会的政治和经济在意识形态上的反映。尽管作为一种文化产品，浙派园林赖以存在和发展的旧有的受时代和阶级局限的社会、经济因素已成为历史，但是，现代社会和经济的发展，同样为浙派园林的发展和更新提供了新的契机。马克思说："人们自己创造自己的历史，但他们并不是随心所欲地创造，并不是在他们自己选定的条件下创造，而是在直接碰到的、既定的、从过去继承下来的条件下创造"。水有源，木有本，文化也有根。浙派新园林不可能抛开传统园林的宝贵遗产，而应该"取其精华""去其糟粕"，将优秀的传统文化在新的历史时期发扬光大。

第一节　浙派传统园林的兴衰启示

宋人李格非曾鉴于唐代公卿贵戚的馆第多毁于五代兵燹的严酷事实，提出了"园圃之兴废，洛阳盛衰之候也。且天下之治乱，候于洛阳之盛衰而知；洛阳之盛衰，候于园圃之废兴而得"的著名论断。浙派传统园林的发展历程也证明了这一点。自春秋末年至清末，今浙江省范围内先后出现过的园林，仅以较为狭义的理解（主要指皇家园林和私家园林），其数当以千计。以绍兴为例，据明末祁彪佳的《越中亭园记》所载，春秋至明末，该地就先后出现过287处庭园，遍布稽山鉴水。但随着岁月流逝，风雨沧桑，"其池塘竹树，兵车蹂践，废而为丘墟；高亭大榭，烟火焚燎，化而为灰烬"，能够存续至今者，已是屈指可数。诸多名园，如越王之乐野，东晋谢氏之始宁园，南宋皇家之集芳园、聚景园、延祥园，陆游作记之南园，周密所记之"吴兴园圃"，清代之安澜园等，亦"繁华盛丽，过尽一时"。南宋末年、明末、清末，这种情形一再出现，因此当时一些文人在痛惜之余，追思往昔繁丽胜景，留下许多记述和感慨的文字，如吴自牧、周密、张岱、童寯等，使我们可以想见杭州、湖州等地园林的繁兴与废弃，反差实在有如天壤：

"矧时异事殊，城池、苑囿之富，风俗人物之盛，焉保其常如畴昔哉！缅怀往事，殆犹梦也……

初不省承平乐事为难遇也。及时移物换，忧患飘零，追想昔游，殆如梦寐，而感慨系之矣。……青灯永夜，时一展卷，恍然类昨日事，而一时朋游沦落，如晨星霜叶，而余亦老矣。噫，盛衰无常，年运既往，后之览者，能不兴忾我寤叹之悲乎！

前甲午、丁酉，两至西湖，如涌金门商氏之楼外楼，祁氏之偶居，钱氏、余氏之别墅，及余家之寄园，一带湖庄，仅存瓦砾……及至断桥一望，凡昔日之弱柳夭桃、歌楼舞榭，如洪水淹没，百不存一矣。

南宋以来，园林之盛，首推四州，即湖、杭、苏、扬也。而以湖州、杭州为尤。明更有金陵、太仓。清初人称'杭州以湖山胜，苏州以市肆盛，扬州以园亭胜。'（见《扬州画舫录》）今虽湖山无恙，而肆市中心，已移上海；园亭之胜，应推苏州；维扬则邃馆露台，苍莽灭没，长衢十里，湮废荒凉。江南现存私家园林，多创始或重修于清咸丰兵劫以后。数十年来，复见衰象。'犹有白头园叟在，斜阳影里话当年'，可为本篇咏矣。"

除了这类因"天下之治乱"而引发的园林的大量毁弃之外，还有一个原因，就是近代以来随着工业化、城市化的进程，以及随之而导致的思想、文化和审美追求的转向，传统园林难以直接符合时代的需要。必然地，在一定的时段内，由于对传统园林的价值没有正确的认识，而受到人为的、大规模的所谓"建设性"的破坏。更不用说，在中国，还有一段砸碑毁林、拆楼圮阁的所谓"革命"。在某种程度上，这种由于对传统文化的错误认识而造成文化遗产消失的状况更为可怕，破坏性也更大。对此，梁思成先生有痛切的感受："纯中国式之秀美或壮伟的旧市容，或破坏无遗，或仅余大略，市民毫不觉可惜。雄峙已数百年的古建筑，充沛艺术特殊趣味的街市，为一民族文化之显著表现者，亦常在'改善'的旗帜之下完全牺牲。"

反观浙派园林近代以来的发展过程和现存状况，这个问题也同样存在。1840年以后，随着国门的打开，西方的建筑方式和造园手法随之传入，浙江的园林营建逐渐显现出新的气象，一批或中、或西、或中西合璧的公私园林开始出现。1949年以后，尤其是1980年以来，国家结合城市建设和旅游发展，在修复旧有名园的同时，还建设了大量的城市公园、风景名胜区、旅游度假区、森林公园、主题公园等，使浙江的园林建设得到很大的飞跃和提升，其规模之大、设施之先进、类型之繁多，都是此前所无可比拟的。

但同时，我们也须承认，在对"纯中国式"的传统园林的保护方面，我们尚存在许多不足和差距。浙派传统园林，除了因"治乱"而导致的毁弃荒废，还有许多是由于我们认识上的偏差和误区而被破坏、弃置的，也有许多被改造得面目全非，已没有了传统名园的风韵。由于人们长期以来对浙派园林的重要地位和影响认识不足，也由于浙派园林多以自然山水园著称于世，导致我们可能过分关注了按照新的思想改造和新建，而忽视了对传统风貌的维持和保护；过分关注了自然风景名胜区和现代旅游地的建设，而忽视了对传统园林，尤其是规模较小的私家园林及城市园居的养护和开发。现存浙派名园状况就是一个例证。这是很令人痛惜的。

综上所述，对浙派传统园林的发展状况和重要价值，我们还须认真考索、深研。而随着岁月流逝，浙派传统园林存续至今者，已是屈指可数，更须我们珍视。现存名园，内蕴人文深意，外显湖山之美，都是不可多得的历史文化遗产，如同镶嵌于浙江文化天空之上的一颗颗璀璨亮丽的明珠，映现出中国传统文化、浙江地域文化的精妙和深厚。我们没有理由让这一珍贵的历史文化遗产在我们这一代人手中消逝。

英国哲学家培根早在17世纪就在《论园艺》一文中指出："文明的起点，开始于城堡的兴建。但高级的文明，必然伴随着优美的园林"，"庭院雅趣，也是人类最高尚的娱乐之一，是陶冶性情的最好方式。如果没有园林，即便有高墙深院，雕梁画栋，也只见人的雕琢，而不见天然的情趣。"园林历来就是人们亲近自然的重要媒介，对现代城市的居民来说，它们更是喧嚣尘埃中的一片净土。园林所能给予人的，正是这种与自然近在咫尺的交流和融汇。

经过几千年造园实践所积累起来的中国传统园林艺术成就，是民族文化的高度集中和概括，它几乎包容了古代文学艺术、科学技术的各种门类，反映出极其广泛的社会生活，显示了古代园林匠师们丰富的创造力和杰出的智慧。它琳琅满目，色彩缤纷，在相当程度上影响着我们祖先的居住环境。它那"虽由人作，宛自天开"的旨趣，它那利用自然、适应自然、改造自然、因地制宜的规划设计思想和变化莫测的巧妙手法，不但为当代园林事业、城市建设所继承和发扬，而且也必将为子孙后代所继承。

事实证明，在中国传统文化孕育下产生的传统园林，浓缩了诸多的艺术精华。它具有永恒的美，并没有幕落花凋，失去往日特有的风采和韵味，它们的出路也不是安安静静地躺到博物馆里去，而是应该在这个时代复活。在人类赖以生存的最基本的自然环境遭到严重破坏的情况下，在人类日益认识到自身与自然环境不可分割的关系的情况下，浙派传统园林"包容大气、生态自然、雅致清丽、意境深邃"的造园特色，越发弥足珍贵；而在社会日益现代化、离历史越来越远的情况下，集传统文化艺术于一体的园林，也越来越珍贵，越来越可以给我们及后人以历史的回味和滋养。浙派传统园林的艺术价值是无与伦比的。保护它们不仅仅是保护它们的现存状况，让后人继续享受古代艺术的神韵与美感，而且，事实上也是在保护中国人的心灵和梦想。

第二节　浙派传统园林保护存在的问题

近十年来，浙江现存的传统园林在保护和修复方面有很大的发展与进步，取得了较大的成绩，但同时，很多园林还淹没在民宅之中，还处在被破坏或不当使用的状态中，传统园林的保护与修护工作面临着诸多困难，如管理及维护经费有限、腾退文物建筑难、科研经费不足等问题。经过对浙派传统园林保护现状的调研，其主要问题集中在以下几个方面：

1. 经济的过度追求对传统园林保护造成的冲击

（1）认识问题

经济发展一度作为城市工作的首要任务，无论是领导关注的热点，还是舆论的主流，自然是发展经济，很难是文化遗产的保护。在市场经济条件下，一些事情可以靠市场规律自发地调节，而社会公益性质的事业，以长远利益为重的事业是无法求助于市场规律的，它们完全依赖于人们自觉的行为以及政府的干预。

最具代表性的例子是北京古城墙的拆除。北京多年的明代城墙，当时主张拆除者理由很简单：城墙是古代防御工事，现在已失去了功用；它又是封建帝王的遗迹，阻碍了交通，限制了城市的发展；拆了城墙可以取得许多砖，可以取得地皮，建设公路。当时建筑学家梁思成提出：城墙"并不阻碍城市的发展，而且把它保留着与发展北京为现代都市不但没有抵触，而且有利。如果发挥它的现代作用，它的存在会丰富北京城人民大众的生活，将久远地成为我们可贵的环境"，梁思成建议将城墙与护城河一起建成一个美丽的"绿带"公园，但在与经济发展相冲突的背景下，城墙最终被拆掉。

此种例子数不胜数，浙派传统园林在与经济发展相冲突时，往往处于被拆除的境遇，特别是部分宅园遗迹、小型宅园。这种情况在近几年有所改观。

（2）规划建设管理工作不到位

经济建设规模大、速度快，人们要迅速改变面貌当然不是坏事，但由于管理工作跟不上，一些规划管理人员对规划知识比较欠缺或受困于外界压力，从而使得本可在快速的建设大潮中得以保存的也没保住，很多浙派传统园林只能在古籍中才能找到身影了。

（3）经济利益的驱使

浙派传统园林中的私家园林多集中在古城或者旧的城市街区，大多位于城市中心部位，土地的有偿使用使这些地价寸土寸金，很多单位一旦占有进行办公，便不可能主动置换搬迁。另外，部分开发商甚至在这里改变用地功能或增加建筑密度，以获得巨大的经济利益，这种情况下的旧城改造自然是追求高密度、高容积率，而这也对传统园林的保护极为不利。

2. 管理单位复杂，缺少专业管理

各类传统园林归属不同，部分园林属于园林局管理，但有很多园林却由其他相关部门管理，归口单位类型多样，如各类祠堂园林属于文物局管理，寺庙园林则归宗教局管理，还有部分园林被其他事业单位占有，甚至还有的被辟为三产服务之处。这便造成目前这种园林隶属关系复杂的局面，而这种状况使得涉及的园林管理问题往往政出多门，不利于浙派传统园林的保护与修复。

3. 相关法律法规不够健全

对于浙派传统园林的保护，最为有效的保护办法就是用法律途径。文化遗产保护中许多方面都必须用法律的手段确定下来。目前，我国现行的相关法规文件存在操作性较弱、专类法少、不够全面等问题。文物保护与利用需要加快法律法规"专属化"的脚步，分门别类，区别对待，才能更好地保护属于中华民族的宝贵遗产。浙派传统园林的整体保护、机构设置、资金来源、控制规划、涉及大量公共利益的腾退搬迁等一系列问题，都需要在今后的地方法制建设中逐步完善。

4. 游客密度过大，保护力度不够

这也是我国类似园林的通病，由于国家财政不能完全补贴所有的保护费用，各个传统园林所属单位通过开展旅游业、承接展览活动等方式开发利用，以弥补保护费用不足和日常运营开支。

对于浙派传统园林而言，特别是已经对游客开放的各类园林出现了过度利用的现象，对宝贵的历史文化遗产资源造成了一定程度的破坏与浪费。主要表现在以下几个方面：

（1）部分园林游客过量，不利于保护

目前对外开放的传统园林，几乎都没有对游客数量进行限定，到了春季和秋季，旅游高峰季节到来，几乎每个节假日这些园林的游客数量都过多，这对其保护形成了巨大压力。

（2）开展过多的现代游乐服务项目

不少传统园林存在着开展过多的现代游乐及服务项目，如将动物园、儿童乐园、游乐园等建于园林中，以增加营业收入。

（3）占用园林建筑，扩大经营面积

很多传统园林占用厅堂类的园林建筑用作旅游品售卖、各类小吃、茶饮、摄影等游览服务，甚至是餐饮酒店、招待住宿等服务也占用宅园，不仅使得主要厅堂建筑无法向人们展示，同时还严重污染园林环境，有的园林还存在擅自占地摆摊、扩大经营面积比例等诸多问题。

5. 部分传统园林存在被占用现象，腾退困难

相对于对外开放的传统园林而言，还有很多园林以各种形式被占用，20世纪中叶，由于社会对文化遗产的认识程度还比较低，浙派传统园林被一些单位和居民相继占用。当时，这些单位在占用前一般经过相关管理部门的审批或授意，也具有一定的"合法"性，这造成了现今腾退的难度。另外部分私家宅园由于归属原因，还属于个人所有，而个人则因为经济或认知水平的问题，很难有效地对宅园进行保护与修复，导致相当部分传统园林的破败，甚至损坏、拆除。

近年来，这种情况有所改善，浙派传统园林的腾退工作取得了一定的进展，目前仍然有很多传统园林被占用，其复建和保护的工作仍旧任重而道远。在被占用的区域中，占用主体主要有企事业单位、公园管理处、休疗养院等。

6. 学术和科研能力建设相对滞后

从当前我国的文化遗产保护策略来看，政府多倾向于关注遗产的经济价值，而对遗产的学术研究、保护遗产的宣传教育却远不及开发文化遗产经济功能的活动频繁有力。而长期以产业、项目带动文化遗产的保护所造成的必然结果，就是学术研究的边缘化。由于浙派传统园林所属单位在体制、资金等方面的局限，高水平专业人才比重低、学术研究能力相对薄弱等问题依然存在。总之，浙派传统园林在文物资源上占有优势，但在研究技术、保护方法、成果转化与传承创新、价值发现与认识深度、工作机制等方面还亟待提高。

第三节　浙派传统园林的保护与修复

一、基本原则

1. 地域性原则

尊重浙江地方特色，突出自然和乡土特色。传统园林都有其自然和文化的过程，这二者相互影响，共同发展，构成其景观特色和地方精神。在传统园林的保护与修复过程中应充分尊重其地方精神，突出自身的历史文化和风土民情特色，而做法就是要保护具有地方特色的园林要素。地方文化、历史风貌应该得到充分保护与体现，只有深入地了解传统园林的本质特征，并从更为宏观的角度分析问题，用更为综合的方法解决问题，才能使保护和修复工作可持续发展。

2. 文化性原则

对于文化来讲，继承传统，延续历史，是必然的规律。浙江文化艺术是渐进式的发展，它有更多的包容，在发展过程中应不断回顾传统和历史。浙派传统园林的本源来自深厚的历史文化背景，它是文化艺术和科学技术的综合，所以对传统园林的保护，其意义首先在于它蕴含特定历史时期社会的价值观念和理想，并且将不可避免地继续承载后期历史价值观念，因此，其信息积累是一个动态的、不断发展变化的过程。基于这种视角，传统园林保护与修复应充分利用原有资源，将其与传承利用、创新有机地结合起来，反映出浙江地方历史文化底蕴，并提高公众参与传统园林遗产的保护意识。

3. 生态性原则

对于传统园林文化景观元素的保护要运用生态学的相关原理，诸如对场地原有元素的保存和对原有材料的再利用；反映生物的区域性，顺应基址的自然条件，合理利用土壤、植被和其他自然资源；选用当地的材料、特别是注重乡土植物的运用；注重材料的循环使用并利用废弃的材料，以减少对能源的消耗，减少维护成本；注重生态系统的保护、生物多样性的保护与建立；发挥自然自身的能动性，建立和发展良性循环的生态系统；体现自然元素和自然过程，减少人工痕迹等。

4. 整体协调原则

整体性意味着每个元素只有通过它在各个元素中的位置与周围元素的关系才能体现出来。园林景观元素具多样性，但多样并不代表无序和杂乱，是在整体性基础之上的多样性。传统园林的营造者不同，民族、爱好、文化修养及历史背景不同，就会形成异彩纷呈的独特风貌。尽管各有特色，若与周围的环境整体协调，彼此之间互相呼应，保持一定的默契，都是值得研究和保护的。

传统园林的艺术特色，应该成为当代园林景观设计风格创新的灵感源泉。在传统园林的保护与修复过程中，周边地块的环境要整体协调考虑，这就要求景观元素保护不仅是对单个元素的保护，要把保护的元素看作整个传统园林景观框架体系中的一个要素，并赋予它复杂和多方面的内涵，如历史的、心理的、生活的，以确保通过努力保护所产生的作品能与它们所处的环境相协调。

二、基本策略

1. 相关法律法规及管理制度建设策略

当下，针对浙派传统园林保护与修复的地方法律、法规还没有，传统园林的管理制度还不够完善，本书针对浙派传统园林保护管理的实际现状，提出如下策略：

（1）起草制定《浙派园林保护和管理条例》

苏州市于1996年制订并通过《苏州园林保护和管理条例》，这对苏州传统园林的保护与修复起到针对性的法律和制度保障，对苏州园林成功申请成为世界文化遗产具有重要意义。建议浙江省或各地市针对目前传统园林的实际状况，起草制定传统园林保护与管理条例，条例中要明确管理部门及管理职责、保护管理的具体程序、保护管理的具体范围和内容，并对破坏传统园林所应承担的行政或法律责任进行具体规定。

（2）编制浙派传统园林相关的保护与修复规划，并实现规划的逐步落实

城市规划是政府调控城市各类资源、维护社会公平、保障公共安全和公众利益的重要手段。编制城市规划的目的是经法定程序审定后，作为依法行政和实施公共管理的依据。目前，浙派传统园林的保护与修复规划还是空白，编制此类规划可遵循如下步骤：

①近期：按照园林绿化业务相关的法律、法规，开展专业调研工作，加大传统园林保护和修复工作的力度。对一些有条件修复开放的园林在制定保护性规划方案的基础上，安排专项资金逐步修复开放。

②中期：编制传统园林保护与修复的控制性详细规划，有针对性地对传统园林的传统格局与风貌、周边地块的建设控制、保护级别、周边环境的视觉影响等进行合理控制与引导。

③远期：编制历史文化保护区、传统园林、古建筑修复整治规划，使得各地

现存的各类传统园林有长期的保护与修复规划，为建立其保护管理模式和权责明确的保护管理机制奠定基础。

（3）建立统一的管理机构，构建完善的管理制度体系

浙派传统园林协调发展客观上要求打破行业管理的界限，以传统园林的整体利益为目标，统一配置区域文化遗产资源。具体建议如下：

①成立浙派传统园林统一管理部门，即要建立起与全国重点文物保护单位地位相称的、有利于永久保护和永续利用的管理机构。建立这样的管理机构专门负责传统园林的保护、修复、恢复与重建工作，并逐步改变传统园林隶属管理单位复杂、多为相关单位占用的状况；同时也要对部分传统园林作为各个独立的城市公园和博物馆的管理模式进行调整和改革。总之，要解决体制不顺，管理错位的根本问题，必须成立传统园林统一管理的部门，实施整体性保护。

②建议成立浙派传统园林保护委员会，可由有关职能部门领导和专家组成。委员会作为传统园林保护和管理的协调机构，委员会的主要工作应包括：由委员会专家牵头对传统园林保存现状开展调查和评估，总结共性问题和急待解决的问题；制定传统园林整体保护规划和实施细则；研究制定法规和体制等深层次的问题解决方案，递交有关主管部门研究批复。

③建议成立保护修复专业技术监管小组。传统园林的保护与修复工作牵涉的学科领域众多，其实施工作往往由于技术工人理解偏差、施工单位专业技术不强等因素造成保护修复工作失败。因此，成立由专业技术人员组成的专业技术监管小组，以确保在实施过程中的各项技术工作准确到位。

④建立起有利于科学保护、合理利用的管理制度与体系。科学合理的管理制度与体系是传统园林保护与修复的制度保证，通过管理制度与体系建设来健全、完善各类规章制度和岗位责任制，逐步建立相关台账及自查记录等。对保护管理制度建设还有几点建议：第一，加强对传统园林的研究和宣传；建立园林科学研究机构。结合文化遗产研究设立文化遗产科研机构，与科研单位和大专院校之间开展广泛的交流与合作，依靠科学研究来决策保护工作。同时，传统园林的有关主管部门应高瞻远瞩，加大整体宣传力度。第二，强化文物保护职能。将传统园林保护作为第一要务，实行从业资格认定和持证上岗制度，增设科学研究和文物保护的专职岗位。第三，国家提供资金保障。结合国家事业单位改革和文化体制改革，改现行的差额拨款为全额拨款，由政府提供管理机构和传统园林保护的经费。第四，增大群众参与的活动范围和力度。抓好全民保护意识教育与严格管理工作的结合。开展公众教育，不断提高遗产管理者和人民群众对历史遗产的尊重和热爱，以保证人类的优秀文化遗产世代流传。

2. 公众及社会参与策略

（1）注重专家学者的积极参与

传统园林的保护与利用既是一个技术问题，又是严谨的学术问题。传统园林保护和利用的实施过程中离不开专家、学者的参与。同时，他们的献言献策又是

政府决策的重要技术支持。此外，学术研究、科学保护和合理利用，都是影响文化遗产经济价值的重要因素。研究、保护和管理的人力物力投入，应视为增加和逐步兑现文化遗产价值的重要成本投入。相关政府部门应提高对文化遗产学术研究的重视，加强学术研究投入，从而实现对文化遗产的科学保护和有效管理。

（2）引入公众参与机制

目前，文物保护的相关规定中，市民只有遵守、服从对文物及其环境保护要求的义务，而很少提及市民可以享受的相关权益，导致市民无法参与传统园林的建设和管理，以至出现市民对文物保护关心度降低、公园概念强化的现象。今后制定有关法律法规文件应重点考虑公众参与。目前，浙江各地园林管理部门还没有赋予公众参与、监督与管理实际权利的长效机制。相关的立法和规定的制定和出台也是如此，市民只能被动地接受传统园林保护和建设的结果。

公众参与是随着政治的民主化过程而必然出现的民主行为，是衡量一个社会民主程度的重要标志之一。《华盛顿宪章》中指出，"为了历史保护取得成功，必须使所有居民都参加进来，应该在各种情况下都追求这一点，并必须使世世代代的人意识到这一点，切切不要忘记。保护历史型城市和历史地段首先关系到它们的居民。"文物保护工作绝不单纯是政府部门的事，它需要全社会的积极参与和关心。公众参与就是要让市民参加到传统园林的保护政策决策和保护修复规划制定的过程，同时培养市民参与该过程而建立的对地域文化的认同感和归属感，树立保护传统园林及各类文化遗产的全民自觉性。

三、手段与方法

1. 建立保护与修复的操作流程

针对浙派传统园林的实际情况，应建立起完善的保护与修复的操作流程。对于具体传统园林保护项目，专业的保护与修复技术环节包括：历史研究（文献考证）、现状调查和清单、场地分析和评价、确定保护措施和方法、制定规划理念和保护规划、制定维护战略、提出未来研究发展建议等（图6-1）。

2. 空间的保护与修复

传统园林的保护不仅是针对其基本要素，更重要的是对传统园林周边环境、空间的保护，以及周边景观视线的控制。这就要求对传统园林要划定不同级别的保护范围，加以空间建设控制。

（1）划分原则

从城市规划的角度，目前我国对于市级及以上文物保护单位保护范围，有"灰线"控制的要求。一般来说，有三种等级的灰线：第一条灰线是"绝对保护区"，指文物保护单位本身的边界线，区域内应保持原状，不准修改、拆除和添建；第二条灰线是"建设控制区"，指距离第一条灰线外50m范围之内，区内不得有易燃易爆物品以及与文保单位性质不符的建筑设施；第三条灰线是"环境协调区"，区域的划定因地制宜，区内不得建筑危及文物安全的设施，不得修建形式、高度、体量、色调与文保单位的环境风貌不符合的建筑物。

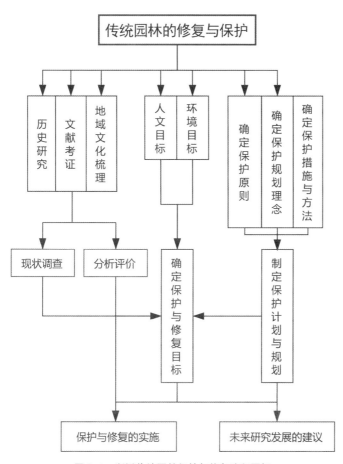

图6-1　浙派传统园林保护与修复流程图解

　　比照上述规定，传统园林的保护，也应该存在三条灰线：第一条，"核心保护区"，是指传统园林核心主体的边界线，区域内包括传统园林本身的各类建筑、水体、花木及场地等，这些重要的园林建筑、建筑空间布局等必须保持外观的原状，不可以任意拆除和更改；第二条灰线，"保护控制区"，是指核心区以外，传统园林周边的住宅区、绿地或其他用地等，在该区域内的人工建筑物等所共同组成的近景景观区域，这些区域与传统园林的关联度较为紧密，该区域内需要严格控制景观内容，对于影响传统园林风格、与之不协调甚至破坏整体文化风貌的构筑物、设施要坚决地予以取缔或者整改，新造建筑必须尊重原有建筑组成的空间关系与整体风格；第三条灰线，"保护协调区"，是指传统园林区域内，在保护控制区内视线可及的远景景观地区，它们与传统园林的距离相对较远，但是由于视线可达，因此该区域内的建筑等景观要素的色彩、体量、色调等要与传统园林相协调。上述三条灰线的具体划分范围需要根据传统园林具体情况的不同区别对待。

（2）浙派传统园林的保护范围划分

浙派传统园林保护范围的划分要根据各类园林的具体保护现状而确定，主要依照下列方法进行划分：第一，核心保护区的划分主要参照传统园林的现状边界线，同时还要依据传统园林主体空间的边界线；第二，保护控制区的划分主要通过实地走访勘测等方式，在核心保护区内进行景观视线研究确定，该区域内的建造活动将对核心保护区带来直接的视觉影响，特别是该区域内的植被，是核心保护区外围环境中最重要的因素，需要受到直接的保护；第三，保护协调区，在保护控制区之外的部分，在这里进行建造活动的自由度比在保护控制区内要大一些，但是也必须充分考虑建造的形式与功能问题。

3. 制定保护与修复的评价标准和技术规范

目前，在传统园林及古建筑的保护过程中，不少非专业队伍为了追求经济效益，故意扩大修复范围，加上投标时采用低价中标，结果形成偷工减料、粗制滥造的局面，这样不是保护，反而是对文物产生保护性的破坏。因此，应根据不同类型的浙派传统园林状况和特点，尽快制定保护和修复的评价标准和技术规范，以解决可操作性问题，使之纳入法制轨道，避免对传统园林保护难以定夺，产生影响。

4. 确定保护与修复的基本手段和方法

（1）传统园林保护及修复需具有专业资质的设计单位和具有丰富经验的设计人员来完成原形制的控制。特别是浙派传统私家园林，木雕、砖雕、假山石等特种工艺较多，需要针对不同部位的损毁状况进行诊断，既要进行总体方案设计，又要深入地进行详细设计，明确具体的技术措施。

（2）对材料、形状和历史上的功能作用要留有一定的痕迹，在材料使用方面必须力求原材质进行更换，对替换下来的材料应大料改小料，废料要千方百计利用或保存，使人们感受到历史的延续性。

（3）对浙派传统园林的修复，应保持原受力形式不变。钢、铁、铜等金属材料是我国古建筑的传统材料，可以采用铁箍、铁拉杆、铁杆垫等进行加固，其最大优点是不改变原来材料的本质，应该优先使用。

（4）浙派传统园林历经不同的历史时期，而不同朝代、不同地区的园林与古建筑，都有各自不同的风格与手法，不能盲目种植、盲目拆修，要尊重浙江的地域文化传统性和特色。

（5）随着传统技艺的逐渐流失，对传统园林环境的整治、修缮、加固，改变了原有传统做法，重修时要尽可能对传统技艺进行挖掘，使其得以重生。

（6）由于传统园林是以建筑为主体，植物为衬托，应依据历史记载进行补充修整，以保持古建筑原创的景观特征。绝不能倒置掩盖古建筑，必要时应进行调整，保持其基本风格。

（7）浙派传统园林中有很多古树名木，对濒危、生长势弱的古树名木，即"活文物"，应当更加慎重对待，可以采用新技术，进行补救和复壮（如补洞、注水、防治病虫等）。

（8）植物是具有生命力的，有死有生，其面貌反映着季节循环、自然变迁，应当定期地进行养护和更换。在传统园林中铺设人工草坪、种植修剪整齐的树丛、布置刺绣式的花坛是违背其真实性的，应当加以禁止。

（9）浙派传统园林的保护与修复应该建立规范的操作程序，所有的保护单位必须有测绘资料，大到构架，小到每个花坛、每个细部节点、每一棵树都要有图纸、影像资料和照片，注有文字，修缮和保护过程中对细节维修和变更、替换，也要同步建立图片、文字的全过程资料。

（10）控制自然破坏，对古建筑、古树名木要有避雷装置、放火及预防病虫害的措施，并需随时检测相关数据。

第四节　浙派传统园林传承与创新的整体策略

传统园林是随着时间的推移逐渐积累而成的，随着科学技术的发展、社会观念的进步，内容不断得到充实，在创造、继承和发扬的过程中，连续不断地从无到有、从少到多、从低到高、从简到繁、从易到难逐步发展而成。这使得传统园林具有源远流长的性质，同时在内容上具有前后一贯性。无论哪种传统园林的形成都是某些社会群体世代积累的结果，在积累的过程中，逐渐地舍弃陈腐、落后的技术和观念，吸纳新的、充满活力的内容。这就是传统园林的传承。

传统园林作为文化的综合体现，既要继承和弘扬文化的历史性、传承性，同时也要吸收、摄取和体现文化的创新性。城市不断地吸纳周边地区的文化，对"各路文化"进行有机的综合协调、整理和创新，成为多种文化的汇集之地；同时城市是文化的创新中心，它不断地创新时代文化，推动社会发展；而作为城市文化特色最集中反映的传统园林，依托所形成的特定城市文化，形成强大的生命力，会在扬弃、创造的过程中生生不息。这就是传统园林的创新。

总体而言，浙派传统园林的传承与创新还未形成一个整体策略，没有系统的实施方法、步骤，为此，本书结合国内其他地区的先进经验与本地实际，尝试提出浙派园林传承与创新的整体策略。

一、文化精神层面

1. 重塑园林文化传承创新理念

"理念"从字面意思上可理解为一种理想、信念，是"信仰、观念"的另类表述，即所谓的看法、思想。园林文化传承创新的理念集中表现为园林的整体文化价值观及人们对园林的价值取向，是园林营造的最高哲学。

园林文化传承创新理念应该能够反映、说明传统园林整体的文化意义，代表着园林的人文精神，而这样的人文精神是园林整体的人文构成要素的集中体现。

它涵盖了园林的基本价值追求和核心价值观，也包括造园者整体的知识、艺术、道德、信仰、追求、风俗民情等整体的人文风貌。

对于浙派传统园林而言，重塑文化传承与创新理念的关键在于突出浙派园林文化的个性化唯一理念体系，避免与其他园林理念雷同，突出浙派园林的唯一性，并创造差异化和个性化。

恩格斯说过："人创造环境，同样环境也创造人"。传统园林有没有文化、个性和特色，往往决定着其在整个世界传统园林体系中的地位，决定着其资源利用率。重塑浙派传统园林文化传承与创新理念则首先要规避轻视对传统文化的认知，对园林精神理解的错位或肤浅等问题。其次要系统梳理园林的文化实质与内涵，构建整体文化传承与创新理念，并赋予新时期的人文精神，使其更丰富、更深刻、更具有内涵、更能体现出时代的声音。本书通过深入浅出的研究，提出了"包容大气、生态自然、雅致清丽、意境深邃"的浙派园林造园特色，今后，如何将其发扬光大，是值得我们进一步探究的问题。

具体而言，重塑浙派传统园林文化传承创新理念主要有以下几个步骤：①重塑园林文化传承创新理念要对接浙江各个城市文化营构理念；②准确定位浙派传统园林的人文精神；③提出浙派传统园林的特色品牌文化；④分步解析传统园林的文化传承创新理念。

通过深入发掘、研究浙派传统园林文化，将浙派园林作为地域及若干主要城市的品牌形象之一来经营和推荐。可通过学术研讨、影视出版等手段，总结浙派园林的历史，整理名园材料，对有关的名人、名著深入研究，妥为利用，提升地域和城市的文化品位。当前迫切需要整理和出版一批普及性的、文献性的有关浙江及其各主要城市园林的书籍，以此来推动和加深我们对园林这一历史文化遗产的认识。本套丛书的策划、编撰、出版，就是希望在此方面做些试探性的工作，抛砖引玉，引起大家对浙派传统园林的广泛关注。

2. 以文化为核心营造特色旅游品牌

强化浙派传统园林的文化品牌，以文化为核心，积极营造园林的核心价值，使得浙派园林的旅游品牌得到不断提升。为此，可以采取如下措施：

（1）催生地域性城市文化事件，举办各种大型会议活动

近几年，浙江各地越来越重视城市品牌的塑造，如杭州的"生活品质之城"城市品牌已经家喻户晓、声名远播。各地通过国际性会展活动，如杭州的 G20 峰会、西湖博览会等，对于扩大知名度，强化旅游品牌具有重要意义。

我们建议，应该结合浙派传统园林深厚的历史文化底蕴，争取相关的文化会议活动，特别是更多的文化学术交流活动能在浙江召开，争取更多的城市和国家参与。另外，鼓励支持本地艺术家以本地传统园林、人文景观为素材进行创作，可不定期邀请全国或国际知名画家、摄影家、书法家或者园林景观类学会组织来浙江交流、采风、举办展览活动。

（2）加大对外宣传力度，扩大浙派园林旅游产品在国内外的影响

目前，浙派传统园林较苏州而言，其品牌及旅游效应还有很大差距，这与浙派园林长期的历史现状有关系。苏州部分传统园林保护较好，其开发出来作为旅游产品的单个园林的数量也较浙江各城市多，但浙江某些城市如杭州、湖州等自古以来在园林营造的技艺、文化艺术成就等方面丝毫不逊色于苏州，但因历史原因破坏损毁的较多。因此，在传统园林的保护、修复、创新与再生的进程中应同时强化宣传力度，扩大园林旅游产品的国内外影响力和知名度。

可以组团到北京、上海、广州、深圳等经济文化发达地区开展宣传，与实力雄厚的旅行社建立合作关系，吸引游客到浙江进行特色的园林旅游。同时，在国内外知名媒体、重大展览活动、旅游活动、宣传活动上，实行全方位、系列化的宣传。

（3）促进园林文化与经济的可持续互动

文化传承动力的一个重要方面来自市场，是民族的就是世界的，是民族的就应有它的市场价值。我们建议浙江未来的园林旅游应充分发挥地域文化优势，做到园林文化与旅游经济的可持续互动，逐步转变简单的游走观赏的旅游模式，逐步增加非物质文化遗产的内容。

可从以下几个方面来实施：

①将浙派工艺美术与园林结合，诸如木雕艺术、石雕艺术、根雕艺术、浙派盆景、浙派书画等，而此类工艺美术品的制作环节、产品等都可以和传统园林融合，增加园林的体验式游览环节，并且增加了旅游纪念品，产生经济效益，同时这类工艺美术与园林结合，也是间接促进园林艺术的发展。

②将浙江的地方曲艺文化与园林融合，增加主题视听演艺旅游项目。浙江的地方曲艺文化种类繁多，越剧、婺剧、弹词、古琴、杭州评话、温州鼓词、绍兴莲花落等都有浓郁的地方色彩，且自成流派。这些民俗文化艺术可以适当包装推向园林游览区和风景名胜区，使其成为园林艺术的一部分，同时逐步产生经济效益，催生更多的文化产品。在传统园林的创新与再生进程中，还可适当结合曲艺中的场景进行创新，探索两者结合的新思路，为传统园林结合当代社会需求及多元化融合奠定基础。通过这些文化的植入，使得以园林为主体的旅游增加多元化的感受，游人视觉与听觉得到极大丰富，发展视听演绎型游览项目成为可能。

③将民俗文化植入传统园林，使园林旅游具有地域文化特色，强化同类园林的差异性。不论是现存的传统园林，还是今后对其进行的创新与再生，民俗文化的植入，将使得园林更具有地域文化特色，诸如具有鲜明地方特色的岁时习俗、婚姻习俗、饮食习俗、吃茶习俗、香会习俗、沐浴习俗、理发习俗、娱玩习俗等，这些民俗与传统园林的传承与创新相结合，将使各景区或景点具有典型的民俗文化烙印；同时使浙派园林区别于同属江南私家园林范畴的扬州园林、苏州园林等；再者，民俗文化本身的多样化特色也必将使传统园林之间具有个性和特色，避免大面积雷同，使得传统园林在保持整体风格特色的同时具有鲜明的文化个性。

二、管理制度层面

1. 完善各种法律法规

完善各种法律法规，使浙派传统园林保护与传承有法可依，有法可循。综观国内外保存较好的历史文化名城，大都制定了严密的法律法规。以苏州为例，苏州先后颁布了《苏州历史文化名城保护规划》《苏州园林保护和管理条例》《苏州市市区河道保护条例》《苏州市古树名木保护管理条例》《苏州市古建筑保护条例》《苏州历史文化名城名镇保护办法》《苏州市古村落保护管理条例》《苏州市昆曲保护条例》等20多项法规和规范性文件。这些规章制度从整个古城到古树名木，从建筑实体到非物质文化等各个方面都予以全方位的保护。浙江各地对传统园林的保护应当积极借鉴苏州的做法，完善各种加强传统园林保护、促进传统园林传承的法律法规，特别是针对传统园林的创新建设这一领域，只有在有法可依的前提下，传统园林的保护、传承和创新才能成为可能。

2. 针对不同类型的传统园林制定深入细致的规章制度

浙派传统园林类型多样，其归属管理也不相同，诸如私家园林、书院园林、寺观园林、公共园林等，每一类型的传统园林都有自己独特的个性，其面对的保护传承问题也各不相同。所以，应根据自身情况，量身定做，制定适宜的、深入细致的规章制度。

3. 变革资金管理模式，为经营发展提供保障

传统园林的持续性发展，资金上的保障和良性循环是基本前提。为有效保护传统园林的文物古迹，以往自筹资金的方式需要改革。政府财政部门应从传统园林保护与利用的实际出发，将其保护经费纳入财政预算，统筹安排日常修缮资金和专项保护资金。

基于保护资金缺口的长期问题，建议政府有关部门抓紧制定和完善有关社会捐赠和赞助的政策措施和法规，调动社会团体、企业和个人参与文化遗产保护的积极性。传统园林的资金管理可借鉴意大利的管理经验，以政府出资为主导，保护基金、发行文物彩票等多种形式作为补充。总之，可以广开资金筹集渠道，吸纳社会、企业和涉外资金来共同开发历史文化资源。本着"谁使用、谁负责、谁投资、谁受益"的原则，鼓励社会资金参与传统园林保护与创新，缓解保护资金短缺问题。

目前而言，建议在传统渠道筹措资金的基础上，各地可首先成立园林保护基金，再成立一个园林建设发展的融资平台。资金来源和使用两条线，一条专用于传统园林的保护与修复项目，另一条线的资金专门用于传统园林异地再生、旅游开发等利用性建设项目中。

三、营建技术层面

浙派传统园林营建技术是保持和传承园林景观风貌的重要保证。而营建技术层面主要包括设计、施工和新材料应用三大方面（图6-2）。

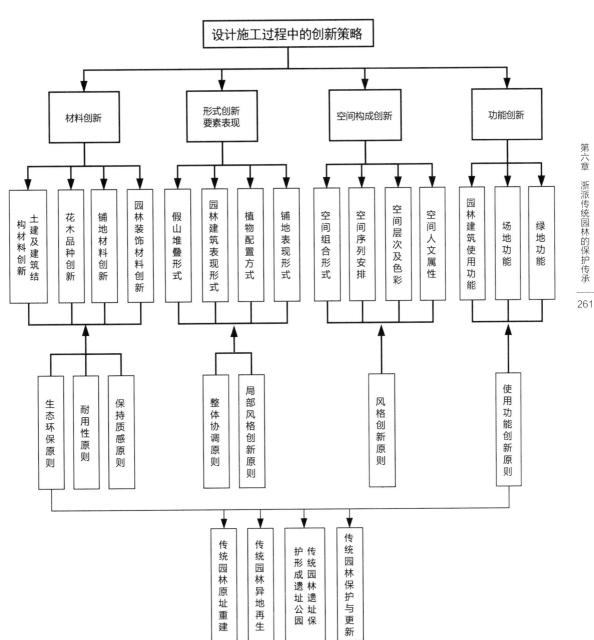

图6-2 传统园林设计施工过程中的创新策略

1. 园林设计的创新

传统园林的修复、创新乃至再生，都离不开优秀的设计，特别是浙江各地由于历史原因多数园林都已遭破坏、毁灭，不复存在，现在保存较为完整的已为数不多，而修复及再生此类园林必然要按照遗留下来的各类文献、图志等重新进行规划布局、单体设计、植物配置等。具体而言，建议设计层面应做到以下几个方面：

（1）保留

保留是园林设计中最常用的手法之一，这也是传统园林的修复与创新中最重要的原则，保留包含两个方面的含义，一是直接保留遗存下来的园林遗迹，二是修复或重建过程中保留原场地具有历史内涵和身份特征的景观元素，再将这些景观元素有机组合起来，从整体上反映出传统园林的风格特点和历史特色。

（2）改变

主要是通过增与减的方法来凸显景观元素的某些特性，用夸张的形式或色彩来制造高强度的视觉冲击力，从而彰显出场地的身份特征和文化内涵。

（3）再现

当原场地上某些景观元素不再具备使用价值，但它却是场地身份的重要证明，这就需要对其进行再现。这种再现并不等同于原样复制，可以通过现代景观语言对其进行再加工。

对原场地景观元素的保留、改变和再利用是一种生态的景观设计手法，自20世纪70年代以来一直受到设计师们的青睐。对场地上原有的建筑和设施进行保留，并赋予其新的使用功能，这种处理手法在诉说场地历史的同时，也节省了材料，减少了生产、加工、运输而消耗的能源。再现的景观设计手法在浙派传统园林的传承与创新过程中显得更加必要，这是因为传统园林中，部分园林已经消亡，只存在于断续的文献记载之中了。

（4）景观元素重新组合、再创作

这是一种新的园林景观设计途径，即把景观构成元素分解，通过取样来还原地域的自然和人文景观体验。传统园林可以融合很多地方景观元素，比如民居的门头、窗花、山墙装饰等，庄台的门楼、地面的石板等，这些地方景观元素经过组合，再用艺术手法来表现，使得传统园林在复建或再生的过程中产生全新的景观体验。

（5）本土文化元素的象征性艺术表现

传统园林的传承与创新要特别注重本土文化元素的艺术表现，而本土文化元素的艺术表现则需要进行设计创新，这也是传承与创新的原动力之一。

（6）风格传承与形式创新

传统园林重建或恢复设计的整体风格要与地方原有园林风格协调一致，但是在一些具体的细节上可以适当进行简化或提炼，材料也可以灵活选用现代高科技材料；在风格和表现形式上可以进行适当的创新。

2. 施工技术的创新

浙派传统园林的传承与创新在很大程度上与施工技艺有关，如在石雕、漏窗、木雕、假山堆叠、盆景造型等方面，高超的传统施工工艺才能体现浙派园林的神韵。这就需要在施工层面，能够很好把握园林传承与创新的本质。在这方面要做到以下两点：

（1）发扬传统施工技术

重新建立对传统材料和传统施工技术的价值认识。保存良好的优良传统工艺，有助于保存人们对于历史文化的记忆。例如浙派园林中的石雕艺术，石雕在浙派园林的照壁、门楼、园林建筑等要素中随处可见，而现代在园林复建或再生时，所用的石雕不再是手工打磨雕刻的，代之以机器雕刻，往往少了人工艺术创作的神韵。因此，在石雕、木雕、假山堆叠方面应当注重发扬传统的施工技术。

（2）开拓新的施工技术与方法

值得关注的是，某些传统的材料，如"石""木"等通过现代的构造手法和组织形式，亦可焕发出新奇的魅力从而突破旧的形式窠臼。在传统建筑及园林的保护与创新过程中，可以部分运用现代的材料和结构方式，积极拓展传统建构体系的造型语言，以体现新时代的技术和材料特征。在形式语言探索方面，传统园林的传承与创新应当鼓励创新探索，解决新问题，创造新价值，突破思维禁锢，而不必过于拘泥于某些传统形式的一招一式。

3. 建造材料的创新

建造材料使用的创新也是传统园林传承与创新的一个重要方面，在当今生态恶化的背景下和地域文化丧失的危机中，需要更加关注各类景观要素的存在价值，解决构造技术现代化的问题，提高技术水平，吸收先进技术，扬弃那些费材耗能的构筑方式和粗放的建设模式，尽量选用可再生、可循环使用的材料，如园林建筑中减少结构性木材的使用，替代以 GRC 构件等环保材料；而传统园林创新中的铺装材料也可选用渗透性强的材料，如采用仿古式的青砖。大力发展屋顶绿化、墙面绿化和雨水渗透技术和生态新材料，尤其是针对当前生态恶化的背景，必须重新构筑清新的生态美理念，探询可持续发展的生态园林建设新方向。

四、整合开发层面

传统园林作为浙江历史文化遗产的重要组成部分，可以和浙江各地的历史街区、京杭大运河、各类非物质文化遗产等人文遗产资源进行整合开发，实现旅游产品创新。

浙派传统园林是浙江人文旅游资源的重要组成部分，同时，浙江各地又具有其他类型多样的人文遗产资源，诸如历史街区、历史名园、城市历史遗迹等。这些资源同传统园林一样，在整体旅游开发方面遇到同样的问题，诸如文物保护与旅游开发、生态建设与项目安排等一系列难题。一方面，旅游业的发展可以运用产业的手段和优势，将一些濒临破败和灭绝的人文资源，如历史遗迹、古代建筑、民居村落，进行保护、修复和开发，在一定程度上对人文资源的保护和利用起到积极的作用。另一方面，由于商业化的旅游开发，其最终目的是赢利，因此，在开发的过程中，如果没有相应的法规、制度相配套，进行约束和监管，可能会造成资源的过度开发和掠夺性开发，给人文资源带来不可挽回的损失。因此，传统园林有效联动城市其他人文遗产资源，保护修复与开发利用协同推进意义重大，不断实现旅游产品的升级换代，迅速改变和优化浙江旅游产品结构，使之成为生态度假、文化休闲的天堂。

1. 传统园林与文物古迹综合旅游开发策略

浙江各地的文物古迹往往和传统园林紧密结合，有些文物古迹就在传统园林之中，因此，提出传统园林与文物古迹的综合旅游开发策略十分必要。

（1）处理好文物古迹保护与利用的关系，保护与利用应突出地方文化特色

利用就是积极的保护，利用和保护相结合，尽可能地按照原功能使用，重点保护各级文物保护单位及其周边环境氛围。对具有考古价值的文物古迹，不应触动其空间结构和改变周围环境；对侧重宗教文化价值的，宜保持宗教环境氛围的纯粹性；根据性质区别对待，对主要考虑建筑特色及其经济价值的，可以在兼顾其他方面的同时致力于开发利用。

（2）保护与利用应和恢复传统园林、文物建筑及历史地段的生命力相结合

传统园林、文物建筑的保护、修缮和使用应同浙江特色城市风貌建设相结合，通过规划建设，复苏历史建筑及其群体的文化生活，使它们在社区和周围地区的文化发展中起促进作用。在严格控制下合理利用文物建筑及传统园林，避免简单的保存。

（3）加强传统园林及文物古迹相关地段的综合旅游开发

将部分传统园林与城市的文物古迹进行整合，并对其相关地段进行统筹考虑，综合进行旅游开发，使得这一区域以文物古迹为主导的传统园林形成体系，并采用传承与创新的规划设计手法对与之相关的地段进行开发建设，使之形成以感知本地深厚历史文化底蕴为目的的旅游片区。

2. 遗址景观展示为主导的综合旅游开发策略

遗址景观是重要的历史、文化信息载体，具有较高的历史、文化、科学价值和保护价值，浙江各地传统园林遗址景观特色鲜明，对游客具有极大的吸引力。对此，应以遗址为核心，以营造园林环境为基础，强化遗址景观展示，将传统园林与城市遗址关联综合，进行整体的旅游开发，对于提升旅游产品的品质意义重大。建议各地今后可结合文物考古挖掘工作，逐步建立各种遗址博物馆，将城墙、城门、城河、角楼等遗迹作为遗址景观展示，同时，强化园林景观的营建，优化古城遗址周边环境，最终形成一个独具特色的遗址景观展示系列。

有条件的城市，应当系统收集当地传统园林遗产现状，建立遗产信息数据库。园林演变历史及相关的社会经济文化背景研究是前提与基础，应有组织和有目的性地汇集历史文献与图像信息。特别要对各地区现存园林遗产及时登录，可借助

现代科技手段，如 GIS、三维扫描等技术手段记录现存园林遗产的空间布局形式与物质要素。通过科学、合理的信息化手段，收集汇总当地现存园林遗产的现状信息，建立整体历史图文数据资料库，从区位、环境、演变过程、形式要素、事件等方面对现存园林遗产实体全面建档，定时定点更新数据，从而形成浙派园林保护传承的动态数据资料库。近几年来，文化遗产的数字化复现研究技术领域也越来越受到重视，结合历史考古发现、历史文献与图像资料，通过数字化技术，如VR、AR、全景三维扫描等技术手段复原浙派园林历史上的经典园林，在复原重现中加强对传统造园技艺的研究，真实再现浙派传统园林的辉煌历史场景，以更直观形象的方式让更广泛人群认识与了解浙派传统园林遗产，重拾浙派传统园林记忆，从而传播浙派传统园林遗产价值。

3. 传统名园的恢复与综合旅游开发策略

如前文所述，今浙江省范围内传统园林有着悠久的发展历史，其类型多种多样，有记载的名园胜景可说是数以千计，但现存名园数量既少，且还多有名不符实、不能体现传统园林韵致的问题存在。因此，对现存名园应尽量恢复，尽力复原，重现传统园林风韵，可从如下两个方面着手：首先，应该也完全有可能恢复若干名园，如杭州、绍兴、湖州等地，都有大量历史名园至今湮废不彰，完全可以酌情、相机恢复。具体如童寯《江南园林志》中所记载的"湖州南浔诸园"，去今未远，大多有遗迹可寻；再如今海宁境内的"安澜园"（图 6-3），遗迹尚存。其次，现有各园，在形态上还是以小为妙，因诸名园各有渊源，故不宜随意合并，既增加保护难度，也徒然损失品牌价值。如现在湖州的莲花庄之与潜园，小莲庄之与嘉业堂等，尤其前者，目前潜园附于莲花庄，大而无当，自身内涵无法显现，应独立出来为宜。

图 6-3　海宁安澜园复原图

就旅游开发和利用而言，则应把握"有所为有所不为"的理念，牢牢抓住各地园林的特色和内涵，以保护为主，控制开发，提升档次，面向海外。同时，也完全可以在重新认识园林特色的基础上，全新定位，重新包装，推出高端旅游产品。如绍兴，已经打出了"中国第一爱情名园——沈园"的品牌，取得了很好的效果。其他具有全国意义的名园还有很多，有些则需要我们着力加以挖掘和培育。以湖州园林为例，在对各园内部重新整治、恢复古园韵致的基础上，可以推出诸如："中国元代第一文人名园——莲花庄""中国近代第一商人名园——小莲庄""中国古代最后的藏书楼——嘉业堂""中国近代最有争议的名园——潜园"等，作为湖州具有竞争力的旅游品牌在全国乃至海外吸引游客。

浙派园林典籍录

1. 兰亭集序

【作者】 王羲之 **【朝代】** 东晋

【简介】

王羲之（303～361），字逸少，东晋时期著名书法家，有"书圣"之称。琅琊临沂（今山东临沂）人，后迁会稽山阴（今浙江绍兴），晚年隐居剡县金庭。历任秘书郎、宁远将军、江州刺史，后为会稽内史，领右将军。其书法兼善隶、草、楷、行各体，精研体势，心摹手追，广采众长，备精诸体，冶于一炉，摆脱了汉魏笔风，自成一家，影响深远。风格平和自然，笔势委婉含蓄，遒美健秀。代表作《兰亭序》被誉为"天下第一行书"。

《兰亭集序》又名《兰亭宴集序》《兰亭序》《临河序》《禊序》和《禊贴》。东晋穆帝永和九年（353）三月三日，王羲之与谢安、孙绰等41位军政高官，在山阴（今浙江绍兴）兰亭"修禊"，会上各人作诗，王羲之为他们的诗写的序文手稿。《兰亭集序》中记叙兰亭周围山水之美和聚会的欢乐之情，抒发作者对于生死无常的感慨。

【原文】

永和九年，岁在癸丑，暮春之初，会于会稽山阴之兰亭，修禊事也。群贤毕至，少长咸集。此地有崇山峻岭，茂林修竹，又有清流激湍，映带左右，引以为流觞曲水，列坐其次。虽无丝竹管弦之盛，一觞一咏，亦足以畅叙幽情。

是日也，天朗气清，惠风和畅。仰观宇宙之大，俯察品类之盛，所以游目骋怀，足以极视听之娱，信可乐也。

夫人之相与，俯仰一世。或取诸怀抱，悟言一室之内；或因寄所托，放浪形骸之外。虽趣舍万殊，静躁不同，当其欣于所遇，暂得于己，快然自足，不知老之将至；及其所之既倦，情随事迁，感慨系之矣。向之所欣，俯仰之间，已为陈迹，犹不能不以之兴怀，况修短随化，终期于尽！古人云："死生亦大矣。"岂不痛哉！

每览昔人兴感之由，若合一契，未尝不临文嗟悼，不能喻之于怀。固知一死生为虚诞，齐彭殇为妄作。后之视今，亦犹今之视昔，悲夫！故列叙时人，录其所述，虽世殊事异，所以兴怀，其致一也。后之览者，亦将有感于斯文。

2. 山居赋

【作者】谢灵运　**【朝代】**南北朝

【简介】

谢灵运（385～433），原名公义，字灵运，以字行于世，小名客儿，世称谢客。南北朝时期杰出的诗人、文学家、旅行家。祖籍陈郡阳夏（今河南太康县），生于会稽始宁（今绍兴市嵊州市三界镇）。谢灵运少即好学，博览群书，工诗善文。其诗与颜延之齐名，并称"颜谢"，开创了中国文学史上的山水诗派，他还兼通史学，擅书法，曾翻译外来佛经，并奉诏撰《晋书》。

《山居赋》作于南朝宋景平元年（423）至元嘉二年（425）之间，即作者从永嘉太守任上称病去职之后，至昙隆法师逝世之前。这篇巨赋包括自序和自注，虽洋洋万言却全文收录于正史《宋书》。所陈述的是作者祖父谢玄所开拓、作者所扩建的"始宁墅"山居庄园的山水、建筑、物产、生活等内容，当然其中也有谢灵运不得已而归隐，同时又不甘心、念念不忘于朝廷的心态。这里摘录其中描写山水景观与山居生活的部分，各小节题目自拟。

【原文】

（1）叙山野草木水石谷稼之事

古巢居穴处曰岩栖，栋宇居山曰山居，在林野曰丘园，在郊郭曰城傍，四者不同，可以理推。言心也，黄屋实不殊于汾阳。即事也，山居良有异乎市廛。抱疾就闲，顺从性情，敢率所乐，而以作赋。扬子云云："诗人之赋丽以则。"文体宜兼，以成其美。今所赋既非京都宫观游猎声色之盛，而叙山野草木水石谷稼之事。……

（2）始宁别业及其远山近水

仰前哲之遗训，俯性情之所便。奉微躯以宴息，保自事以乘闲。愧班生之夙悟，惭尚子之晚研。年与疾而偕来，志乘拙而俱落。谢平生于知游，栖清旷于山川。

其居也，左湖右江，往渚还汀。面山背阜，东阻西倾。抱含吸吐，款跨纤萦。绵联邪亘，侧直齐平。

近东则上田、下湖，西溪、南谷，石墌、石滂，闵硎、黄竹。决飞泉于百仞，森高薄于千麓。写长源于远江，派深毖于近渎。

近南则会以双流，萦以三洲。表里回游，离合山川。崿崩飞于东峭，盘傍薄于西阡。拂青林而激波，挥白沙而生涟。

近西则杨、宾接峰，唐皇连纵。室、壁带溪，曾、孤临江。竹缘浦以被绿，石照涧而映红。月隐山而成阴，木鸣柯以起风。

近北则二巫结湖，两崿通沼。横、石判尽，休、周分表。引修堤之逶迤，吐泉流之浩漾。山虮下而回泽，濑石上而开道。

远东则天台、桐柏，方石、太平，二韭、四明，五奥、三菁。表神异于纬牒，验感应于庆灵。凌石桥之莓苔，越楮溪之纤萦。

远南则松箃、栖鸡，唐嵫、漫石。崪、嵊对岭，崫孟分隔。入极浦而邅回，迷不知其所适。上嵌崎而蒙笼，下深沉而浇激。

远西则（下缺四十四字）

远北则长江永归，巨海延纳。昆涨缅旷，岛屿绸沓。山纵横以布护，水回沉而萦洄。信荒极之绵眇，究风波之暧合。

（3）谢家临江旧宅园

徒观其南术之□□□□□□□□岸测深，相渚知浅。洪涛满则曾石没，清澜减则沈沙显。及风兴涛作，水势奔壮。于岁春秋，在月朔望。汤汤惊波，滔滔骇浪。电激雷崩，飞流洒漾。凌绝壁而起岑，横中流而连薄。始迅转而腾天，终倒底而见塈。此楚贰心醉于吴客，河灵怀惭于海若。

尔其旧居，曩宅今园，枌樟尚援，基井具存。曲术周乎前后，直陌矗其东西。岂伊临溪而傍沼，乃抱阜而带山。考封域之灵异，实兹境之最然。葺骈梁于岩麓，栖孤栋于江源。敞南户以对远岭，辟东窗以瞩近田。田连冈而盈畴，岭枕水而通阡。

（4）田地庄稼经济自给

阡陌纵横，塍埒交经。导渠引流，脉散沟并。蔚蔚丰秫，芒芒香秔。送夏早秀，迎秋晚成。兼有陵陆，麻麦粟菽。候时觇节，递艺递孰。供粒食与浆饮，谢工商与衡牧。生何待于多资，理取足于满腹。

（5）潭涧洲渚取欢娱

自园之田，自田之湖。泛滥川上，缅邈水区。浚潭涧而窈窕，除菰洲之纤余。毖温泉于春流，驰寒波而秋徂。风生浪于兰渚，日倒景于椒涂。飞渐榭于中沚，取水月之欢娱。旦延阴而物清，夕栖芬而气敷。顾情交之永绝，觊云客之暂如。

（6）水草荷花，感物致赋

水草则萍藻蕰菼，薕蒲芹荪，蒹菰苹蘩，菭荇菱莲。虽备物之偕美，独扶渠之华鲜。播绿叶之郁茂，含红敷之缤翻。怨清香之难留，矜盛容之易阑。必充给而后搴，岂蕙草之空残。卷敏弦之逸曲，感江南之哀叹。秦筝倡而溯游往，唐上奏而旧爱还。

（7）草药良医，增灵斥疵

本草所载，山泽不一。雷、桐是别，和、缓是悉。参核六根，五华九实。二冬并称而殊性，三建异形而同出。水香送秋而擢蒨，林兰近雪而扬猗。卷柏万代而不殒，伏苓千岁而方知。映红葩于绿蒂，茂素蕤于紫枝。既住年而增灵，亦驱妖而斥疵。

（8）竹景之美，胜于上林与淇澳

其竹则二箭殊叶，四苦齐味。水石别谷，巨细各汇。既修竦而便娟，亦萧森而蓊蔚。露夕沾而悽阴，风朝振而清气。捎玄云以拂杪，临碧潭而挺翠。蔑上林与淇澳，验东南之所遗。企山阳之游践，迟鸾鷖之栖托。忆昆园之悲调，慨伶伦之哀篪。卫女行而思归咏，楚客放而防露作。

（9）树木花果叶皮材质，各随所如

其木则松柏檀栎，梗楠桐榆。檃柘榖栋，楸梓柽樗。刚柔性异，贞脆质殊。卑高沃脊，各随所如。干合抱以隐岑，杪千仞而排虚。凌冈上而乔竦，荫涧下而扶疏。沿长谷以倾柯，攒积石以插衢。华映水而增光，气结风而回敷。当严劲而葱倩，承和煦而芬腴。送坠叶于秋晏，迟含萼于春初。

（10）游鱼飞禽走兽，备列山川

植物既载，动类亦繁。飞泳骋透，胡可根源。观貌相音，备列山川。寒燠顺节，随宜匪敦。

鱼则鱿鳢鲋鳛，鳟鲩鲢鳊，鲂鲔鲨鳜，鳠鲤鲻鳢。辑采杂色，锦烂云鲜。喷藻戏浪，泛荇流渊。或鼓鳃而湍跃，或掉尾而波旋。鲈鳖乘时以入浦，鳡鲵沿濑以出泉。

鸟则鹍鸿鹝鹄，鹜鹭鸧鹒。鸡鹊绣质，鹝鹲绶章。晨凫朝集，时鹝山梁。海鸟违风，朔禽避凉。黄生归北，霜降客南。接响云汉，侣宿江潭。聆清哇以下听，载王子而上参。薄回涉以弁翰，映明壑而自耽。

山上则猨狒狸貛，犴獏猰猱。山下则熊罴豺虎，猵鹿麏麇。掷飞枝于穷崖，踔空绝于深硎。蹲谷底而长啸，攀木杪而哀鸣。

（11）悟万物好生之理

缗纶不投，罝罗不披。硙弋靡用，蹄筌谁施。鉴虎狼之有仁，伤遂欲之无崖。顾弱龄以涉道，悟好生之咸宜。率所由以及物，谅不远之在斯。抚鸥鲦而悦豫，杜机心于林池。

（12）名景难觅意恒存，理不绝可温故知新

敬承圣诰，恭窥前经。山野昭旷，聚落膻腥。故大慈之弘誓，拯群物之沦倾。岂寓地而空言，必有货以善成。钦鹿野之华苑，羡灵鹫之名山。企坚固之贞林，希庵罗之芳园。虽綷容之缅邈，谓哀音之恒存。建招提于幽峰，冀振锡之息肩。庶镫王之赠席，想香积之惠餐。事在微而思通，理匪绝而可温。

（13）当初持杖选址，营建台堂房室

爰初经略，杖策孤征。入涧水涉，登岭山行。陵顶不息，穷泉不停。栉风沐雨，犯露乘星。研其浅思，罄其短规。非龟非筮，择良选奇。剪榛开径，寻石觅崖。四山周回，双流逶迤。面南岭，建经台；倚北阜，筑讲堂。傍危峰，立禅室；临浚流，列僧房。对百年之乔木，纳万代之芬芳。抱终古之泉源，美膏液之清长。谢丽塔于郊郭，殊世间于城傍。欣见素以抱朴，果甘露于道场。

……

（14）山作水役，采拾收割诸事

山作水役，不以一牧。资待各徒，随节竞逐。陟岭刊木，除榛伐竹。抽笋自篁，摘箬于谷。杨胜所拮，秋冬钥获。野有蔓草，猎涉虆萸。亦酝山清，介尔景福。苦以术成，甘以捵熟。慕椹高林，剥芰岩椒。掘茜阳崖，摘擃阴摽。昼见搴茅，宵见索绹。芟菰翦蒲，以荐以茭。既坭既埏，品收不一。其灰其炭，咸各有律。六月采蜜，八月朴栗。备物为繁，略载靡悉。

（15）南北两居随时取适，别有山水旷矣悠然

若迺南北两居，水通陆阻。观风瞻云，方知厥所。南山则夹渠二田，周岭三苑。九泉别涧，五谷异巘。群峰参差出其间，连岫复陆成其坂。众流溉灌以环近，诸堤拥抑以接远。远堤兼陌，近流开湍。凌阜泛波，水往步还。还回往匝，枉渚员峦。呈美表趣，胡可胜单。抗北顶以葺馆，瞰南峰以启轩。罗曾崖于户里，列镜澜于窗前。因丹霞以赪楣，附碧云以翠椽。视奔星之俯驰，顾飞埃之未牵。鸥鸿翻翥而莫及，何但燕雀之翩翻。氿泉傍出，潺湲于东檐；桀壁对峙，硡礚于西溜。修竹葳蕤以翳荟，灌木森沈以蒙茂。萝蔓延以攀援，花芬熏而媚秀。日月投光于柯间，风露披清于崟岫。夏凉寒燠，随时取适。阶基回互，橑桯乘隔。此焉卜寝，玩水弄石。迤即回眺，终岁罔斁。伤美物之遂化，怨浮龄之如借。眇遁逸于人群，长寄心于云霓。

因以小湖，邻于其隈。众流所凑，万泉所回。氿滥异形，首皆终肥。别有山水，路邈缅归。

求归其路，乃界北山。栈道倾亏，蹬阁连卷。复有水径，缭绕回圆。瀰瀰平湖，泓泓澄渊。孤岸竦秀，长洲芊绵。既瞻既眺，旷矣悠然。及其二川合流，异源同口。赴隘入险，俱会山首。濑排沙以积丘，峰倚渚以起阜。石倾澜而捎岩，木映波而结数。径南湑以横前，转北崖而掩后。隐丛灌故悉晨暮，托星宿以知左右。

（16）山川涧石洞穴，皆咸善而俱悦

山川涧石，州岸草木。既标异于前章，亦列同于后牍。山匪岨而是岵，川有清而无浊。石傍林而插岩，泉协涧而下谷。渊转渚而散芳，岸靡沙而映竹。草迎冬而结葩，树凌霜而振绿。向阳则在寒而纳煦，面阴则当暑而含雪。连冈则积岭以隐嶙，举峰则群竦以巉巀。浮泉飞流以写空，沉波潜溢于洞穴。凡此皆异所而咸善，殊节而俱悦。

（17）既耕亦桑，研书赏理

春秋有待，朝夕须资。既耕以饭，亦桑贸衣。艺菜当肴，采药救颓。自外何事，顺性靡违。法音晨听，放生夕归。研书赏理，敷文奏怀。凡厥意谓，扬较以挥。且列于言，诚特此推。

（18）二园三苑，畦町所艺，蔬果备列

北山二园，南山三苑。百果备列，乍近乍远。罗行布株，迎早候晚。猗蔚溪涧，森疏崖巘。杏坛、榛园、橘林、栗圃。桃李多品，梨枣殊所。枇杷林檎，带谷映渚。椹梅流芬于回峦，椑柿被实于长浦。

畦町所艺，含蕊藉芳，蓼蕺蒙荠，荂菲苏姜。绿葵眷节以怀露，白薤感时而负霜。寒葱摽倩以陵阴，春藿吐苕以近阳。

（19）采摘搋拔益寿药物

弱质难恒，颓龄易丧。抚鬓生悲，视颜自伤。承清府之有术，冀在衰之可壮。寻名山之奇药，越灵波而憩辕。采石上之地黄，摘竹下之天门。搋曾岭之细辛，拔幽涧之溪荪。访钟乳于洞穴，讯丹阳于红泉。

（20）远僧近众聚萃，传古今之不灭

安居二时，冬夏三月。远僧有来，近众无阙。法鼓朗响，颂偈清发。散华霏蘤，流香飞越。析旷劫之微言，说像法之遗旨。乘此心之一豪，济彼生之万理。启善趣于南倡，归清畅于北机。非独惬于予情，谅佥感于君子。山中兮清寂，群纷兮自绝。周听兮匪多，得理兮俱悦。寒风兮搔屑，面阳兮常热。炎光兮隆炽，对阴兮霜雪。愒曾台兮陟云根，坐涧下兮越风穴。在兹城而谐赏，传古今之不灭。

......

3. 白蘋洲五亭记

【作者】白居易 【朝代】唐

【简介】

白居易（772~846），字乐天，号香山居士，又号醉吟先生，祖籍太原，到其曾祖父时迁居下邽，生于河南新郑。他是唐代伟大的现实主义诗人，与李白、杜甫并称唐代三大诗人。白居易与元稹共同倡导新乐府运动，世称"元白"，与刘禹锡并称"刘白"。白居易的诗歌题材广泛，形式多样，语言平易通俗，有"诗魔"和"诗王"之称。有《白氏长庆集》传世，代表诗作有《长恨歌》《卖炭翁》《琵琶行》等。

《白蘋洲五亭记》亦称《五亭记》，是白居易68岁"得风痹之疾"那年，在洛阳应友人湖州刺史杨汉公之请，根据杨汉公送去的五亭图而写的一篇记文。全文刊载在明《万历湖州府志》卷四。

【原文】

湖州城东南二百步，抵霅溪。溪连汀洲，洲一名白蘋。梁吴兴太守柳恽于此赋诗云："汀洲采白蘋"，因以为名也。

前不知几十万年，后又数百载，有名无亭，鞠为荒泽。至大历十一年，颜鲁公真卿为刺史，始剪榛导流，作八角亭，以游息焉。旋属灾潦荐至，沼堙台圮。后又数十载，萎芜隙地。至开成三年，弘农杨君为刺史，乃疏四渠，浚二池，树三园，构五亭，卉木荷竹，舟桥廊室，洎游宴息，宿之具，靡不备焉。

观其架大溪，跨长汀者，谓之"白蘋亭"；介三园，阅百卉者，谓之"集芳亭"；面广池，目列岫者，谓之"山光亭"；玩晨曦者，谓之"朝霞亭"；狎清涟者，谓之"碧波亭"。五亭间开，万象迭入，向背俯仰，胜无遁形。每至汀风春，溪月秋，花繁鸟啼之旦，莲开水香之夕，宾友集，歌吹作，舟棹徐动，觞咏半酣，飘然恍然。游者相顾，咸曰："此不知方外也？人间也？又不知蓬瀛、昆阆，复何如哉？"

时予守官在洛阳，杨君缄书赍图，请予为记。予按图握笔，心存目想，觊缕梗概，十不得其二三。大凡地有胜境，得人而后发；人有心匠，得物而后开。境心相遇，固有时耶？盖是境也，实柳守滥觞之，颜公椎轮之，杨君绘素之，三贤始终，能事毕矣。杨君前牧舒，舒人治，今牧湖，湖人康。康之由革弊兴利，若改茶法，变税书之类是也。利兴故府有羡财，政成故居多暇日，繇是以馀力济高情，成胜概，三者旋相为用，岂偶然哉？昔谢、柳为郡，乐山水，多高情，不闻善政；龚、黄为郡，忧黎庶，有善政，不闻胜概；兼而有者，其吾友杨君乎？君名汉公，字用义，恐年祀寝久，远来者不知，故名而字之。时开成四年十月十五日记。

4. 冷泉亭记

【作者】白居易 **【朝代】**唐

【简介】

　　长庆二年（822）至四年，白居易任杭州刺史。这篇题记即作于长庆三年（823）八月十三日。作者以杭州现任长官身分赞扬前任长官修筑胜景，旨在阐发山水佳境有益身心、陶冶性情的美育作用，符合教化。所以他不对冷泉亭本身作具体描写，而是强调杭州、灵隐寺本属形胜，指出冷泉亭的位置选择得很好，集中抒写在冷泉亭所感受的情趣和所获得的启发。

【原文】

　　东南山水，余杭郡为最。就郡言，灵隐寺为尤。由寺观言，冷泉亭为甲。

　　亭在山下，水中央，寺西南隅，高不倍寻，广不累丈，而撮奇得要，地搜胜概，物无遁形。春之日，吾爱其草薰薰，木欣欣，可以导和纳粹，畅人血气；夏之夜，吾爱其泉渟渟，风泠泠，可以蠲烦析酲，起人心情。山树为盖，岩石为屏，云从栋生，水与阶平。坐而玩之者，可濯足於床下，卧而狎之者，可垂钓於枕上。矧又潺湲洁澈，粹冷柔滑，若俗士，若道人，眼耳之尘，心舌之垢，不待盥涤，见辄除去。潜利阴益，可胜言哉！斯所以最馀杭而甲灵隐也。

　　杭自郡城抵四封，丛山复湖，易为形胜。先是领郡者，有相里君造虚白亭，有韩仆射皋作候仙亭，有裴庶子棠棣作观风亭，有卢给事元辅作见山亭，及右司郎中河南元藇最后作此亭。於是五亭相望，如指之列，可谓佳境殚矣，能事毕矣。后来者虽有敏心巧目，无所加焉，故吾继之，述而不作。长庆三年八月十三日记。

5. 钱塘湖石记

【作者】白居易 **【朝代】**唐

【简介】

　　白居易于长庆四年（824）三月十日作，是其在杭州刺史任上所写的修治西湖水利以灌田、沧井、通漕的文告。内容精深，计划周密，文风平易，语言清新，是水利史上不可多得的美文。钱塘湖，即杭州西湖。钱塘湖石记表达了作者对人民的关爱，处处为人民着想，处处为国家着想，让人民专心于农耕，且希望有好的收成；更写出了朝廷的黑暗，官府的自私。

【原文】

　　钱塘湖事，刺史要知者四条，具列如左：

　　钱塘湖一名上湖，周回三十里，北有石函，南有笕。凡放水溉田，每减一寸，可溉十五馀顷，每一复时，可溉五十馀顷。先须别选公勤军吏二人，立於田次，与本所由田户，据顷亩，定日时，量尺寸节限而放之。若岁旱百姓请水，须令经州陈状，刺史自便押帖，所由即日与水。若待状入司，符下县，县帖乡，乡差所由，动经旬日，虽得水，而旱田苗无所及也。大抵此州春多雨，秋多旱，若堤防如法，蓄泄及时，即濒湖千馀顷田无凶年矣（原注：州《图经》云："湖水溉田五百顷。"谓系田也今按水利所及其公私田不啻千馀顷）。自钱塘至盐官界，应溉夹官河田，放湖入河，从河入田。淮盐铁使旧法，又须先量河水浅深，待溉田毕，却还本水尺寸。往往旱甚，即湖水不充。今年修筑湖堤，高加数尺，水亦随加，即不啻足矣。晚或不足，即更决临平湖，添注官河，又有馀矣（原注：虽非浇田时，若官河乾浅，但放湖水添注，可以立通舟船）。俗云："决放湖水，不利钱塘县官。"县官多假他词以惑刺史，云"鱼龙无所托"，或云"菱芡失其利"。且鱼龙与生民之命孰急，菱芡与稻粱之利孰多，断可知矣。又云"放湖即郭内六井无水"，亦妄也，且湖底高，井管低，湖中又有泉数十眼，湖耗则泉涌，虽尽竭湖水，而泉用有馀，况前后放湖，终不至竭，而云井无水，谬矣。其郭中六井，李泌相公典郡日所作，甚利於人，与湖相通，中有阴窦，往往堙塞，亦宜数察而通理之，则虽大旱，而井水常足。湖中有无税田约十数顷，湖浅则田出，湖深则田没。田户多与所由计会，盗泄湖水，以利私田。其石函、南笕，并诸小笕闼，非浇田时，并须封闭筑塞，数令巡检，小有漏泄，罪责所由，即无盗泄之弊矣。又若霖雨三日已上，即往往堤决，须所由巡守，预为之防。其笕之南，旧有缺岸，若水暴涨，即於缺岸泄之，又不减，兼於石函、南笕泄之，防堤溃也（原注：大约水去石函口一尺为限，过此须泄之）。予在郡三年，仍岁逢旱，湖之利害，尽究其由。恐来者要知，故旧於石。欲读者易晓，故不文其言。长庆四年三月十日，杭州刺史白居易记。

6. 沃洲山禅院记

【作者】 白居易　**【朝代】** 唐

【简介】

　　沃州，山名，在浙江省新昌县东。唐太和二年（828），白居易的从侄白寂然住持沃洲，得白居易的挚友、浙东廉使元稹及继任的陆中丞资助，遂建成了沃洲山禅院，并请白居易作记，刘禹锡书丹立碑于禅院中，这就是名闻遐迩的《沃洲山禅院记》碑，保存了新昌县诸多的历史资料，弥足珍贵。

【原文】

　　沃洲山在剡县南三十里，禅院在沃洲山之阳，天姥岑之阴。南对天台，而华顶、赤城列焉；北对四明，而金庭、石鼓介焉；西北有支遁岭，而养马坡、放鹤峰次焉；东南有石桥溪，溪出天台石桥，因名焉。其馀卑岩小泉，如子孙之从父祖者，不可胜数。东南山水，越为首，剡为面，沃洲、天姥为眉目。夫有非常之境，然后有非常之人栖焉。晋宋以来，因山洞开，厥初有罗汉僧西天竺人白道猷居焉，次有高僧竺法潜、支道林居焉，次又有乾、兴、渊、支、遁、开、威、蕴、崇、实、光、识、裴、藏、济、度、逞、印凡十八僧居焉，高士名人有戴逵、王洽、刘恢、许元度、殷融、郗超、孙绰、桓彦表、王敬仁、何次道、王文度、谢长霞、袁彦伯、王蒙、卫玠、谢万石、蔡叔子、王羲之凡十八人，或游焉，或止焉。故道猷诗云："连峰数千里，修林带平津。茅茨隐不见，鸡鸣知有人。"谢灵运诗云："暝投剡中宿，明登天姥岑。

高高入云霓，还期安可寻。"盖人与山相得於一时也。自齐至唐，兹山浸荒，灵境寂寥，罕有人游。故词人朱放诗云："月在沃洲山上，人归剡县江边。"刘长卿诗云："何人住沃洲。"此皆爱而不到者也。太和二年春，有头陀僧白寂然来游兹山，见道猷、支、竺遗迹，泉石尽在，依依然如归故乡，恋不能去。时浙东廉使元相国闻之，始为卜筑，次廉使陆中丞知之，助其缮完。三年而禅院成，五年而佛事立。正殿若干间，斋堂若干间。僧舍若干间，夏腊之僧，岁不下八九十，安居游观之外，日与寂然讨论心要，振起禅风，白黑之徒，附而化者甚众。嗟乎！支、竺殁而佛声寝，灵山废而法不作，后数百岁而寂然继之，岂非时有待而化有缘耶？六年夏，寂然遣门徒僧常岌自剡抵洛，持书与图，诣从叔乐天乞为禅院记云。

昔道猷肇开兹山，后寂然嗣兴兹山，今日乐天又垂文兹山，异乎哉！沃洲山与白氏，其世有缘乎？

7. 上天竺复庵记

【作者】陆游 **【朝代】**南宋
【简介】

陆游（1125～1210），字务观，号放翁，越州山阴（今绍兴）人，南宋文学家、史学家、爱国诗人。陆游一生笔耕不辍，诗词文俱有很高成就，其诗语言平易晓畅、章法整饬谨严，兼具李白的雄奇奔放与杜甫的沉郁悲凉，尤以饱含爱国热情对后世影响深远。陆游亦有史才，他的《南唐书》，"简核有法"，史评色彩鲜明，具有很高的史料价值。

陆游为秀丽的西湖山水共写过三篇美文。一篇是在南宋开禧元年（1205），为上天竺广慧法师所建的"复庵"撰写的《上天竺复庵记》，时年81岁。另两篇则是应当朝权相韩侂胄之请，为其两处私人庄园所写，即嘉泰三年（1203）所写的《阅古泉记》和庆元年间写的《南园记》，史称"陆游两记"。这三篇记文，不但用诗一般的语言描摹了西湖山水，为西湖山水增色，而且表达了他的很多朴素、精致的人生哲理和爱国情怀，给人以启迪。这些文章文笔清丽优美，生动贴切，词藻典雅，为传世佳作。

【原文】

嘉泰二年。上天竺广慧法师筑退居于寺门桥南。名之曰复庵，后负白云峰。前直狮子乳窦二峰。带以清溪。环以美箭嘉木。凡屋七十余间，寝有室。讲有堂。中则为殿。以奉西方像设，殿前辟大池。两序列馆。以处四方学者，炊爨澡浴。皆有其所。床敷巾钵。云布鳞次，又以为传授讲飞梵呗之勤。宜有游息之地。以休其暇日。则又作园亭流泉。以与学者共之。既成。命其弟子了怀走山阴镜湖上。从予求文。以记岁月，予告之曰。进而忘退。行而忘居。知趋前而昧于顾后者。士大夫之通患也，故朝廷于士之告归。每优礼之，而又命有司察其尤不知止者。以励名节而厚风俗。士犹有不能决然退者，又况物外道人。初不践是非毁誉之途。名山大众。以说法为职业。愈老而愈尊。愈久而人愈归之。虽一坐数十夏。

何不可者。如法师道遇三朝。名盖万衲。自绍熙至嘉泰十余年间。诏书褒录。如日丽天。学者归仰。如泉赴壑。非有议其后者,而法师慨然为退居之举。倾竭囊装。无所顾惜,虽然。以予观之。师非独视天竺之众。不啻弊屣。加以岁年。功成行著。遂为西方之归。则复庵又一弊屣也,死生去来无常。予老甚矣。安知不先在宝池中。俟师之归。语今日作记事。相与一笑乎。开禧元年三月三日记。

8. 阅古泉记

【作者】 陆游 **【朝代】** 南宋
【原文】

太师平原王韩公府之西,缭山而上,五步一磴,十步一壑,崖如伏鼋,径如惊蛇。大石礌礌,或如地踊以立,或如翔空而下,或翩如将奋,或森如欲搏。名葩硕果,更出互见,寿藤怪蔓,罗络蒙密。地多桂竹,秋而华敷,夏而箨解。至者应接不暇,及左顾而右盼,则呀然而江横陈,豁然而湖自献。天造地设,非人力所能为者。其尤胜绝之地曰阅古泉,在溜玉亭之西,缭以翠麓,覆以美荫。又以其东向,故浴海之日,既望之月,泉辄先得之。袤三尺,深不知其几也。霖雨不溢,久旱不涸,其甘饴蜜,其寒冰雪,其泓止明静,可鉴毛发。虽游尘堕叶,常若有神物呵护屏除者。朝暮雨旸,无时不镜如也。泉上有小亭,亭中置瓢,可饮可濯,尤于烹茗酿酒为宜。他石泉皆莫逮。……

9. 南园记

【作者】 陆游 **【朝代】** 南宋
【原文】

庆元三年二月丙午,慈福有旨,以别园赐今少师平原郡王韩公。其地实武林之东麓,而西湖之水汇于其下,天造地设,极湖山之美。公既受命,乃以禄赐之余,葺为南园,因其自然,辅以雅趣。方公之始至也,前瞻却视,左顾右盼,而规模定。因高就下,通室去蔽,而物象列。奇葩美木,争效于前。清泉秀石,若拱若揖。飞观杰阁,虚堂广厦,上足以陈俎豆,下足以奏金石者,莫不毕备。升而高明显敞,如蜕尘垢;入而窈窕邃深,疑于无穷。既成,乃悉取先侍中魏忠献王之诗句而名之。堂最大者曰"许闲",上为亲御翰墨,以榜其额。其射厅曰"和容",其台曰"寒碧",其门曰"藏春",其阁曰"凌风"。其积石为山,曰"西湖洞天"。其潴水艺稻为"囷场",为牧羊牛、畜雁鹜之地,曰"归耕之庄"。其他因其实而命之名。堂之名则曰"采芳",曰"豁望",曰"鲜霞",曰"矜春",曰"岁寒",曰"忘机",曰"眠香",曰"堆锦",曰"清芬",曰"红香"。亭之名则曰"远尘",曰"幽翠",曰"多稼"。

自绍兴以来,王公将相之园林相望,皆莫能及南园之仿佛者。然公之志岂在于登临游观之美哉?始曰"许闲",终曰"归耕",是公之志也。……

10. 癸辛杂识

【作者】周密 **【朝代】**南宋

【简介】

周密（1232～1298）字公谨，号草窗，又号霄斋、苹洲、萧斋。宋末曾任义乌令等职，是宋末元初的爱国词人、文学家、学者，著述富赡。宋亡后，周密寓居杭州癸辛街，以南宋遗老自居，著书以寄愤，《癸辛杂识》因而得名。

《癸辛杂识》分前、后、续、别四集，凡481条，是宋代同类笔记中卷帙较多的一种。前集中有"吴兴园圃"一文，记当时湖州园林36所，今已无存。后人将此文别出单行本，名为《吴兴园林记》，本书全录于后。此外，还摘录了《癸辛杂识》中"假山""艮岳""游阅古泉""种竹法"四条目。

【原文】

（1）吴兴园圃——吴兴园林志

吴兴山水清远，升平日，士大夫多居之。其后，秀安僖王府第在焉，尤为盛观。城中二溪水横贯，此天下之所无，故好事者多园池之胜。倪文节《经鉏堂杂志》尝纪当时园圃之盛，余生晚，不及尽见。而所见者亦有出于文节之后，今摭城之内外常所经游者列于后，亦可想像昨梦也。

1）南沈尚书园：沈德和尚书园，依南城，近百余亩，果树甚多，林檎尤盛。内有聚芝堂藏书室，堂前凿大池几十亩，中有小山，谓之蓬莱。池南竖太湖三大石，各高数丈，秀润奇峭，有名于时。其后贾师宪欲得之，募力夫数百人，以大木构大架，悬巨絙，绝城而出，载以连舫，涉溪绝江，致之越第，凡损数夫。其后贾败，官斥卖其家诸物，独此石卧泥沙中，适王子才好奇，请买于官，募工移植，其费不赀。未几，有指为盗卖者，省府追逮几半岁，所费十倍于石，遂复舁还之，可谓石妖矣。

2）北沈尚书园：沈宾王尚书园，正依城北奉胜门外，号北村，叶水心作记。园中凿五池，三面皆水，极有野意。后又名之曰自足。有灵寿书院、怡老堂、溪山亭、对湖台，尽见太湖诸山。水心尝评天下山水之美，而吴兴特为第一，诚非过许也。

3）章参政嘉林园：外祖文庄公居城南，后依南城，有地数十亩，元有潜溪阁，昔沈晦岩清臣故园也。有嘉林堂、怀苏书院，相传坡翁作守，多游于此。城之外别业可二顷，桑林、果树甚盛，濠濮横截，车马至者数返。复有城南书院，然其地本《郡志》之南园，后废，出售于民，与李宝谟者各得其半，李氏者后归牟存斋。

4）牟端明园：本《郡志》南园，后归李宝谟，其后又归牟存斋。园中有硕果轩（大梨一株）、元祐学堂、芳菲二亭、万鹤亭（荼蘼）、双杏亭、桴舫斋、岷峨一亩宫，宅前枕大溪，曰南漪小隐。

5）赵府北园：旧为安僖故物，后归赵德勤观文，其子春谷、文曜葺而居之。有东蒲书院、桃花流水、薰风池阁、东风第一梅等亭，正依临湖门之内，后依城，城上一眺，尽见具区之胜。

6）丁氏园：丁总领园，在奉胜门内，后依城，前临溪，盖万元亨之南园，杨氏之水云乡，合二园而为一。后有假山及砌台，春时纵郡人游乐。郡守每岁劝农还，必于此舣舟宴焉。

7）莲花庄：在月河之西，四面皆水，荷花盛开时，锦云百顷，亦城中之所无。昔为莫氏产，今为赵氏。

8）赵氏菊坡园：新安郡王之园也，昔为赵氏莲庄，分其半为之。前面大溪，为修堤、画桥，蓉柳夹岸，数百株照影水中，如铺锦绣。其中亭宇甚多，中岛植菊至百种，为菊坡、中甫二卿自命也。相望一水，则其宅在焉。旧为曾氏极目亭，最得观览之胜，人称曰八面曾家，今名天开图画。

9）程氏园：程文简尚书园，在城东宅之后，依东城水濠，有至游堂、鸥鹭堂、芙蓉泾。

10）丁氏西园：丁葆光之故居，在清源门之内，前临茗水，筑山凿池，号寒岩。一时名士洪庆善、王元渤、俞居易、芮国器、刘行简、曾天隐诸名士皆有诗。临茗有茅亭，或称为丁家茅庵。

11）倪氏园：倪文节尚书所居，月河，即其处，为园池，盖四至傍水，易于成趣也。

12）赵氏南园：赵府三园在南城下，与其第相连。处势宽闲，气象宏大，后有射圃、崇楼之类，甚壮。

13）叶氏园：石林右丞相族孙溥号克斋者所创，在城之东，多竹石之胜。

14）李氏南园：李凤山参政本蜀人，后居霅，因创此为游翔之地。中有杰阁曰怀岷，穆陵御书也。

15）王氏园：王子寿使君家，于月河之间，规模虽小，然曲折可喜。有南山堂，临流有三角亭，茗、霅二水之所汇，茗清霅浊，水行其间，略不相混，物理有不可晓者。

16）赵氏园：端肃和王之家，后临颜鲁公池，依城曲折，乱植拒霜，号芙蓉城，有善庆堂最胜。

17）赵氏清华园：新安郡王之家，后依北城，有秔田二顷。有清华堂，前有大池，静深可爱。

18）俞氏园：俞子清侍郎临湖门所居为之。俞氏自退翁四世皆未及年告老，各享高寿，晚年有园池之乐，盖吾乡衣冠之盛事也。假山之奇，甲于天下，详见后（已上皆城中园）。

19）赵氏瑶阜：兰坡都承旨之别业，去城既近，景物颇幽，后有石洞，常萃其家法书，刊石为瑶阜帖。

20）赵氏兰泽园：亦近世所葺，颇宏大，其间规为葬地，作大寺，牡丹特盛。未几，寺为有力者撤去。

21）赵氏绣谷园：旧为秀邸，今属赵忠惠家，一堂据山椒，曰霅川图画，尽见一城之景，亦奇观也。

22）赵氏小隐园：在北山法华寺后，有流杯亭，引涧泉为之，有古意，梅竹殊胜。

23）赵氏蠆洞：亦赵忠惠所有，一洞　然而深不可测，闻昔有蠆居焉。

24）赵氏苏湾园：菊坡所创，去南关三里而近碧浪湖，浮玉山在其前，景物殊胜。山椒有雄跨亭，尽见太湖诸山。

25）毕氏园：毕最遇承宣所葺，正依迎禧门城，三面皆溪，其南则邱山在焉。亦归之赵忠惠家。

26）倪氏玉湖园：倪文节别墅，在岘山之傍，取浮玉山、碧浪湖合而为名。中有藏书楼，极有野趣。

27）章氏水竹坞：章农卿北山别业也，有水竹之胜。

28）韩氏园：距南关无二里，昔属平原群从，后归余家，名之曰南郭隐。城南读书堂、万松关，太湖三峰各高数十尺，当韩氏全盛时，役千百壮夫移置于此。

29）叶氏石林：左丞叶少蕴之故居，在卞山之阳，万石环之，故名，且以自号。正堂曰兼山，傍曰石林精舍，有承诏、求志、从好等堂，及净乐庵、爱日轩、跻云轩、碧琳池，又有岩居、真意、知止等亭。其邻有朱氏怡云庵、函空桥、玉涧，故公复以玉涧名书。大抵北山一径，产杨梅，盛夏之际，十余里间，朱实离离，不减闽中荔枝也。此园在霅最古，今皆没于蔓草，影响不复存矣。

30）黄龙洞：与卞山佑圣宫相邻，一穴幽深，真蜿蜒之所宅。居人于云气中，每见头角，但岁旱祷之辄应。真宗朝金字牌在焉。在唐谓之金井洞，亦名山福地之一也。

31）玲珑山：在卞山之阴，嵌空奇峻，略如钱塘之南屏及灵隐、芝林，皆奇石也。有洞曰归云，有张谦中篆书于石上。有石梁，阔三尺许，横绕两石间，名定心石。傍有唐杜牧题名云："前湖州刺史杜牧大中五年八月八日来"。及绍兴癸卯，葛鲁卿、林彦政、刘无言、莫彦平、叶少蕴题名，章文庄公有诗云："短锸长镵出万峰，凿开混沌作玲珑。市朝可是无巉巘，更向山林巧用工。"

32）赛玲珑：去玲珑山近三里许，近岁沈氏抉剔为之。大率此山十余里，中间皆奇石也。今亦皆芜没于空山矣。

33）刘氏园：在北山，德本村富民刘思忠所葺，后亦归之赵忠惠。

34）钱氏园：在毗山，去城五里，因山为之。岩洞秀奇，亦可喜，下瞰太湖，手可揽也。钱氏所居在焉，有堂曰石居。

35）程氏园：文简公别业也，去城数里，曰河口。藏书数万卷，作楼贮之。

36）孟氏园：在河口。孟无庵第二子既为赵忠惠婿，居霅，遂创别业于此。有极高明楼亭宇，凡十余所。

（2）假山

前世叠石为山，未见显著者。至宣和，艮岳始兴大役，连舻辇至，不遗余力。其大峰特秀者，不特侯封，或赐金带，且各图为谱。然工人特出于吴兴，谓之山匠，或亦朱勔之遗风。盖吴兴北连洞庭，多产花石，而卞山所出，类亦奇秀，故四方之为山者，皆于此中取之。浙右假山最大者，莫如卫清叔吴中之园，一山连亘二十亩，位置四十余亭，其大可知矣。然余平生所见秀拔有趣者，皆莫如俞子清侍郎家为奇绝。盖子清胸中自有丘壑，又善画，故能出心匠之巧。峰之大小凡百余，高者至二三丈，皆不事饾饤，而犀株玉树，森列旁午，俨如群玉之圃，奇奇怪怪，不可名状。大率如昌黎《南山》诗中，特未知视牛奇章为何如耳？乃于众峰之间，萦以曲涧，梵以五色小石，旁引清流，激石高下，使之有声，淙淙然下注大石潭。上荫巨竹、寿藤，苍寒茂密，不见天日。旁植名药，奇草、薜荔、女萝、菟丝，花红叶碧。潭旁横石作杠，下为石渠，潭水溢，自此出焉。潭中多文龟、斑鱼，夜月下照，光景零乱，如穷山绝谷间也。今皆为有力者负去，荒田野草，凄然动陵谷之感焉。

（3）艮岳

艮岳之取石也，其大而穿透者，致远必有损折之虑。近闻汴京父老云："其法乃先以胶泥实填众窍，其外复以麻筋、杂泥固济之，令圆混。日晒，极坚实，始用大木为车，致放舟中。直俟抵京，然后浸之水中，旋去泥土，则省人力而无他虑。"此法奇甚，前所未闻也。又云："万岁山大洞数十，其洞中皆筑以雄黄及卢甘石。雄黄则辟蛇虺，卢甘石则天阴能致云雾，翁郁如深山穷谷。后因经官拆卖，有回回者知之，因请买之，凡得雄黄数千斤，卢甘石数万斤。"

（4）游阅古泉

至元丁亥九月四日，余偕钱菊泉至天庆观访褚伯秀，遂同道士王磐隐游宝莲山韩平原故园。山四环皆秀石，绝类香林、冷泉等处，石多穿透崭绝，互相附丽。其石有如玉色者，闻匠者取以为环珥之类。中有石䂥，杳而深，泉涓涓自内流出，疑此即所谓阅古泉也。䂥傍有开成五年六月南岳道士邢令开、钱塘县令钱华题名，道士诸葛鉴元书，镌之石上。又南石壁上镌佛像及大字《心经》，甚奇古，不知何时为火所毁，佛多残缺。又一洞甚奇，山顶一大石坠下，傍一石承之如饾饤然。又前一巨石不通路，中凿一门，门上横石梁。又有一枯池，石壁间皆细波纹，不知何年水直至此处。然则今之城市，皆当深在水底数十丈矣。深谷为陵，非寓言也。其余磴道、石池、亭馆遗迹，历历皆在，虽草木残毁殆尽，而岩石秀润可爱。大江横陈于前，时正见湖上如匹练然，其下俯视太庙及执政府在焉。山顶更觉奇峭，必有可喜可愕者，以足惫，不果往。且闻近多虎，往往白昼出没不常，遂不能尽讨此山之胜，故书之以谂好事之寻游者。

（5）种竹法

尝闻九曲寺明阇黎者言种竹法云："每岁当于笋后，竹已成竿后即移。先一岁者为最佳，盖当年八月便可行鞭，来年便可抽笋，纵有夏日，不过早晚以水浇之，无不活者。若至立秋后移，虽无日晒之患，但当行鞭之际，或在行鞭之后，则可仅活，直至来秋方可行鞭，后年春方始抽笋。比之初夏所移，正争一年气候。"此说极为有理。

11.武林旧事

【作者】 周密 **【朝代】** 南宋

【简介】

《武林旧事》成书于元至元二十七（1290）以前，为追忆南宋都城临安（今杭州）城市风貌的著作，全书共十卷。作者按照"词贵乎纪实"的精神，根据目睹耳闻和故书杂记，详述朝廷典礼、山川风俗、市肆经纪、四时节物、教坊乐部等情况，为了解南宋城市经济文化和市民生活，以及都城面貌、宫廷礼仪，提供较丰富的史料。这里仅摘录卷三"西湖游幸都人游赏"中的部分文字。

【原文】

……西湖天下景，朝昏晴雨，四序总宜。杭人亦无时而不游，而春游特盛焉。……都人士女，两堤骈集，几于无置足地。水面画楫，栉比如鱼鳞，亦无行舟之路，歌欢箫鼓之声，振动远近，其盛可以想见。若游之次第，则先南而后北，至午则尽入西泠桥里湖，其外几无一舸矣。弁阳老人有词云："看画船尽入西泠，闲却半湖春色。"盖纪实也。……

12．都城纪胜

【作者】耐得翁　**【朝代】**南宋

【简介】

耐得翁（生卒年不详），姓赵，当为南宋宁宗、理宗时人，其身世事迹无考。他曾寓游都城临安（今杭州），根据耳闻目睹的材料仿效《洛阳名园记》，于南宋理宗端平二年（1235）写成《都城纪胜》一书。该书又名《古杭梦游录》，仅一卷，内分市井、诸行、酒肆、食店、茶坊、四司六局、瓦舍众伎、社会、园苑、舟船、铺席、坊院、闲人、三教外地，共十四门，记载临安的街坊、店铺、塌坊、学校、寺观、名园、教坊、杂戏等。此书虽然卷帙不大，但对当时南宋都城临安的市民阶层的生活与工商盛况的叙述，较一般志书记载更为具体，因而《四库提要》称其"可以见南渡以后土俗民风之大略"，为研究这一时期杭州的时俗民风提供了重要资料。这里摘录其中的"园苑"部分。

【原文】

园苑

在城则有万松岭、内贵王氏富览园、三茅观、东山、梅亭、庆寿庵、褚家塘、御东园（系琼华园）、清湖北慈明殿园、杨府秀芳园、张府北园、杨府风云庆会阁。城东新开门外，则有东御园（今名富景园）、五柳御园。城西清波钱湖门外聚景御园（旧名西园）张府七位曹园。南山长桥则西有庆乐御园（旧名南园）。净慈寺前屏山御园、云峰塔前张府真珠园（内有高寒堂，极华丽）。寺园、霍家园、方家峪、刘园。北山则有集芳御园、四圣延祥御园（西湖胜地，惟此为最）、下竺寺御园。钱塘门外则有柳巷、杨府云洞园西园、刘府玉壶园四并亭园、杨府水阁。又具美园、又饮绿亭、裴府山涛园、赵秀王府水月园、张府凝碧园。孤山路口，内贵张氏总宜园、德生堂、放生亭、新建公竹阁（袁枢尹天府就寺重建）。沿苏堤新建先贤堂园（本裴氏园，袁枢新建），又有三贤堂（本新亭子，袁枢于水仙王庙移像新建），九里松嬉游园（大府酒库）。涌金门外则有显应观、西斋堂、张府泳泽园、慈明殿环碧园（旧是清晖御园）。大小渔庄，其余贵府富室大小园馆，犹有不知其名者。

城南嘉会门外，则有玉津御园（虏使时射弓所），又有就包山作园以植桃花，都人春时最为胜赏，惟内贵张侯壮观园为最。城北北关门外，则有赵郭家园。东西马城诸园，乃都城种植奇异花木处。

13. 梦粱录

【作者】吴自牧 **【朝代】**南宋

【简介】

　　吴自牧，南宋临安府钱塘（今浙江杭州）人，生平事迹不详，著有《梦粱录》二十卷。这是一本介绍南宋都城临安城市风貌的著作。该书成书年代，据自序有"时异事殊"，"缅怀往事，殆犹梦也"之语，当在元军攻陷临安之后。所署"甲戌岁中秋日"，甲戌即宋度宗咸淳十年（1274），疑传抄有误。这里摘录卷十二"西湖"与卷十九"园囿"部分。

【原文】

（1）西湖

　　杭城之西，有湖曰西湖，旧名钱塘。湖周围三十余里，自古迄今，号为绝景。

　　唐朝白乐天守杭时，再筑堤捍湖。宋庆历间，尽辟豪民僧寺规占之地，以广湖南。元祐时，苏东坡守杭，奏陈于上，谓"西湖如人之眉目，岂宜废之？"遂拨赐度牒，易钱米，募民开湖，以复唐朝之旧。绍兴间，辇毂驻跸，衣冠纷集，民物阜蕃，尤非昔比，群臣汤鹏举申明西湖条画事宜于朝，增置开湖军兵，差委官吏管领，任责盖造寨屋舟只，专一撩湖，无致湮塞，修湖六井阴窦水口，增置斗门水闸，量度水势，得其通流，无垢污之患。乾道年间，周安抚淙奏乞降指挥，禁止官民不得抛弃粪土、载植荷菱等物。秽污填塞湖港，旧召募军兵专一撩湖，近来废阙，见存者止三十余名，乞再填刺补额，仍委尉司官并本府壕塞官带主管开湖职，专一管辖军兵开撩，无致人户包占。或有违戾，许人告捉，以违制论。自后时有禁约，方得开辟。

　　淳祐丁未大旱，湖水尽涸，郡守赵节斋奉朝命开浚，自六井至钱塘、上船亭、西泠桥、北山第一桥、苏堤、三塔、南新路、长桥、柳洲寺前等处，凡种菱荷茭荡，一切剃去，方得湖水如旧。咸淳间，守臣潜皋墅亦申请于朝，乞行除拆湖中菱荷，毋得存留秽塞，侵占湖岸之间。有御史鲍度劾奏内臣陈敏贤、刘公正包占水池，盖造屋宇，濯秽洗马，无所不施，灌注湖水，一以酝酒，以祀天地、飨祖宗，不得蠲洁而亏歆受之福，次以一城黎元之生，俱饮污腻浊水而起疾疫之灾。奉旨降官罢职，令临安府日下拆毁屋宇，开辟水港，尽于湖中除拆荡岸，得以无秽污之患。官府除其年纳利租官钱，销灭其籍，绝其所莳，本根勿复萌蘗矣。

　　且湖山之景，四时无穷，虽有画工，莫能擎写。如映波桥侧竹水院，涧松茂盛，密荫清漪，委可人意。西泠桥即里湖内，俱是贵官园囿，凉堂画阁，高台危榭，花木奇秀，灿然可观。有集芳御园，理宗赐与贾秋壑为第宅家庙，往来游玩舟只，不敢仰视，祸福立见矣。西泠桥外孤山路，有琳宫者二，曰四圣延祥观，曰西太乙宫，御囿在观侧，乃林和靖隐居之地，内有六一泉、金沙井、闲泉、仆夫泉、香月亭。亭侧山椒，环植梅花。亭中大书"疏影横斜水清浅，暗香浮动月黄昏"之句于照屏之上云。又有堂扁曰"挹翠"，盖挹西北诸山之胜耳。曰清新亭，面山而宅，其麓在挹翠之后。曰香莲亭，曰射圃，曰玛瑙坡，曰陈朝桧，皆列圃之左右。旧有东坡庵、四照阁、西阁、鉴堂、辟支塔，年深废久，而名不可废也。

曰苏公堤，元祐年东坡守杭，奏开浚湖水，所积葑草，筑为长堤，故命此名，以表其德云耳。自西迤北，横截湖面，绵亘数里，夹道杂植花柳，置六桥，建九亭，以为游人玩赏驻足之地。咸淳间，朝家给钱，命守臣增筑堤路，沿堤亭榭再一新，补植花木。向东坡尝赋诗云："六桥横接天汉上，北山始与南屏通。忽惊二十五万丈，老葑席卷苍烟空。"

曰南山第一桥，名映波桥，西偏建堂，扁曰"先贤"。宝历年大资袁京尹歆请于朝，以杭居吴会，为列城冠，湖山清丽，瑞气扶舆，人杰代生，踵武相望，祠祀未建，实为阙文，以公帑求售居民园屋，建堂奉忠臣孝子、善士名流、德行节义、学问功业，自陶唐至宋，本郡人物许算公以下三十四人，及孝妇孙夫人等五氏，各立碑刻，表世旌哲而祀之。堂之外堤边，有桥名袁公桥，以表而出之。其地前挹平湖，四山环合，景象窈深，惟堂滨湖，入其门，一径萦纡，花木蔽翳，亭馆相望，来者由振衣，历古香，循清风，登山亭，憩流芳，而后至祠下，又徙玉晨道馆于祠之艮隅，以奉洒扫，易扁曰"旌德"，且以门便其往来。直门为堂，扁曰"仰高"。

第二桥名"锁澜"，桥西建堂，扁曰"湖山"。咸淳间，洪帅焘买民地创建，栋宇雄杰，面势端闳，冈峦奔赴，水光混漾，四浮图矗四围，如武士相卫，回眸顾盼，由后而望，则芙蕖菰蒲，蔚然相扶，若有逊避其前之意。后二年，帅臣潜皋墅增建水阁六楹，又纵为堂四楹，以达于阁。环之栏槛，辟之户牖，盖迩延远挹，尽纳千山万景，卓然为西湖堂宇之冠，游者争趋焉。

接第三桥，名"望仙"，桥侧有堂，扁曰"三贤"，以奉白乐天、林和靖、苏东坡三先生之祠。袁大资请于朝，切惟三贤道德名节，震耀今古，而祠附于水仙庙东庑，则何以崇教化、励风俗？遂买居民废址，改造堂宇，以奉三贤，实为尊礼名胜之所。正当苏堤之中，前挹湖山，气象清旷；背负长岗，林樾深窈；南北诸峰，岚翠环合，遂与苏堤贯联也。盖堂宇参错，亭馆临堤，种植花竹，以显清概。堂扁水西、云北、月香、水影、晴光、雨色。

曰北山第二桥，名东浦桥，西建一小矮桥过水，名小新堤，于淳祐年间，赵节斋尹京之时，筑此堤至曲院，接灵隐三竺梵宫、游玩往来，两岸夹植花柳，至半堤，建四面堂，益以三亭于道左，为游人憩息之所，水绿山青，最堪观玩。咸淳再行高筑堤路，凡二百五十余丈，所费俱官给其券工也。

曰北山第一桥，名涵碧桥，过桥出街，东有寺名广化，建竹阁，四面栽竹万竿，青翠森茂，阴晴朝暮，其景可爱，阁下奉乐天之祠焉。曰寿星寺，高山有堂，扁曰"江湖伟观"，盖此堂外江内湖，一览目前。淳祐赵尹京重创广厦危栏，显敞虚旷，旁又为两亭，巍然立于山峰之顶。游人纵步往观，心目为之豁然。

曰孤山桥，名宝祐，旧呼曰断桥，桥里有梵宫，以石刻大佛，金装，名曰"大佛头"，正在秦皇缆舟石山上，游人争睹之。桥外东有森然亭，堂名放生，在石函桥西，作于真庙朝天禧年间，平章王钦若出判杭州，请于朝建也。次年守臣王随记其事。

元祐东坡请浚西湖，谓每岁四月八日，邦人数万，集于湖上，所活羽毛鳞介以百万数，皆西北向稽首祝万岁。绍兴以銮舆驻跸，尤宜涵养，以示渥泽，仍以西湖为放生池，禁勿采捕，遂建堂扁"德生"。有亭二：一以滨湖，为祝网纵鳞之所，亭扁"泳飞"；一以枕山，凡名贤旧刻皆峙焉，又有奎书《戒烹宰文》刻石于堂上。

曰玉莲，又名一清，在钱塘门外菩提寺南沿城，景定间尹京马光祖建，次年魏克愚徙郡治竹山阁改建于此，但堂宇爽恺，花木森森，顾盼湖山，蔚然堪画。

曰丰豫门，外有酒楼，名丰乐，旧名耸翠楼，据西湖之会，千峰连环，一碧万顷，柳汀花坞，历历栏槛间，而游桡画舫，棹讴堤唱，往往会于楼下，为游览最。顾以官酤喧杂，楼亦临水，弗与景称。淳祐年，帅臣赵节斋再撤新创，瑰丽宏特，高接云霄，为湖山壮观，花木亭榭，映带参错，气象尤奇。缙绅士人，乡饮团拜，多集于此。更有钱塘门外望湖楼，又名看经楼。大佛头石山后名十三间楼，乃东坡守杭日多游此，今为相严院矣。丰豫门外有望湖亭三处，俱废之久，名贤遗迹，不可无传，故书之使后贤不失其名耳。

曰湖边园圃，如钱塘玉壶、丰豫渔庄、清波聚景、长桥庆乐、大佛、雷峰塔下小湖斋宫、甘园、南山、南屏，皆台榭亭阁，花木奇石，影映湖山，兼之贵宅宦舍，列亭馆于水堤；梵刹琳宫，布殿阁于湖山，周围胜景，言之难尽。东坡诗云："若把西湖比西子，淡妆浓抹总相宜。"正谓是也。

近者画家称湖山四时景色最奇者有十：曰苏堤春晓、曲院荷风、平湖秋月、断桥残雪、柳浪闻莺、花港观鱼、雷峰夕照、两峰插云、南屏晚钟、三潭印月。春则花柳争妍，夏则荷榴竞放，秋则桂子飘香，冬则梅花破玉，瑞雪飞瑶。四时之景不同，而赏心乐事者亦与之无穷矣。

（2）园圃

杭州苑圃，俯瞰西湖，高挹两峰，亭馆台榭，藏歌贮舞，四时之景不同，而乐亦无穷矣。然历年既多，间有废兴，今详述之，以为好事者之鉴。在城万松岭内贵王氏富览园、三茅观东山梅亭、庆寿庵褚家塘东琼花园、清湖北慈明殿园、杨府秀芳园、张府北园、杨府风云庆会阁，望仙桥下牛羊司侧。内侍蒋苑使住宅侧筑一圃，亭台花木，最为富盛，每岁春月，放人游玩，堂宇内顿放买卖关扑、并体内庭规式，如龙船、闹竿、花篮、花工、用七宝珠翠，奇巧装结，花朵冠梳，并皆时样。官窑碗碟，列古玩具，辅列堂右，仿如关扑、歌叫之声，清婉可听，汤茶巧细，车儿排设进呈之器，桃村杏馆酒肆，装成乡落之景，数亩之地，观者如市。

城东新门外东御园，即富景园，顷孝庙奉宪圣皇太后尝游幸。五柳园即西园、张府七位曹园。南山长桥庆乐园，旧名南园，隶赐福邸园内，有十样亭榭，工巧无二，俗云："鲁班造者"。射圃、走马廊、流杯池、山洞、堂宇宏丽，野店村庄，装点时景，观者不倦。内有关门，名凌风关，下香山巍然立于关前，非古沉即枯梓木耳。盖考之志与《闻见录》所载者误矣。净慈寺南翠芳园，旧名屏山园，内有八面亭堂，一片湖山，俱在目前。雷峰塔寺前有张府真珠园，内有高寒堂，极其华丽。塔后谢府新园，即旧甘内侍湖曲园。罗家园、白莲寺园、霍家园、方家坞刘氏园、北山集芳园。四圣延祥观御园，此湖山胜景独为冠；顷有侍臣周紫芝从驾幸后山亭曾赋诗云："附山结真祠，朱门照湖水。湖流入中池，秀色归净几。风帘还旌幢，神卫森剑履。清芳宿华殿，瑞雾蒙玉宸。仿佛怀神京，想象轮奂美。祈年开新宫，祝厘奉天子。良辰后难会，岁暮得斯喜。洲乃清樾中，飞楼见千里。云车傥可乘，吾事兹已矣。便当赋远游，未可回屐齿。"园有凉台，巍然在于山巅，后改为西太乙宫黄庭殿，向朝臣高似孙曾赋诗曰："水明一色抱神洲，雨压轻尘不敢浮。山南山北人唤酒，春前春后客凭楼；射熊馆暗花扶宸，下鹄池深柳拂舟。白首都人能道旧，君王曾奉上皇游。"下竺寺园，钱塘门外九曲墙下择胜园、钱塘正库侧新园、城北隐秀园、菩提寺后谢府玉壶园、四井亭园、昭庆寺后古柳林、杨府云洞园、西园、杨府具美园、饮绿亭、裴府山涛园、葛岭水仙庙、西秀野园。集芳园，为贾秋壑赐第耳。赵秀王府水月园、张府凝碧园、孤山路张内侍总宜园、西泠桥西水竹院落。

里湖内诸内侍园围楼台森然，亭馆花木，艳色夺锦，白公竹阁，潇洒清爽。沿堤先贤堂、三贤堂、湖山堂、园林茂盛，妆点湖山。九里松嬉游园、涌金门外堤北一清堂园、显应观西斋堂观南聚景园，孝、光、宁三帝尝幸此，岁久芜圮，迨今仅存者一堂两亭耳，堂扁曰鉴远，亭曰花光，一亭无扁，植红梅，有两桥曰柳浪、曰学士，皆粗见大概，惟夹径老松益婆娑，每盛夏秋首，芙蕖绕堤如锦，游人舣舫赏之。……张府泳泽环碧园，旧名清晖园，大小渔庄，其余贵府内官沿堤大小园围、水阁、凉亭，不计其数。御前宫观，俱在内苑，以备车驾幸临憩足之处。内东太乙宫有内苑，后一小山，名曰武林山，即杭州城主山也。……

城南则有玉津园，在嘉会门外南四里，绍兴四年金使来贺高宗天中圣节，遂宴射其中。……按玉津园乃东都旧名，东坡尝赋诗，有"紫坛南峙表连冈"之句，盖亦密迩园坛也。嘉会门外有山，名包家山，内侍张侯壮观园、王保生园。山上有关，名桃花关，旧扁蒸霞，两带皆植桃花，都人春时游者无数，为城南之胜境也。

城北城西门外赵郭园，又有钱塘门外溜水桥东西马塍诸圃，皆植怪松异桧，四时奇花，精巧窠儿，多为龙蟠凤舞飞禽走兽之状，每日市于都城，好事者多买之，以备观赏也。

14. 西湖游览志

【作者】田汝成 **【朝代】**明

【简介】

田汝成（1503～1557），字叔禾，别号豫阳，约生于弘治末钱塘（今杭州）一个书香之家，自幼继承家学，聪颖敏达，不仅写得一手好文章，诗词也作得很出色。他的主要著作包括《炎徼纪闻》四卷、《西湖游览志》二十四卷、《西湖游览志余》二十六卷、《辽记》一卷等。其中《西湖游览志》和《西湖游览志余》是这些著作中影响最大、价值最高的代表作品。两书围绕西湖为中心，收集了历代文人墨客对杭州湖光山色、名胜古迹的出色描写，记载了南宋朝廷建都杭州之后的历史、风土人情等。《西湖游览志》卷一西湖总叙，卷二孤山三堤胜迹，卷三至卷七南山胜迹，卷八至卷十一北山胜迹，卷十二南山城内胜迹，卷十三至卷十八南山分脉城内胜迹，卷十九南山分脉城外胜迹，卷二十至卷二十一北山分脉城内胜迹，卷二十二至卷二十三北山分脉城外胜迹，卷二十四浙江胜迹。这里全录卷一西湖总叙。

【原文】

西湖总叙

西湖，故明圣湖也，周绕三十里，三面环山，溪谷缕注，下有渊泉百道，潴而为湖。汉时，金牛见湖中，人言明圣之瑞，遂称明圣湖。以其介于钱唐也，又称钱唐湖。以其输委于下湖也，又称上湖。以其负郭而西也，故称西湖云。

西湖诸山之脉，皆宗天目。天目西去府治一百七十里，高三千九百丈，周广五百五十里，蜿蟺东来，凌深拔峭，舒冈布麓，若翔若舞，萃于钱唐，而蜻崒于天竺。从此而南、而东，则为龙井、为大慈、为玉岑、为积庆、为南屏、为龙、为凤、为吴，皆谓之南山。从此而北、而东，则为灵隐、为仙姑、为履泰、为宝云、为巨石，皆谓之北山。南山之脉，分为数道，贯于城中，则巡台、藩垣、帅阃、府治、运司、黉舍诸署，清河、文锦、寿安、弼教、东园、盐桥、褚塘诸市，在宋则为大内、德寿、宗阳、佑圣诸宫，隐隐赈赈，皆王气所钟。而其外逻则自龙山，沿江而东，环沙河而包括，露骨于茅山、艮山，皆其护沙也。北山之脉分为数道，贯于城中，则皋台、分司诸署，观桥、纯礼诸市，在宋则为开元、景灵、太乙、龙翔诸宫，隐隐赈赈，皆王气所钟，而其外逻则自霍山，绕湖市半道红，冲武林门，露骨于武林山，皆其护沙也。联络周匝，钩绵秀绝，郁葱扶舆之气，盘结巩厚，浚发光华，体魄闳矣。潮击海门而上者昼夜再至。夫以山奔水导，而逆以海潮，则气脉不解，故东南雄藩，形势浩伟，生聚繁茂，未有若钱唐者也。南北诸山，峥嵘回绕，汇为西湖，泄恶停深，皎洁圆莹，若练若镜；若双龙交度，而颔下夜明之珠，悬抱不释；若莲萼层敷，衬瓣庄严，而馥郁花心，含酿甘露。是以天然妙境，无事雕饰，觌之者心旷神怡，游之者毕景留恋，信蓬阆之别墅，宇内所稀觏者也。

六朝已前，史籍莫考，虽《水经》有明圣之号，天竺有灵运之亭，飞来有慧理之塔，孤山有天嘉之桧，然华艳之迹，题咏之篇，寥落莫睹。逮于中唐，而经理渐著。代宗时，李泌刺史杭州，悯市民苦江水之卤恶也，开六井，凿阴窦，引湖水以灌之，民赖其利。长庆初，白乐天重修六井，甃函、笕以蓄泄湖水，溉沿河之田。其自序云：每减湖水一寸，可溉田十五余顷；每一复时，可溉五十余顷。此州春多雨，夏秋多旱，若堤防如法，蓄泄及时，则濒湖千余顷，无凶年矣。又云：旧法泄水，先量湖水浅深，待溉田毕，却还原水尺寸。往往旱甚，则湖水不充。今年筑高湖堤数尺，水亦随加，脱有不足，更决临平湖，即有余矣。俗忌云："决湖水不利钱塘。"县官多假他辞以惑刺史。或云鱼龙无托，或云茭菱失利。且鱼龙与民命孰急？茭菱与田稼孰多？又云放湖水则城中六井咸枯。不知湖底高，井管低，湖中有泉百道，湖耗则泉涌，虽罄竭湖水，而泉脉常通，乃以六井为患，谬矣。第六井阴窦，往往堙塞，亦宜数察而通之，则虽大旱不乏。湖中有无税田数十顷，湖浅则田出，有田者率盗决以利其私田，故函、笕非灌田时，并须封闭，漏泄者罪坐所由，即湖水常盈，蓄泄无患矣。

吴越王时，湖葑蔓合，乃置撩兵千人，以芟草浚泉。又引湖水为涌金池，以入运河，而城郭内外，增建佛庐者以百数。盖其时偏安一隅，财力殷阜，故兴作自由。宋初，湖渐淤壅。景德四年，郡守王济增置斗门，以防溃溢，而僧、民规占者，已去其半。天禧中，王钦若奏以西湖为放生池，祝延圣寿，禁民采捕。自是湖葑益塞。庆历初，郡守郑戬复开浚之。嘉祐间，沈文通守郡，作南井于美俗坊，亦湖水之余派也。元祐五年，苏轼守郡，上言："杭州之有西湖，如人之有眉目也。自唐已来，代有浚治，国初废置，遂成膏腴。熙宁中，臣通判杭州，葑合才十二三，到今十六七年，又塞其半，更二十年，则无西湖矣。臣愚以为西湖有不可废者五：自故相王钦若奏以西湖为放生池，每岁四月八日，郡人数万集于湖上，所活羽毛鳞介，以百万数，为陛下祈福，若任其堙塞，使蛟龙鱼鳖，同为枯辙之鲋，臣子视之，亦何心哉！此西湖不可废者一也。杭州故海地，水泉咸苦，民居零落。自李泌引湖水作六井，然后民足取汲而生聚日繁。今湖狭水浅，六井渐坏，若二十年后，尽为葑田，则举城复食咸苦，民将耗散。此西湖不可废者二也。白居易开湖记云：蓄泄及时，可溉田千顷。今纵不及此数，而下湖数十里，菱芡禾麦，仰赖不赀。此西湖不可废者三也。西湖深阔，则运河取藉于湖水。若湖水不足，则必取藉于江潮。潮之所过，泥沙浑浊，一石五斗，不出三岁，辄调兵夫十余万开浚。而舟行市中，盖十余里，吏卒骚扰，泥水狼藉，为居民大患。此西湖不可废者四也。天下官酒之盛，未有如杭州者也，岁课二十余万缗。水泉之用，仰给于湖。若湖水不足，则当劳人远负山泉，岁不下二十万工。此西湖不可废者五也。今湖上葑田二十五万余丈，度用夫二十余万工。近者蒙恩免上供额斛五十余万石，出粜常平亦数十万石。臣谨以圣意斟酌其间，增价中米减价出卖，以济饥民，而增减折耗之余，尚得钱米一万余石、贯，以此募民开湖，可得十万工。自四月二十八日开工，盖梅雨时行，则葑根易动。父老纵观，以为陛下既捐利与民，活此一方，而又以其余弃，兴久废无穷之利，使数千人得食其力，以度凶年，盖有泣下者。但钱米有限，所募未广，若来者不继，则前功复堕。近蒙圣恩，特赐本州度牒一百道，若更加百道，便可济事。臣自去年开浚茅山、盐桥两河各十余里，以通江潮，犹虑缺乏，宜引湖水以助之，曲折阛阓之，便民汲取，及以余力修完六井、南井，为陛下敷福州民甚溥。"朝议从之。乃取葑泥积湖中，南北径十余里，为长堤以通行者。募人种菱取息，以备修湖之费，自是西湖大展。至绍兴建都，生齿日富，湖山表里，点饰浸繁，离宫别墅，梵宇仙居，舞榭歌楼，彤碧辉列，丰媚极矣。

嗣后郡守汤鹏举、安抚周淙、京尹赵与筹、潜说友递加浚理，而与筹复因湖水旱竭，乃引天目山之水，自余杭塘达溜水桥，凡历数堰，桔槔运之，仰注西湖，以灌城市。其时君相淫佚，荒恢复之谋，论者皆以西湖为尤物破国，比之西施云。元惩宋辙，废而不治，兼政无纲纪，任民规窃，尽为桑田。国初籍之，遂起额税，苏堤以西，高者为田，低者为荡，阡陌纵横，鳞次作乂，曾不容刀。苏堤以东，索流若带。宣德、正统间，治化隆洽，朝野恬熙，长民者稍稍搜剔古迹，粉绘太平，或倡浚湖之议，惮更版籍，竟致阁寝。嗣是都御史刘敷，御史吴文元等，咸有题请，而浮议蜂起，有力者百计阻之。成化十年，郡守胡浚，稍辟外湖。十七年，御史谢秉中、布政使刘璋、按察使杨继宗等，清理续占。弘治十二年，御史吴一贯修筑石闸，渐有端绪矣。

正德三年，郡守杨孟瑛，锐情恢拓，力排群议，言于御史车梁、金事高江，上疏请之，以为西湖当开者五。其略曰：杭州地脉，发白天目；群山飞翥，驻于钱唐。江湖夹抱之间，山停水聚，元气融结，故堪舆之书有云："势来形止，是为全气，形止气蓄，化生万物。"又云："外气横形，内气止生。"故杭州为人物之都会，财赋之奥区，而前贤建立城郭，南跨吴山，北兜武林，左带长江，右临湖曲，所以全形势而周脉络，钟灵毓秀于其中。若西湖占塞，则形胜破损，生殖不繁。杭城东北二隅，皆凿濠堑，南倚山岭，独城西一隅，濒湖为势，殆天堑也。是以涌金门不设月城，实寄外险，若西湖占塞，则塍径绵连，容奸资寇，折冲御侮之便何藉焉？唐、宋已来，城中之井，皆藉湖水充之，今甘井甚多，固不全仰六井、南井也；然实湖水为之本源，阴相输灌，若西湖占塞，水脉不通，则一城将复卤饮矣。况前贤兴利以便民，而臣等不能纂已成之业，非为政之体也。五代已前，江潮直入运河，无复遮捍。钱氏有国，乃置龙山、浙江两闸，启闭以时，故泥水不入。宋初崩废，遂至淤壅，频年挑浚。苏轼重修堰闸，阻截江潮，不放入城，而城中诸河，专用湖水，为一郡官民之利。若西湖占塞，则运河枯涩，所谓南柴北米，官商往来，上下阻滞，而闾阎贸易，苦于担负之劳，生计亦窘矣。杭城西南，山多田少，谷米蔬薪之需，全赖东北。其上塘濒河田地，自仁和至海宁，何止千顷，皆藉湖水以救亢旱，若西湖占塞，则上塘之民，缓急无所仰赖矣。此五者，西湖有无，利害明甚，第坏旧有之业，以伤民心，怨愤将起，而臣等不敢顾忌者，以所利于民者甚大也。部议报可，乃以是年二月兴工。先是，郡人通政何琮，尝绘西湖二图，并著其说，故温甫得以其概上请。盖为佣一百五十二日，为夫六百七十万，为直银二万三千六百七两，斥毁田荡三千四百八十一亩，除豁额粮九百三十余石，以废寺及新垦田粮补之。自是西湖始复唐、宋之旧。盖自乐天之后，二百岁而得子瞻；子瞻之后，四百岁而得温甫。迩来官司禁约浸弛，豪民颇有侵围为业者。夫陂堤川泽，易废难兴，与其浩费于已隳，孰若旋修于将坏？况西湖者，形胜关乎郡城，余波润于下邑，岂直为鱼鸟之数，游览之娱，若苏子眉目之喻哉！

按郡志，西湖故与江通，据郦道元《水经》及骆宾王、杨巨源二诗为证。窃谓不然。《水经》云："浙江出三天子都，北过余杭，东入于海。"注云："浙江，一名浙江，出丹阳黟县南蛮中，东北流至钱唐县，又东经灵隐山。山下有钱唐故县，浙江径其南，县侧有明圣湖。又东，合临平湖，经槎渎，注于海。"夫《水经》作于汉、魏时，已有明圣湖之号，不得于唐时复云湖与江通也。《水经》又言："始皇将游会稽，至钱唐，临浙江，不能渡，乃道余杭之西津。"后人因此遂指大佛头为始皇缆船石，以征西湖通江之说，殊不知西津未必指西湖也。至于骆宾王灵隐寺诗有云："楼观沧海日，门对浙江潮。"杨巨源诗有云："曾过灵隐江边寺，独宿东楼看海门。"与《水经》所称浙江东经灵隐山相合，而西湖通江之说，泥而不解。夫巨源与乐天同时，使泥其诗以为江潮必经灵隐山以通西湖也，则明圣之号，不当豫立于汉、魏时，而乐天经理西湖时，未闻有江潮侵啮之患。况自灵隐山而南，重冈复岭，隔截江滽者，一十余里，何缘越度以入西湖哉？要之，汉、唐之交，杭州城市未广，东北两隅，皆为斥卤，江水所经。故今阛阓之中，街坊之号，犹有洋坝、前洋、后洋之称。所谓合临平湖，经槎渎，以入于海者，理或有之。若西湖，则自古不与江通也。乃今江既不径临平，绕越州而东注，而灵隐之南，吴山之北，斥卤之地，皆成民居，而古迹益不可考矣。

15．袁中郎全集

【作者】袁宏道 **【朝代】**清
【简介】

　　袁宏道（1568～1610），字中郎，又字无学，号石公，又号六休。湖广公安（今属湖北省公安县）人。他是明代文学反对复古运动主将，他既反对前后七子摹拟秦汉古文，亦反对唐顺之、归有光摹拟唐宋古文，认为文章与时代有密切关系。袁宏道在文学上反对"文必秦汉，诗必盛唐"的风气，提出"独抒性灵，不拘格套"的性灵说。与其兄袁宗道、弟袁中道并有才名，由于三袁是荆州公安县人，其文学流派世称"公安派"或"公安体"。主要作品有《袁中郎全集》《徐文长传》《袁中郎集笺校》等。其中《袁中郎全集》，共四十卷，包括文集二十五卷，诗集十五卷。他的游记文 90 余篇，于写景中注入主观感情，韵味深远，文笔优美。这里摘录其中的《晚游六桥待月记》一文。

【原文】

　　晚游六桥待月记

　　西湖最盛，为春为月。一日之盛，为朝烟，为夕岚。

　　今岁春雪甚盛，梅花为寒所勒，与杏桃相次开发，尤为奇观。石篑数为余言："傅金吾园中梅，张功甫家故物也，急往观之。"余时为桃花所恋，竟不忍去。

　　湖上由断桥至苏堤一带，绿烟红雾，弥漫二十余里。歌吹为风，粉汗为雨，罗纨之盛，多于堤畔之草，艳冶极矣。然杭人游湖，止午、未、申三时。其实湖光染翠之工，山岚设色之妙，皆在朝日始出，夕春未下，始极其浓媚。月景尤不可言，花态柳情，山容水意，别是一种趣味。此乐留与山僧游客受用，安可为俗士道哉！

16．西湖梦寻

【作者】张岱 **【朝代】**清
【简介】

　　张岱（1597～1679），又名维城，字宗子，又字石公，号陶庵、天孙，别号蝶庵居士，晚号六休居士汉族，山阴（今浙江绍兴）人。晚明文学家、史学家，还是一位精于茶艺鉴赏的行家，崇老庄之道，喜清雅幽静。不事科举，不求仕进，著述终老。精小品文，工诗词。是公认成就最高的明代文学家之一，其最擅散文。他的散文语言清新活泼，形象生动，广览简取，《西湖七月半》《湖心亭看雪》是他的代表作。著有《陶庵梦忆》《西湖梦寻》《夜航船》《琅嬛文集》《快园道古》等绝代文学名著。另有史学名著《石匮书》亦为其代表作，时人李长祥以为"当今史学，无逾陶庵"。

《西湖梦寻》是一部散文作品集，全书共五卷七十二则，通过追记往日西湖之胜，以寄亡明遗老故国哀思。《西湖梦寻》对杭州一带重要的山水景色、佛教寺院、先贤祭祠等进行了全方位的描述，按照总记、北路、西路、中路、南路、外景的空间顺序依次写来，把杭州的古与今展现在读者面前。尤为重要的是，作者在每则记事之后选录先贤时人的诗文若干首（篇），更使山水增辉。这些诗文集中起来，就是一部西湖诗文选。在七十二则记事中，有不少有关寺院兴废之事，可以给研究佛教者提供丰富的资料。这里摘录该书"自序"中的"西湖总记——明圣二湖"。

【原文】

西湖总记——明圣二湖

自马臻开鉴湖，而由汉及唐，得名最早。后至北宋，西湖起而夺之，人皆奔走西湖，而鉴湖之淡远，自不及西湖之冶艳矣。至于湘湖则僻处萧然，舟车罕至，故韵士高人无有齿及之者。余弟毅孺常比西湖为美人，湘湖为隐士，鉴湖为神仙。余不谓然。余以湘湖为处子，眠娗羞涩，犹及见其未嫁之时；而鉴湖为名门闺淑，可钦而不可狎；若西湖则为曲中名妓，声色俱丽，然倚门献笑，人人得而媟亵之矣。人人得而媟亵，故人人得而艳羡；人人得而艳羡，故人人得而轻慢。在春夏则热闹之至，秋冬则冷落矣；在花朝则喧哄之至，月夕则星散矣；在晴明则萍聚之至，雨雪则寂寥矣。故余尝谓："善读书，无过董遇三余，而善游湖者，亦无过董遇三余。董遇曰：'冬者，岁之余也；夜者，日之余也；雨者，月之余也。'雪巘古梅，何逊烟堤高柳；夜月空明，何逊朝花绰约；雨色涳濛，何逊晴光滟潋。深情领略，是在解人。"即湖上四贤，余亦谓："乐天之旷达，固不若和靖之静深；邺侯之荒诞，自不若东坡之灵敏也。"其余如贾似道之豪奢，孙东瀛之华赡，虽在西湖数十年，用钱数十万，其于西湖之性情、西湖之风味，实有未曾梦见者在也。世间措大，何得易言游湖。

17. 陶庵梦忆

【作者】张岱 **【朝代】**清

【简介】

《陶庵梦忆》是记述关于明末散文家张岱所亲身经历过的杂事的著作，它详细描述了明代江浙地区的社会生活，如茶楼酒肆、说书演戏、斗鸡养鸟、放灯迎神以及山水风景、工艺书画等等。其中不乏有对贵族子弟的闲情逸致、浪漫生活的描写，但更多的是对社会生活和风俗人情的反映。同时本书中含有大量关于明代日常生活、娱乐、戏曲、古董等方面的纪录，因此它也是研究明代物质文化的重要参考文献。这里摘录其中的《西湖七月半》《湖心亭看雪》两篇。

【原文】

（1）西湖七月半

西湖七月半，一无可看，只可看看七月半之人。

看七月半之人，以五类看之。其一，楼船箫鼓，峨冠盛筵，灯火优傒，声光相乱，名为看月而实不见月者，看之；其一，亦船亦楼，名娃闺秀，携及童娈，笑啼杂之，环坐露台，左右盼望，身在月下而实不看月者，看之；其一，亦船亦声歌，名妓闲僧，浅斟低唱，弱管轻丝，竹肉相发，亦在月下，亦看月，而欲人看其看月者，看之；其一，不舟不车，不衫不帻，酒醉饭饱，呼群三五，跻入人丛，昭庆、断桥，嚣呼嘈杂，装假醉，唱无腔曲，月亦看，看月者亦看，不看月者亦看，而实无一看者，看之；其一，小船轻幌，净几煖炉，茶铛旋煮，素瓷静递，好友佳人，邀月同坐，或匿影树下，或逃嚣里湖，看月而人不见其看月之态，亦不作意看月者，看之。

杭人游湖，巳出酉归，避月如仇。是夕好名，逐队争出，多犒门军酒钱，轿夫擎燎，列俟岸上。一入舟，速舟子急放断桥，赶入胜会。以故二鼓以前，人声鼓吹，如沸如撼，如魇如呓，如聋如哑；大船小船一齐凑岸，一无所见，止见篙击篙，舟触舟，肩摩肩，面看面而已。

少刻兴尽，官府席散，皂隶喝道去。轿夫叫船上人，怖以关门。灯笼火把如列星，一一簇拥而去。岸上人亦逐队赶门，渐稀渐薄，顷刻散尽矣。吾辈始舣舟近岸。断桥石磴始凉，席其上，呼客纵饮。

此时月如镜新磨，山复整妆，湖复颒面。向之浅斟低唱者出，匿影树下者亦出，吾辈往通声气，拉与同坐。韵友来，名妓至，杯箸安，竹肉发……

月色苍凉，东方将白，客方散去。吾辈纵舟，酣睡于十里荷花之中，香气拍人，清梦甚惬。

（2）湖心亭看雪

崇祯五年十二月，余住西湖。大雪三日，湖中人鸟声俱绝。是日更定矣，余拏一小舟，拥毳衣炉火，独往湖心亭看雪。雾凇沆砀，天与云与山与水，上下一白。湖上影子，惟长堤一痕、湖心亭一点、与余舟一芥，舟中人两三粒而已。

到亭上，有两人铺毡对坐，一童子烧酒炉正沸。见余，大喜曰："湖中焉得更有此人！"拉余同饮。余强饮三大白而别。问其姓氏，是金陵人，客此。及下船，舟子喃喃曰："莫说相公痴，更有痴似相公者！"

18. 闲情偶寄

【作者】李渔 **【朝代】**清

【简介】

李渔（1611～1680），初名仙侣，后改名渔，字谪凡，号笠翁。浙江金华府兰溪县夏李村人，生于南直隶雉皋（今江苏省如皋市）。明末清初文学家、戏剧家、戏剧理论家、美学家。自幼聪颖，素有才子之誉，世称"李十郎"，曾家设戏班，至各地演出，从而积累了丰富的戏曲创作、演出经验，提出了较为完善的戏剧理论体系，被后世誉为"中国戏剧理论始祖""世界喜剧大师""东方莎士比亚"，是休闲文化的倡导者、文化产业的先行者，被列入世界文化名人之一。一生著述丰富，著有《笠翁十种曲》(含《风筝误》)、《无声戏》(又名《连城璧》)、《十二楼》《闲情偶寄》《笠翁一家言》等五百多万字。还批阅《三国志》、改定《金瓶梅》、倡编《芥子园画谱》等，是中国文化史上不可多得的一位艺术天才。

《闲情偶寄》是养生学的经典著作。它共包括《词曲部》《演习部》《声容部》《居室部》《器玩部》《饮馔部》《种植部》《颐养部》等八个部分，论述了戏曲、歌舞、服饰、修容、园林、建筑、花卉、器玩、颐养、饮食等艺术和生活中的各种现象，并阐发了自己的主张，内容极为丰富。这里摘录其中描写园林与建筑营造部分，各小节题目自拟。

【原文】

（1）构造园亭，须自出手眼

常谓人之葺居治宅，与读书作文同一致也。譬如治举业者，高则自出手眼，创为新异之篇；其极卑者，亦将读熟之文移头换尾，损益字句而后出之，从未有抄写全篇，而自名善用者也。乃至兴造一事，则必肖人之堂以堂，窥人之户以立户，稍有不合，不以为得，而反以为耻。常见通侯贵戚，掷盈千累万之资以治园圃，必先谕大匠曰：亭则法某人之制，榭则遵谁氏之规，勿使稍异。而操运斤之权者，至大厦告成，必骄语居功，谓其立户开窗，安廊置阁，事事皆仿名园，纤毫不谬。噫，陋矣！以构造园亭之胜事，上之不能自出手眼，如标新创异之文人；下之至不能换尾移头，学套腐为新之庸笔，尚嚣嚣以鸣得意，何其自处之卑哉！

（2）居室之制，贵精不贵丽

土木之事，最忌奢靡。匪特庶民之家，当崇俭朴，即王公大人，亦当以此为尚。盖居室之制，贵精不贵丽，贵新奇大雅，不贵纤巧烂漫。凡人止好富丽者，非好富丽，因其不能创异标新，舍富丽无所见长，只得以此塞责。譬如人有新衣二件，试令两人服之，一则雅素而新奇，一则辉煌而平易，观者之目，注在平易乎？在新奇乎？锦绣绮罗，谁不知贵，亦谁不见之？缟衣互裳，其制略新，则为众目所射，以其未尝睹也。

（3）途径要雅俗俱利而理致兼收

径莫便于捷，而又莫妙于迂。凡有故作迂途，以取别致者，必另开耳门一扇，以便家人之奔走，急则开之，缓则闭之，斯雅俗俱利，而理致兼收矣。

（4）房舍须有高下之势，总有因时制宜之法

房舍忌似平原，须有高下之势，不独园圃为然，居宅亦应如是。前卑后高，理之常也。然地不如是，而强欲如是，亦病其拘。总有因地制宜之法：高者造屋，卑者建楼，一法也；卑处叠石为山，高处浚水为池，二法也。又有因其高而愈高之，竖阁磊峰于峻坡之上；因其卑而愈卑之，穿塘凿井于下湿之区。总无一定之法，神而明之，存乎其人，此非可以遥授方略者矣。

（5）居宅无论精粗，总以能蔽风雨为贵

居宅无论精粗，总以能避风雨为贵。常有画栋雕梁、琼楼玉栏，而止可娱晴，不堪坐雨者，非失之太敞，则病于过峻。故柱不宜长，长为招雨之媒；窗不宜多，多为匿风之薮；务使虚实相半，长短得宜。

（6）窗棂栏杆坚而后论工拙，宜简不宜繁

窗棂以明透为先，栏杆以玲珑为主，然此皆属第二义；其首重者，止在一字之坚，坚而后论工拙。尝有穷工极巧以求尽善，乃不逾时而失头堕趾，反类画虎未成者，计其数而不计其旧也。总其大纲，则有二语：宜简不宜繁，宜自然不宜雕斫。凡事物之理，简斯可继，繁则难久，顺其性者必坚，戕其体者易坏。木之为器，凡合榫使就者，皆顺其性以为之者也；雕刻使成者，皆戕其体而为之者也；一涉雕镂，则腐朽可立待矣。故窗棂栏杆之制，务使头头有榫，眼眼着撒。然头眼过密，榫撒太多，又与雕镂无异，仍是戕其体也，故又宜简不宜繁。根数愈少愈佳，少则可怪；眼数愈密最贵，密则纸不易碎。然既少矣，又安能密？曰：此在制度之善，非可以笔舌争也。窗栏之体，不出纵横、欹斜、屈曲三项，请以萧斋制就者，各图一则以例之。

是格也，根数不多，而眼亦未尝不密，是所谓头头有笋，眼眼着撒者，雅莫雅于此，坚亦莫坚于此矣。是从陈腐中变出。由此推之，则旧式可化为新者，不知凡几。但取其简者、坚者、自然者变之，事事以雕镂为戒，则人工渐去，而天巧自呈矣。

（7）取景在借

开窗莫妙于借景，而借景之法，予能得其三昧。……向居西子湖滨，欲购湖舫一只，事事犹人，不求稍异，止以窗格异之。人询其法，予曰：四面皆实，独虚其中，而为"便面"之形。实者用板，蒙以灰布，勿露一隙之光；虚者用木作框，上下皆曲而直其两旁，所谓便面是也。纯露空明，勿使有纤毫障翳。是船之左右，止有二便面，便面之外，无他物矣。坐于其中，则两岸之湖光山色、寺观浮屠、云烟竹树，以及往来之樵人牧竖、醉翁游女，连人带马尽入便面之中，作我天然图画。且又时时变幻，不为一定之形。非特舟行之际，摇一橹，变一像，撑一篙，换一景，即系缆时，风摇水动，亦刻刻异形。是一日之内，现出百千万幅佳山佳水，总以便面收之。而便面之制，又绝无多费，不过曲木两条、直木两条而已。世有掷尽金钱，求为新异者，其能新异若此乎？此窗不但娱己，兼可娱人。不特以舟外无穷无景色摄入舟中，兼可以舟中所有之人物，并一切几席杯盘射出窗外，以备来往游人之玩赏。何也？以内视外，固是一幅理面山水；而以外视内，亦是一幅扇头人物。譬如拉妓邀僧，呼朋聚友，与之弹棋观画，分韵拈毫，或饮或歌，任眠任起，自外观之，无一不同绘事。同一物也，同一事也，此窗未设以前，仅作事物观；一有此窗，则不烦指点，人人俱作画图观矣。夫扇面非异物也，肖扇面为窗，又非难事也。世人取像乎物，而为门为窗者，不知凡几，独留此眼前共见之物，弃而弗取，以待笠翁，讵非咄咄怪事乎？所恨有心无力，不能办此一舟，竟成欠事。兹且移居白门，为西子湖之薄幸人矣。此愿茫茫，其何能遂？不得已而小用其机，置机窗于楼头，以窥钟山气色，然非创始之心，仅存其制而已。

予又尝作观山虚牖，名"尺幅窗"，又名"无心画"，姑妄言之。浮白轩中，后有小山一座，高不逾丈，宽止及寻，而其中则有丹崖碧水，茂林修竹，鸣禽响瀑，茅屋板桥，凡山居所有之物，无一不备。盖因善塑者肖予一像，神气宛然，又因予号笠翁，顾名思义，而为把钓之形。予思既执纶竿，必当坐之矶上，有石不可无水，有水不可无山，有山有水，不可无笠翁息钓归休之地，遂营此窟以居之。是此山原为像设，初无意于为窗也。后见其物小而蕴大，有"须弥芥子"之义，尽日坐观，不忍阖牖，乃瞿然曰："是山也，而可以作画；是画也，而可以为窗；不过损予一日杖头钱，为装潢之具耳。"遂命童子裁纸数幅，以为画之头尾，乃左右镶边。头尾贴于窗之上下，镶边贴于两旁，俨然堂画一幅，而但虚其中。非虚其中，欲以屋后之山代之也。坐而观之，则窗非窗也，画也；山非屋后之山，即画上之山也。不觉狂笑失声，妻孥群至，又复笑予所笑，而"无心画""尺幅窗"之制，从此始矣。

予又尝取枯木数茎，置作天然之牖，名曰"梅窗"。生平制作之佳，当以此为第一。己酉之夏，骤涨滔天，久而不涸，斋头俺死榴、橙各一株，伐而为薪，因其坚也，刀斧难入，卧于阶除者累日。予见其枝柯盘曲，有似古梅，而老干又具盘错之势，似可取而为器者，因筹所以用之。是时栖云谷中幽而不明，正思辟牖，乃幡然曰："道在是矣！"遂语工师，取老干之近直者，顺其本来，不加斧凿，为窗之上下两旁，是窗之外廓具矣。再取枝柯之一面盘曲、一面稍站者，分作梅树两株，一从上生而倒垂，一从下生而仰接，其稍平之一面则略施斧斤，去其皮节而向外，以便糊纸；其盘曲之一面，则匪特尽全其天，不稍戕斫，并疏枝细梗而留之。既成之后，剪彩作花，分红梅、绿萼二种，缀于疏枝细梗之上，俨然活梅之初着花者。同人见之，无不叫绝。予之心思，讫于此矣。后有所作，当亦不过是矣。……

予性最癖，不喜贫内之花，笼中之鸟，缸内之鱼，及案上有座之石，以其局促不舒，令人作囚鸾絷凤之想。故盆花自幽兰、水仙而外，未尝寓目。鸟中之画眉，性酷嗜之，然必另出己意而为笼，不同旧制，务使不见拘囚之迹而后已。自设便面以后，则生平所弃之物，尽在所取。从来作便面者，凡山水人物、竹石花鸟以及昆虫，无一不在所绘之内，故设此窗于屋内，必先于墙外置板，以备承物之用。一切盆花笼鸟、蟠松怪石，皆可更换置之。如盆兰吐花，移之窗外，即是一幅便面幽兰；盎菊舒英，纳之牖中，即是一幅扇头佳菊。或数日一更，或一日一更，即一日数更，亦未尝不可。但须遮蔽下段，勿露盆盎之形。而遮蔽之物，则莫妙于零星碎石，是此窗家家可用，人人可办，讵非耳目之前第一乐事？

……然此皆为窗外无景，求天然者不得，故以人力补之；若远近风物尽有可观，则焉用此碌碌为哉？昔人云："会心处正不在远。"若能实具一段闲情、一双慧眼，则过目之物尽是画图，入耳之声无非诗料。譬如我坐窗内，人行窗外，无论见少年女子是一幅美人图，即见老妪白叟杖而来，亦是名人画幅中必不可无之物；见婴儿群戏是一幅百子图，即见牛羊并牧、鸡犬交哗，亦是词客文情内未尝偶缺之资。"牛溲马渤，尽入药笼。"予所制便面窗，即雅人韵士之药笼也。

（8）一花一石之位置，能见主人之神情

幽斋磊石，原非得已。不能致身岩下，与木石居，故以一卷代山，一勺代水，所谓无聊之极思也。然能变城市为山林，招飞来峰使居平地，自是神仙妙术，假手于人以示奇者也，不得以小技目之。且磊石成山，另是一种学问，别是一番智巧。尽有丘壑填胸、烟云绕笔之韵士，命之画水题山，顷刻千岩万壑，及倩磊斋头片石，其技立穷，似向盲人问道者。故从来叠山名手，俱非能诗善绘之人。见其随举一石，颠倒置之，无不苍古成文，纡回入画，此正造物之巧于示奇也。……然造物鬼神之技，亦有工拙雅俗之分，以主人之去取为去取。主人雅而喜工，则工且雅者至矣；主人俗而容拙，则拙而俗者来矣。有费累万金钱，而使山不成山、石不成石者，亦是造物鬼神作祟，为之摹神写像，以肖其为人也。一花一石，位置得宜，主人神情已见乎此矣，奚俟察言观貌，而后识别其人哉？

（9）山大要气魄胜人，无补缀穿凿之痕

山之小者易工，大者难好。予遨游一生，遍览名园，从未见有盈亩累丈之山，能无补缀穿凿之痕，遥望与真山无异者。犹之文章一道，结构全体难，敷陈零段易。唐宋八大家之文，全以气魄胜人，不必句栉字篦，一望而知为名作。以其先有成局，而后修饰词华，故粗览细观同一致也。若夫间架未立，才自笔生，由前幅而生中幅，由中幅而生后幅，是谓以文作文，亦是水到渠成之妙境；然但可近视，不耐远观，远观则襞襀缝纫之痕出矣。书画之理亦然。名流墨迹，悬在中堂，隔寻丈而观之，不知何者为山，何者为水，何处是亭台树木，即字之笔画杳不能辨，而只览全幅规模，便足令人称许。何也？气魄胜人，而全体章法之不谬也。

（10）土山带石，石山带土，土石二物，原不相离

抑分一座大山为数十座小山，穷年俯视，以藏其拙乎？曰：不难。用以土代石之法，既减人工，又省物力，且有天然委曲之妙。混假山于真山之中，使人不能辨者，其法莫妙于此。累高广之山，全用碎石，则如百衲僧衣，求一无缝处而不得，此其所以不耐观也。以土间之，则可泯然无迹，且便于种树。树根盘固，与石比坚，且树大叶繁，混然一色，不辨其为谁石谁土。立于真山左右，有能辨为积累而成者乎？此法不论石多石少，亦不必定求土石相半，土多则是土山带石，石多则是石山带土。土石二物原不相离，石山离土，则草木不生，是童山矣。

小山亦不可无土，但以石作主，而土附之。土之不可胜石者，以石可壁立，而土则易崩，必仗石为藩篱故也。外石内土，此从来不易之法。

（11）山石之美，俱在透、漏、瘦

言山石之美者，俱在透、漏、瘦三字。此通于彼，彼通于此，若有道路可行，所谓透也；石上有眼，四面玲珑，所谓漏也；壁立当空，孤峙无倚，所谓瘦也。然透、瘦二字在在宜然，漏则不应太甚。若处处有眼，则似窑内烧成之瓦器，有尺寸限在其中，一隙不容偶闭者矣。塞极而通，偶然一见，始与石性相符。……

（12）峭壁之设，要有万丈悬崖之势

假山之好，人有同心；独不知为峭壁，是可谓叶公之好龙矣。山之为地，非宽不可；壁则挺然直上，有如劲竹孤桐，斋头但有隙地，皆可为之。且山形曲折，取势为难，手笔稍庸，便贻大方之诮。壁则无他奇巧，其势有若累墙，但稍稍纤

回出入之，其体嶙峋，仰观如削，便与穷崖绝壑无异。且山之与壁，其势相因，又可并行而不悖者。凡累石之家，正面为山，背面皆可作壁。匪特前斜后直，物理皆然，如椅榻舟车之类；即山之本性亦复如是，逶迤其前者，未有不崭绝其后，故峭壁之设，诚不可已。但壁后忌作平原，令人一览而尽。须有一物焉蔽之，使座客仰观不能穷其颠末，斯有万丈悬岩之势，而绝壁之名为不虚矣。蔽之者维何？曰：非亭即屋。或面壁而居，或负墙而立，但使目与檐齐，不见石丈人之脱巾露顶，则尽致矣。

（13）假山皆可作洞

假山无论大小，其中皆可作洞。洞亦不必求宽，宽则藉以坐人。如其太小，不能容膝，则以他屋联之，屋中亦置小石数块，与此洞若断若连，是使屋与洞混而为一，虽居屋中，与坐洞中无异矣。洞中宜空少许，贮水其中而故作漏隙，使涓滴之声从上而下，旦夕皆然。置身其中者，有不六月寒生，而谓真居幽谷者，吾不信也。

（14）草木之娱观者，或以花胜，或以叶胜

草木之类，各有所长，有以花胜者，有以叶胜者。花胜则叶无足取，且若赘疣，如葵花、蕙草之属是也。叶胜则可以无花，非无花也，叶即花也，天以花之丰神色泽归并于叶而生之者也。不然，绿者叶之本色，如其叶之，则亦绿之而已矣，胡以为红，为紫，为黄，为碧，如老少年、美人蕉、天竹、翠云草诸种，备五色之陆离，以娱观者之目乎？即有青之绿之，亦不同于有花之叶，另具一种芳姿。是知树木之美，不定在花，犹之丈夫之美者，不专主于有才，而妇人之丑者，亦不尽在无色也。观群花令人修容，观诸卉则所饰者不仅在貌。

（15）鸟声之悦人者，以其异于人声

鸟之悦人以声者，画眉、鹦鹉二种。而鹦鹉之声价，高出画眉上，人多癖之，以其能作人言耳。予则大违是论，谓鹦鹉所长止在羽毛，其声则一无可取。鸟声之可听者，以其异于人声也。鸟声异于人声之可听者，以出于人者为人籁，出于鸟者为天籁也。使我欲听人言，则盈耳皆是，何必假口笼中？况最善说话之鹦鹉，其舌本之强，犹甚于不善说话之人，而所言者，又不过口头数语。是鹦鹉之见重于人，与人之所以重鹦鹉者，皆不可诠解之事。至于画眉之巧，以一口而代众舌，每效一种，无不酷似，而复纤婉过之，诚鸟中慧物也。

19．花镜

【作者】陈淏子 **【朝代】**清

【简介】

陈淏子，字扶摇，自号西湖花隐翁。籍贯不详，身世朦胧。清代园艺学家，我国重要的园艺学古籍《花镜》的作者。《花镜》阐述了花卉栽培及园林动物养殖的知识，成书于清康熙二十七年（1688）。全书共六卷，约11万字。有些版本有插图。卷一花历种栽，即栽花月历，依次列出分栽、移植、扦插、接换、压条、

下种、收种、浇灌、培壅、整顿十目。卷二课花十八法，即栽培总论，有课花大略、辨花性情法、种植位置法、接换神奇法、分栽有时法、扦插易生法、移花转垛法、过贴巧合法、下种及期法、收贮种子法、浇灌得宜法、培壅可否法、治诸虫蠹法、枯树活树法、变花催花法、种盆取景法、养花插瓶法、整顿删科法、花香耐久法，颇具创见，堪称全书之精华。卷三至卷五分别为花木类考、藤蔓类考、花草类考，实际为栽培各论，分述 352 种花卉、果木、蔬菜、药草的生长习性、产地、形态特征、花期及栽培大略、用途等。卷六附禽兽鳞虫类考，略述 45 种观赏动物的饲养管理法。这里摘录卷二课花十八法中的两节。

【原文】

（1）课花大略

尝观天倾西北，地限东南，天地尚不能无缺陷，何况附天地而生之草木乎？生草木之天地既殊，则草木之性情焉得不异？故北方属水，性冷，产北者自耐严寒；南方属火，性燠，产南者不惧炎威，理势然也。如榴不畏暑，愈暖愈繁；梅不畏寒，愈冷愈发。荔枝、龙眼，独荣于闽粤；榛、松、枣、柏，尤盛于燕齐。橘柚生于南，移之北则无液；蔓菁长于北，植之南则无头。草木不能易地而生，人岂能强之不变哉！然亦有法焉。在花主园丁，能审其燥湿，避其寒暑，使各顺其性，虽遐方异域，南北易地，人力亦可以夺天功，夭乔未尝不在吾侪掌握中也。余素性嗜花，家园数亩，除书屋、讲堂、月榭、茶寮之外，遍地皆花竹药苗。凡植之而荣者，即纪其何以荣；植之而瘁者，必究其何以瘁。宜阴宜阳，喜燥喜湿，当瘠当肥，无一不顺其性情而朝夕体验之。即有一二目未之见，法未尽善者，多询之嗜花友，以花为事者，或卖花佣，以花生活者，多方传其秘诀，取其新论，复于昔贤花史、花谱中参酌考正而后录之。可称树艺经验良方，非徒采纸上陈言，以眩赏鉴者之耳目也。因辑课花十八法于左，以公海内同志云尔。

（2）种植位置法

有名园而无佳卉，犹金屋之鲜丽人；有佳卉而无位置，犹玉堂之列牧竖。故草木宜寒宜暖，宜高宜下者，天地虽然生之，不能使之各得其所，赖种植时位置之有方耳。如园中地广，多植果木松篁，地隘只能花草药苗。设若左有茂林，右必留旷野以疏之；前有芳塘，后须筑台榭以实之；外有曲径，内当垒石以邃之。花木之喜阳者，引东旭而纳西晖；花之喜阴者，置北园而领南薰。其中色相配合之巧，又不可以不论也。如牡丹、芍药之姿艳，宜玉砌雕台，佐以嶙峋怪石，修篁远映。梅花、蜡瓣之标清，宜疏篱竹坞，曲栏暖阁，红白间植，古杆横施。水仙、瓯兰之品逸，宜磁斗绮石，置之卧室幽陜，可以朝夕领其芳馥。桃花夭冶，宜别墅山隈，小桥溪畔，横参翠柳，斜映明霞。杏花繁灼，宜屋角墙头，疏林广榭。梨之韵，李之洁，宜闲廷旷圃，朝晖夕霭；或泛醇醪，供清茗以延佳客。榴之红，葵之灿，宜粉壁绿惩；夜月晓风，时闻异香，指尘尾以消长夏。荷之虚鲜，宜水阁南轩，使薰风送麝，晓露惊珠。菊之操介，宜茅舍清齐，使带露餐英，临流泛蕊。海棠韵娇，宜雕墙峻宇，障以碧纱，烧以银蜡，或恁栏，或剖枕其中。木樨香胜，宜崇台广厦，挹以凉爽，坐以皓魄，或手谈，或啸咏其下。紫荆荣而久，宜竹篱花坞。芙蓉丽而闲，宜寒江秋沼。松柏骨苍，宜峭壁奇峰。藤萝掩映，梧竹致清，宜深院孤亭，好鸟闲关。至若芦花舒雪，枫叶飘丹，宜重楼远眺。棣棠丛金，蔷薇障锦，宜云屏高架。其余异品奇葩，不能详述，总由此而推广之。因其质之高下，随其花之时候，配其色之浅深，多多方巧搭。虽药苗野卉，皆可点缀姿容，以补园林之不足。使四时有不谢之花，方不愧名园二字，大为主人生色。

20．其他

（1）越中亭园记、寓山志、寓山题咏

祁彪佳（1602～1645），明代政治家、戏曲理论家、藏书家。字虎子，一字幼文，又字宏吉，号世培，别号远山堂主人。山阴（今属浙江绍兴）梅墅村人。天启二年进士，崇祯四年升任右佥都御史，后受权臣排斥，家居8年，崇祯末年复官。清兵入关，力主抗清，任苏松总督。清兵攻占杭州后，自沉殉国，卒谥忠敏。祁彪佳家居时乐此不疲地建园，并多方求取题咏，并编撰《寓山志》《寓山题咏》和《越中亭园记》。《寓山志》和《寓山题咏》均是一组咏唱寓园景致的诗文集，诗歌前有介绍该景点的小品文，前者以士人吟咏为主，后者以僧人题咏为多；《越中亭园记》则记录了从春秋至明末，绍兴先后出现过的287处庭园，是研究绍兴传统园林不可多得的重要典籍，读之可知其适意于林泉，那一亭一阁、一草一木、一丘一壑中无不寄托着作者某种忧愤之思和人生感慨。

（2）湖山便览

翟灏，清藏书家、学者。字大川，改字晴江，自号巢翟子，仁和（今浙江杭州）人，进士及第，官金华、衢州府学教授。性嗜藏书，自经史外，凡诸子百家、山经地志、稗史说部、佛乘道诰等书，广加收罗。建书楼三楹，储书检校，名"书巢"，藏书家杭世骏亦记其"环堵之室，而卷且盈万"。翟灏与其弟翟瀚合著的《湖山便览》一书，为西湖山水的地理名著，记载西湖游览景点1016处，为杭州最早的导游书籍。书中详细介绍清代杭州西湖地区的名胜古迹以及自然风光，该书订正了历代相关著作的讹误之处，书中附西湖十景图，如"雷峰夕照""三潭印月""曲院荷风"等，皆为大家耳熟能详的名胜，其图绘制简约，印制清晰，对研究西湖提供了宝贵的资料。

（3）西湖志纂

清朝大学士梁诗正、礼部尚书衔沈德潜等同撰。《西湖志纂》是迄今为止发现的关于西湖的第一本贡书，前有三十多幅合页式西湖各景致版图，线条流畅优美，专供乾隆皇帝南下游历西湖时御览，为古代关于西湖编纂内容最完备，体例最科学的西湖资料。

参考文献

（东汉）袁康. 绝越书. 杭州：浙江古籍出版社，2013.

（东汉）赵晔. 吴越春秋. 北京：北京联合出版公司，2015.

（宋）耐得翁. 都城纪胜. 北京：中国商业出版社，1982.

（宋）吴自牧. 梦粱录. 上海：上海古籍出版社，1993.

（宋）周密. 癸辛杂识. 北京：中华书局，1997.

（宋）周密. 武林旧事. 北京：学苑出版社，2001.

（明）计成. 园冶. 北京：中华书局，2011.

（明）刘应钶. 嘉兴府志. 北京：中共党史出版社，2007.

（明）祁彪佳. 越中园亭记. 上海：上海古籍出版社，1995.

（明）田汝成. 西湖游览志. 上海：古籍出版社，1998.

（明）田汝成. 西湖游览志余. 杭州：浙江人民出版社，1980.

（明）张岱. 陶庵梦忆·西湖梦寻. 北京：作家出版社，1994.

（清）高晋. 南巡盛典名胜图录. 苏州：古吴轩出版社，1999.

（清）李斗. 扬州画舫录. 济南：山东友谊出版社，2001.

（清）沈德潜. 西湖志纂. 杭州：杭州出版社，2003.

（清）许瑶光修. 光绪嘉兴府志. 上海：上海书店出版社，1993.

（清）翟灏. 湖山便览. 上海：上海古籍出版社，1998.

（清）朱稻孙. 烟雨楼志. 嘉兴市图书馆精抄本.

（清）朱彭. 南宋古迹考. 杭州：浙江人民出版社，1983.

（清）朱彝尊. 鸳鸯湖棹歌. 杭州：浙江人民出版社，1985.

《杭州市地图集》编辑部主编. 杭州市地图集. 北京：中国地图出版社，2004.

安怀起. 杭州园林. 上海：同济大学出版社，2009.

鲍沁星. 杭州自南宋以来的园林传统理法研究. 北京林业大学，2012.

曹俊卓. 浙江古典私家园林植物造景研究. 浙江农林大学，2012.

陈海滨. 清初私家园林曝书亭. 园林，1988，3：10.

丁绍刚. 风景园林概论. 北京：中国建筑工业出版社，2008.

范今朝. 小议"浙江名园"——兼论绍兴古典园林的重要价值及保护开发. 徐霞客与越文化暨中国绍兴旅游文化研讨会论
　　文汇编，2003：311-320.

范今朝，沈瑾怡. 浙江古典园林的深远影响与兴衰启示. 北京林业大学学报（社会科学版），2005，4（3）：12-17.

方舒丽. 浙江传统书院的园林环境研究. 浙江农林大学，2015.

冯启明. 浙江传统宅园研究. 浙江农林大学，2015.

何信慧. 江南佛寺园林研究. 西南大学，2010.

何征. 宋文人山水画对园林艺术的影响. 浙江林学院学报, 1998, 15（9）：445-449.

黄培量. 东瓯名园——温州如园历史及布局浅析. 古建园林技术, 2011,（2）：39-44.

江俊浩. 从两宋园林的变化看南宋园林艺术特征. 中国园林, 2013（4）：104-108.

李成功. 杭州西湖园林变迁研究. 南京林业大学, 2006.

李娜.《湖山胜概》与晚明文人艺术趣味研究. 中国美术学院出版社, 2013.

李晓雪. 基于传统造园技艺的岭南园林保护传承研究. 华南理工大学, 2016.

李正. 造园意匠. 北京：中国建筑工业出版社, 2007.

梁波. 杭州西湖风景名胜区景亭研究. 浙江农林大学, 2016.

刘敦桢. 中国古代建筑史. 北京：中国建筑工业出版社, 2008.

刘先觉, 潘谷西. 江南园林图录：庭院、景观建筑. 南京：东南大学出版社, 2007.

卢国婷主编. 苏州统计年鉴（2003）. 北京：中国统计出版社, 2003.

麻欣瑶, 卢山, 陈波. "蔚然深秀秀而娟, 宛识名园小有天"——杭州小有天园园林艺术探析. 风景园林, 2016,（2）：14-17.

麻欣瑶, 卢山, 陈波. 浙江传统园林研究现状及展望. 中国园林, 2017, 33（2）：93-98.

钱明亮. 嘉兴的孔庙. 山西建筑, 2008, 36（16）：54.

邱志荣. 绍兴风景园林与水. 杭州：学林出版社, 2008.

邱志荣. 浙东古运河——绍兴运河园. 杭州：西泠印社出版社, 2006.

沈俊. 湖州园林史. 杭州：浙江古籍出版社, 2013.

沈善洪, 费君清. 浙江文化史. 杭州：浙江大学出版社, 2009.

施德法. 开放大气、生态包容、精致和谐的浙派园林. 浙江园林, 2016（2）：41-42.

施奠东. 西湖志. 上海：上海古籍出版社, 1995.

宋瑛. 江南造园之意境——浅析杭州郭庄的古典造园手法. 浙江建筑, 2011,（12）：4-7.

孙云娟. 嘉兴传统园林调查与研究. 浙江农林大学, 2012.

童寯. 江南园林志. 北京：中国建筑工业出版社, 1984.

王其钧. 图解中国园林. 北京：中国电力出版社, 2007.

王维军. 从莫氏庄园看花园意境的营造. 中国园林, 1999, 06（15）：62-63.

王欣, 胡坚强. 谢灵运山居考. 中国园林, 2005,（8）：73-77.

吴荣方. 小莲庄. 西泠印社出版社, 1999.

吴汝祚, 徐吉军. 良渚文化兴衰史. 北京：社会科学文献出版社, 2009.

吴世昌. 魏晋风流与私家园林. 学文, 1934（2）：35.

吴涛. 基于地域文化的扬州历史园林保护与传承. 南京林业大学, 2012. .

徐信. 小灵鹫山馆图咏碑. 东方博物, 2011, 3：73-79.

徐燕. 南宋临安私家园林考. 上海师范大学, 2007.

余开亮. 六朝园林美学. 重庆：重庆出版社, 2007.

俞祎晨. 基于西湖文化景观特色的植物文化与景观研究. 浙江大学, 2015.

张斌. 绍兴历史园林调研与研究. 浙江农林大学, 2011.

张斌, 王欣, 陈波. 浅议青藤书屋的理景艺术. 农业科技与信息（现代园林）, 2010, 11：24-26.

张国强. 风景园林文汇. 北京：中国建筑工业出版社, 2014.

郑云山, 龚延明, 林正秋. 杭州与西湖史话. 上海：上海人民出版社, 1980.

周维权. 中国古典园林史（第三版）. 北京：清华大学出版社, 2008.

朱钧珍. 南浔近代园林. 北京：中国建筑工业出版社, 2012.

朱矞. 南宋临安园林研究. 浙江农林大学, 2012.

周向频, 陈枫. 矛盾与中和：宁波近代园林的变迁与特征. 华中建筑, 2012,（6）：19-23.